冲压模具设计关键技术研究

张　芳　编　著

北京理工大学出版社
BEIJING INSTITUTE OF TECHNOLOGY PRESS

图书在版编目（CIP）数据

冲压模具设计关键技术研究/张芳编著 ． －－北京：北京理工大学出版社，2019.8

ISBN 978 － 7 － 5682 － 7514 － 9

Ⅰ．①冲… Ⅱ．①张… Ⅲ．①冲模－设计－研究 Ⅳ．①TG385.2

中国版本图书馆 CIP 数据核字（2019）第 183005 号

责任编辑：多海鹏	**文案编辑**：邢　琛
责任校对：刘亚男	**责任印制**：施胜娟

出版发行 / 北京理工大学出版社有限责任公司

社　　址 / 北京市丰台区四合庄路 6 号

邮　　编 / 100070

电　　话 /（010）68914026（教材售后服务热线）

　　　　　　（010）63726648（课件资源服务热线）

网　　址 / http://www.bitpress.com.cn

版 印 次 / 2019 年 8 月第 1 版第 1 次印刷

印　　刷 / 三河市华骏印务包装有限公司

开　　本 / 787 mm×1092 mm　1/16

印　　张 / 21.5

字　　数 / 505 千字

定　　价 / 90.00 元

前　言

　　冲压工艺是指冲压加工的具体方法（各种冲压工序的总和）和技术经验。冲压模具是实现冲压加工的重要工艺装备。冲压模具设计是一项涉及面广、技术含量高、具备开拓与挑战、技术综合性和创造性都很强的工作。一套结构完美的冲压模具，往往要经过设计人员的长期构思、多次修改，其中包括多次试模后的改进、完善，有些甚至需要对前人设计的多种实用、巧妙且典型的模具结构进行再吸收、再创造、再融合才能达到要求。为了满足冲压模具结构设计的理论指导和实际工作需要，针对冲压模具设计的技术性、实用性、实践性的特点，编者编写了本书。

　　本书在内容编排上注重实践、突出重点、简明扼要，对模具设计的要点和难点进行重点研究，做到基本概念清晰、突出实用技能、切合生产实际。本书以冲压工艺分析和模具结构设计为重点，结构体系合理，技术内容全面；书中配有丰富的技术数据、图表、标准模架和零件图，实用性强，能开阔思路，概念清晰易懂，便于自学。

　　本书共11章，第1章介绍了冲压设计的理论基础；第2～第9章选取冲压加工中常见的单工序冲裁模、复合模和级进模、精密冲裁模、弯曲模、拉深模、成形模、汽车覆盖件、多工位级进模等各类典型冲压模具设计要点进行系统且全面的介绍；第10章重点对模具装配和模具的使用寿命进行研究；第11章对冲压工艺规程的编制进行阐述。

　　本书由张芳编著，山东北海轮胎集团、山东颂工模具有限公司为本书的编写提供了大量的生产案例。在本书的编写过程中，得到了高智慧、侯佩蓉和孙九峰等工程师，以及其他同行、有关专家、高级技师等的热情帮助、指导和鼓励，在此一并表示由衷的感谢。

　　由于编者水平有限，加之经验不足，疏漏之处在所难免，真诚地希望读者批评指正。

编　者

目　录

第1章

冲压概述

模具是材料成形加工中一种重要的工艺装备，其所能生产出的产品价值是模具本身价值的很多倍，利用模具能够轻易地批量生产出大量具有价值且满足质量要求的制件。因此，模具广泛应用于机械、电子、汽车、信息、航空、航天、轻工、军工、交通、建材、医疗、生物、能源等行业，上述行业中 60%~80% 的零部件是依靠模具加工成形的。

1.1　冲压的定义

冲压是指利用冲压模具在冲压设备上对板料施加压力（或拉力），使其产生分离或变形，从而获得一定形状、尺寸和性能的制件的加工方法。冲压加工的对象一般为金属板料（或带料）、薄壁管、薄型材等，板厚方向的变形一般不作重点考虑，因此，冲压又称板料冲压。冲压通常在室温状态下进行（不用加热，显然处于再结晶温度以下），故又称冷冲压。常见冲压零件如图 1-1 所示。

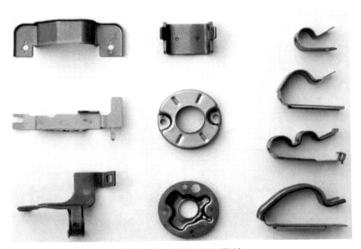

图 1-1　常见冲压零件

冲压模具、冲压设备和板料是构成冲压加工的 3 个基本要素。其中，冲压模具是指用来加压将金属或非金属板料或型材分离、成形或接合而得到制件的工艺装备。没有设计和制造水平都先进的冲压模具，就无法实现先进的冲压工艺。

1.2 冲压工序的分类

在生产中，为满足冲压零件形状、尺寸、精度、批量大小、原材料性能的要求，冲压加工的方法多种多样，概括起来可分为分离工序与成形工序两大类。分离工序又可分为落料、冲孔和剪切等，其目的是在冲压过程中使冲压件与板料沿一定的轮廓线相互分离，如表1-1所示。成形工序可分为弯曲、拉深（又称拉延）、翻孔、翻边、胀形、缩口等，其目的是在不破坏冲压毛坯的前提下使其发生塑性变形，并转化成所要求的制件形状，如表1-2所示。

表1-1 分离工序

工序名称	工序简图	工序特征	模具简图
切断	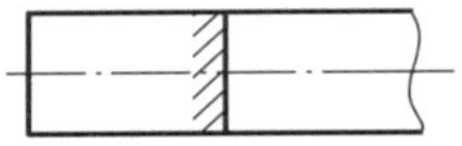	用剪刀或模具切断板料，且切断线不封闭	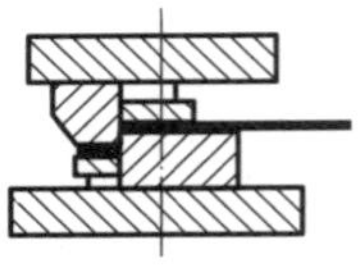
落料	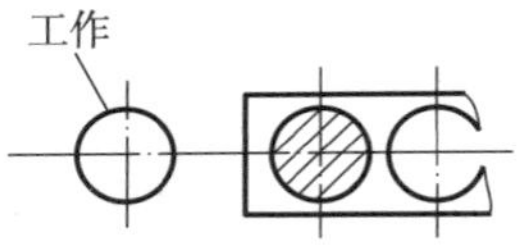	用模具沿封闭线冲切板料，冲下的部分为工件	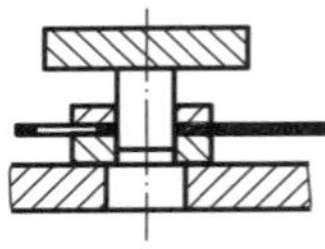
冲孔	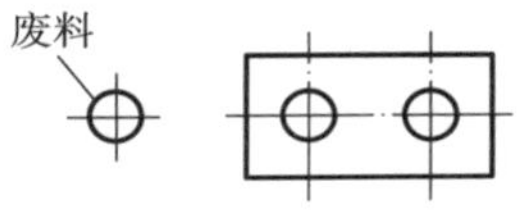	用模具沿封闭线冲切板料，冲下的部分为废料	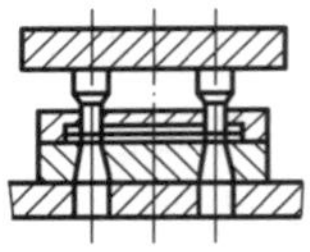
切口	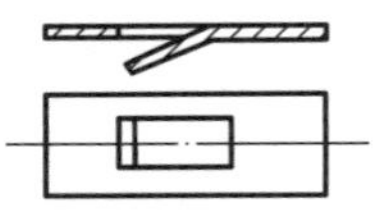	用模具将板料局部切开，而不完全分离，切口部分材料发生弯曲	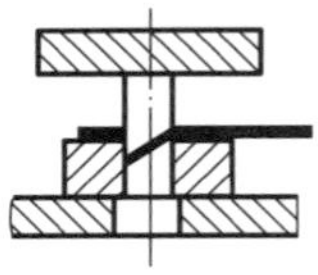
切边	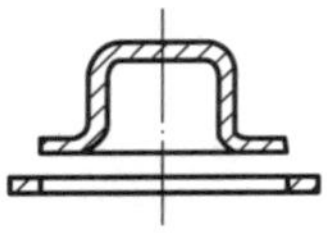	用模具将工件边缘多余的材料冲切下来	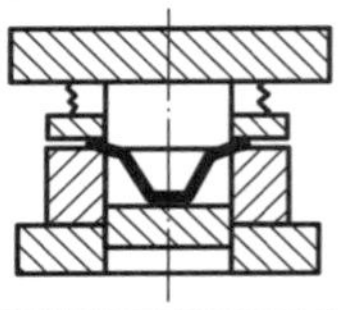

表1-2 成形工序

工序名称	工序简图	工序特征	模具简图
弯曲		用模具使板料弯成一定角度或一定形状	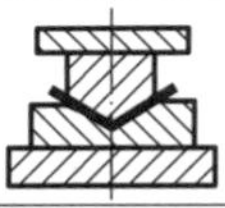

续表

工序名称	工序简图	工序特征	模具简图
拉深		用模具将板料一拉一压使其形成任意形状的空心件	
起伏 （压肋）		用模具将板料局部压制成凸起或凹进形状	
翻边		用模具将板料上的孔或外缘翻成直壁	
缩口		用模具对空心件口部施加由外向内的径向压力，使局部直径缩小	
胀形		用模具对空心件加向外的径向力，使局部直径扩张	
整形		将工件不平的表面压平；将原先的弯曲件或拉深件压成正确形状	

1.3 冲压技术的现状及发展趋势

1.3.1 现状调研情况

我国的模具技术有了很大发展，模具的精密度、复杂程度和寿命都有很大提高。例如，主要的汽车模具企业已能生产大型、精密的轿车覆盖件模具；体现高水平制造技术的多工位级进模的覆盖面增加；计算机辅助设计（computer – aided design，CAD）/计算机辅助工程（computer aided engineering，CAE）/计算机辅助制造（computer aided manufacturing，CAM）技术得到广泛应用，高速加工、复合加工等先进的加工技术也得到了进一步推广；增材制造（俗称 3D 打印，是一种快速成形技术）技术实现快速发展；模具的标准化程度也有一定提高。

在冲压模具行业，以汽车覆盖件模具为代表的大型冲压模具的制造技术已取得很大进步，东风汽车公司模具厂、一汽模具中心等模具厂家已能生产部分轿车覆盖件模具。此外，许多研究机构和大专院校开展模具技术的研究和开发，经过多年努力，在模具 CAD/CAE/CAM 技术方面取得了显著进步，这些技术在提高模具质量和缩短模具设计制造周期等方面做出了重要贡献。例如，吉林大学汽车覆盖件成形技术所独立研制的汽车覆盖件冲压成形分析 KMAS 软件，华中科技大学材料成形与模具技术国家重点实验室开发的注塑模、汽车覆盖件模具和级进模 CAD/CAE/CAM 软件，上海交通大学模具 CAD 国家工程研究中心开发的冷冲压模具和精冲压模具 CAD 软件等在国内模具行业拥有不少用户。

冲压技术现状主要体现在以下几个方面。

1. 机制转换加速，结构渐趋合理

为了适应形势，我国模具行业近几年来加快了体制改革和机制转换步伐，"三资"和民营企业已占行业主导地位，装备和产品水平有了较大提升，管理有了很大进步。许多企业已开始应用 CAD/CAE/CAM 一体化技术、三维设计技术、ERP 和 IM3 等信息管理技术，以及高速加工、快速成形、虚拟仿真、机器人技术、智能制造和网络技术等许多高新技术，通过各种质量体系认证的企业逐年增加。

2. 规模经济效益，集群发展迅速

近年来，在"小而精专"的专业化不断发展的同时，规模效应已被愈加重视。除了把企业做强做大，使规模经济产生效益之外，模具集群生产也不断显示出其优越性，因而"模具城""模具园区""模具生产基地"等各种集群生产形式在全国迅速发展。

目前，全国年产 1 亿元以上的模具企业已有 40 多个，超过 3 000 万元的模具企业已有 200 多个，具有一定影响力的"模具城（园区）"已有近 50 个。这些模具集群生产基地的建设，对我国模具工业的发展起到了积极的促进作用。

3. 高新技术走俏，模具人才紧缺

模具技术含量不断提高，越来越多的模具跻身高新技术产品行列。随着高新技术的发展，越来越多的模具生产企业被各级政府有关部门认定为高新技术企业。据中国模具工业协会初步统计，目前，模具行业国家级高新技术企业及省、市级高新技术企业已超过百家。

人才紧缺日益突出。虽然近年来我国模具行业职工队伍发展迅速，估计目前已达近百万人，但仍然跟不上行业发展的需求。一是总量不足，二是素质不够，适应不了行业发展的需求。据调查，全国模具行业从业人员缺口为 30 万～50 万人，其中工程技术人员约占 20%，目前尤其紧缺的是高素质和高水平的模具企业管理人员、中高层技术人员及高级技术工人。

4. 尚未赶超国外，仍然依赖进口

虽然我国模具行业已经驶入发展快车道，但由于在精度、寿命、制造周期及能力等方面，与国际水平和工业先进国家相比尚有较大差距，因此，还不能满足我国制造业发展的需求。特别是在精密、大型、复杂、长寿命模具方面，由于我国精密加工设备在模具加工设备

中的比重较低，CAD/CAE/CAM 技术的普及率不高，许多先进模具技术应用不够广泛等，致使一部分大型、精密、复杂，长寿命模具仍然依赖进口。

1.3.2 数字化在冲压模具设计与制造中的应用

由于冲压模具 CAD 技术在我国冲压模具的设计与制造领域还未全面推广，这就导致不能及时、准确地发现冲压模具设计中存在的问题，因此，相关设计工作人员更加关注如何有效缩减冲压模具设计制造周期。在这一背景下，快速设计技术就成为冲压模具设计与制造领域企业与工作人员关注的焦点。而研究与实践的结果表明，利用 UG/PROE 等计算机数字化造型设计软件能够实现冲压模具的快速设计。

在使用快速设计技术进行冲压模具设计与制造的工作中，首先，要建立相应的冲压模具设计数据库，即将不同标准冲压模具的相关设计数据录入系统数据库，以实现在实际设计工作过程中的数据有效、快速调取。其次，要将不同冲压模具的结构参数录入系统，建立结构库。数据库与结构库的建立，能够提升冲压模具设计人员实际设计工作的效率和准确性。在实际的冲压模具设计工作中，设计人员只需要结合冲压模具的设计要求，利用结构库和数据库中的模板及参数进行设计即可。

冲压成形 CAE 技术是在冲压模具的设计与制造中最常使用的数字化技术之一。它主要依据冲压模具成形的物理规律，利用计算机输出模具与板料之间的作用，观察板料成形的全过程。

在现阶段我国冲压模具的设计与制造工作中，常用的能够提供冲压成形 CAE 技术的系统软件为 Auto－Form/PAM－STAMP。该软件能够实现板料成形过程的数据输出与观测，对板料的厚度变化、流动形式、起皱、破坏等数据进行全面的收集与分析，并最终形成模拟结果。这样的功能可以实现在概念设计阶段，就能准确地分析和预测冲压模具的相关信息，包括冲压模具的成形性、制造工艺等。

冲压成形 CAE 技术的使用能够有效缩短冲压模具设计与制造的时间，也能够对设计的冲压模具进行功能评估及预测信息的输出。这些信息数据能够为冲压模具的设计及实际的制造提供有力的指导参考。

快速设计技术能够有效提升冲压模具的设计速度，而其制造速度的有效提升，则需要利用高速加工技术实现。高速加工技术需要一定的软硬件支持，要求必须有机床、刀具和数控编程软件，通过对刀具轨迹进行合理规划，使冲压模具的制造过程更加迅速和安全。高速加工技术能够提升冲压模具的表面质量，减少对其进行打磨的次数。同时，它能够以"高精度、大进给"的方式完成冲压模具的精加工，降低冲压模具变形的概率。

此外，数字化在冲压模具设计控制中的应用还包括数字化装配技术。数字化装配技术的使用转变了传统的分组装配，利用在机测量（on machine verification，OMV）的软件，可对上、下模座的导向及导柱的精度进行相关数据的记录、分析和对比。一旦出现数据精度误差较大的情况，就结合数字化装配技术，及时调整工作进度，保证上、下模座的导向和导柱的精度一直保持在合理水平。

数字化装配技术能够实现通过在线测量软件对上、下模座合模前的导向距离进行调整，保证其符合规定的标准。

1.3.3　数字化技术在冲压模具管理中的应用

1. 数字化管理体系的构建

数字化技术在冲压模具设计与制造工作中的广泛使用使冲压模具设计与制造的周期缩短、质量提高，并且它能应用于冲压模具设计与制造的各个环节中。若想要在冲压模具设计与制造中更好地利用数字化技术，则需要建立数字化的管理体系。换句话说，数字化技术在冲压模具设计与制造中的使用促进了数字化管理体系的建设。

数字化管理体系的有效建设能够使冲压模具的设计与制造流程得到优化，实现对冲压模具的知识及积累数据的管理与共享。存储并分析冲压模具设计与制造工作中各个环节的数据和信息，能够稳定企业的冲压模具设计与制造工艺，防止工艺被模仿，并建立企业冲压模具设计与制造的核心技术。

2. 冲压模具设计与制造的项目管理

冲压模具设计与制造的项目管理一直是相关企业的工作难点。由于涉及的部门和人员较多，且项目工程十分复杂，因此，冲压模具设计与制造的项目管理一直无法得到有效的完善与改进。在相关企业中，传统的项目管理工作，一直是通过专业管理人员的安排来实现的。但是在现在这样一个数字化管理不断发展的时代，冲压模具设计与制造的项目管理可结合数字化技术，以提升项目管理的效率。

以往的项目管理需要按照一定的要求和生产流程进行。模具的生产流程为首先接单、然后设计、加工生产、最后调试直至形成成品。整个生产过程需要依靠工作人员的管理和控制，以保持其稳定运行。然而，在实际加工生产的过程中，每个项目都包含大量的模具，且每套模具都需要经过一系列复杂的生产工艺流程，才会最终得以投入使用，大量的生产过程及繁琐的生产工艺，很难保证模具的质量。而数字化技术在模具加工生产过程中的使用，可以有效改善这种情况。以企业资源计划（enterprise resource planning，ERP）/制造执行系统（manufacturing execution system，MES）为例，其模具的生产流程可以在一个统一的平台上完成，从而有效实现订单管理、模具设计、投入生产、成品调试等工艺。同时，也可以利用数字化系统进行模具的设计、生产等操作，并对模具制造的整个流程进行监管，从而促进企业在确保产品生产效率的前提，有效提升管理效果。

在数据管理方面，可利用数字化系统对模具生产加工的过程进行管理。采用产品数据管理（product data management，PDM）/计算机辅助工艺规划（computer aided process planning，CAPP）等，建立相关的物料清单（bill of materials，BOM）数据库，可将产品的数据和位置信息进行关联，从而方便设计人员调取和使用，还可按照相关的产品编号和名称等来查询产品的具体信息，并进一步研究产品的机构和性能。使用数字化技术，可以更系统地管理产品信息，并且方便设计人员。通过检索的方式获取产品的具体位置和信息，有效提升工作效率，减少烦琐的工作流程。此外，数字化技术也可以更方便地对产品数据进行统一管理。

在知识管理方面，冲压模具的生产和制造，需要依赖相关的经验数据来不断改善设计水平，以及提升设备使用性能。因此，需要针对模具的生产流程建立相关数据库，从而有效管理冲压模具的生产工艺、设计手段及各种数据参数等。可以建立一个包含模具设计、生产和使用环节的数字化管理平台，以及一个统一的产品数据库，从而方便企业对模具的生产流程进行统一管理，并将这种管理模式应用到企业自身的知识管理工作中。

1.3.4　未来冲压模具设计与制造技术的发展趋势

1. 全面推广 CAD/CAE/CAM 技术

模具 CAD/CAE/CAM 技术是模具设计制造的发展方向。随着微机软件的发展和进步，普及 CAD/CAE/CAM 技术的条件已完全成熟，各企业应加大 CAD/CAE/CAM 技术培训和技术服务的力度，并进一步扩大 CAE 技术的应用范围。计算机和网络的发展使 CAD/CAE/CAM 技术可以在整个行业中跨地区、跨企业、跨院所地推广，应当努力实现技术资源的重新整合，使虚拟制造真正成为模具设计制造的重要手段之一。

2. 高速铣削加工

国外近几年发展的高速铣削加工，大幅度提高了加工效率，并且可以获得极高的表面质量。另外，它还可以加工高硬度模块，并具有温升低、热变形小等优点。高速铣削加工技术的发展，给汽车、家电行业中大型型腔模具的制造注入了新的活力。目前它已向更高程度的敏捷化、智能化、集成化方向发展。

3. 模具扫描及数字化系统

高速扫描机和模具扫描系统提供了从模型或实物扫描到加工出期望的模型所需的诸多功能，大大缩短了模具的研制周期。有些快速扫描系统，可安装在已有的数控铣床及加工中心上，实现快速数据采集、自动生成各种不同数控系统的加工程序、不同格式的 CAD 数据，还可以用于模具制造业的逆向工程。模具扫描系统已在汽车、摩托车、家电等行业得到了成功应用。

4. 电火花铣削加工

电火花铣削加工技术又称电火花创成加工技术，它替代了传统的用成形电极加工型腔的方式，转而由高速旋转的简单管状电极作三维或二维轮廓加工（像数控铣一样）。该技术不再需要制造复杂的成形电极，这显然是电火花成形加工领域的重大发展。国外早已有应用具备这种技术的机床加工模具的先例，预计这一技术将得到进一步发展。

5. 提高模具标准化程度

我国模具标准化程度正在不断提高，目前，我国模具标准件使用覆盖率已超过 40%，而国外发达国家一般为 80% 左右。

6. 优质材料及先进表面处理技术

选用优质钢材和采用相应的表面处理技术来提高模具的寿命是十分必要的，同时模具热处理和表面处理能否充分发挥模具钢材的性能也是关键环节。模具热处理的发展方向是采用真空热处理技术，而模具表面处理除完善现有工艺外，还应发展工艺先进的气相沉积

（TiN，TiC 等）、等离子喷涂等技术。

7. 模具研磨抛光将自动化、智能化

模具表面质量对模具使用寿命、制件外观质量等方面均有较大影响。研究自动化、智能化的研磨与抛光方法来替代现有手工操作，从而提高模具表面质量是目前重要的发展趋势。

8. 模具智能化自动加工系统的发展

建立模具智能化自动加工系统是我国模具设计与制作的长远发展目标。模具智能化自动加工系统应由多台机床合理组成，配有随行定位夹具或定位盘，并有完整的机具、刀具数控库，以及完整的数控柔性制造系统和在线质量监控系统等。

1.4 冲压变形基础知识

冷冲压成形是金属塑性加工的主要方法之一，其理论建立在金属塑性变形理论的基础之上。因此，要掌握冷冲压成形加工技术，就必须对金属塑性变形的性质、规律及材料的冲压成形性能等有充分的认识。

1.4.1 金属塑性变形理论基础

1. 塑性变形、塑性与变形抗力的概念

塑性变形：物体在外力作用下会产生变形，当外力去除后，物体并不能完全恢复自己原有的形状和尺寸。

塑性：物体具有塑性变形的能力称为塑性，其好坏用塑性指标来评定。塑性指标以材料开始破坏时的变形量表示，可借助各种试验方法测定。

变形抗力：在一定的变形条件（加载状况、变形温度及速度）下，引起物体塑性变形的单位变形力。变形抗力反映了物体在外力作用下抵抗塑性变形的能力。

塑性和变形抗力是两个不同的概念。通常说某种材料的塑性好坏是指受力后临近破坏时变形程度的大小，而变形抗力是从力的角度反映塑性变形的难易程度。例如，奥氏体不锈钢允许的塑性变形程度大，说明它的塑性好，但其变形抗力也大，说明它需要较大的外力才能产生塑性变形。

2. 塑性变形对金属组织和性能的影响

金属受外力作用产生塑性变形后，不仅形状和尺寸发生变化，而且其内部组织和性能也发生变化，这些变化可以归纳为以下 4 个方面。

（1）形成了纤维组织。

（2）形成了亚组织。

（3）产生了内应力。

（4）产生了加工硬化。

3. 影响金属塑性的因素

金属塑性不是固定不变的，影响它的因素主要有以下几个方面。

1）金属的成分和组织结构

一般来说，组成金属的元素越少（如纯金属和固熔体）、晶粒越细小、组织分布越均匀，金属的塑性就越好。

2）变形时的应力状态

在金属变形时，压应力的成分越大，金属就越不容易被破坏，其可塑性也就越好。与此相反，拉应力易于放大材料的裂纹与缺陷，所以拉应力的成分越大，就越不利于金属可塑性的发挥。

3）变形温度

变形温度对金属的塑性有重大影响。对大多数金属而言，其总的趋势是，随着温度的升高，塑性增加，变形抗力降低（金属发生软化）。

4）变形速度

变形速度是指单位时间内应变的变化量，但它在冲压生产中不便控制和计量，故以压力机滑块的移动速度来近似反映金属的变形速度。

一般情况下，对于小型件的冲压，可以不考虑速度因素，只需考虑设备的类型、标称压力和功率等；对于大型复杂件，则宜采用低速成形（如采用液压机或低速压力机冲压）。另外，在加热成形工序中，对变形速度比较敏感的材料（如不锈钢、耐热合金、钛合金等），也宜采用低速成形。

5）尺寸因素

同一种材料，在其他条件相同的情况下，尺寸越大，塑性越差。这是因为材料尺寸越大，组织和化学成分就越不一致，杂质分布就越不均匀，这就导致应力分布就越不均匀。例如，厚板冲裁产生剪裂纹时，凸模挤入板料的深度与板料厚度的比值（称为相对挤入深度）比薄板冲裁时要小。

1.4.2　塑性变形时的应力与应变

在冲压过程中，材料的塑性变形都是模具对材料施加的外力所引起的内力或内力直接作用的结果。一定的力的作用方式和大小都对应着一定的变形，因此，为了研究和分析金属材料的变形性质和变形规律，控制变形的发展，就必须了解材料内各点的应力与应变状态，以及它们之间的相互关系。

1. 应力与应变状态

1）点的应力状态

在外力作用下，材料内各质点间产生的相互作用的力称为内力。单位面积上的内力称为应力。材料内某一点的应力大小与分布称为该点的应力状态。

为了分析点的应力状态，通常在该点周围截取一个微小的六面体，称为单元体。一般情况下，该单元体上存在大小和方向都不同的应力，把它们的值设为 S_x，S_y，S_z（见图 1-2（a）），其中每个应力又可分解为平行于坐标轴的 3 个分量，即 1 个正应力和 2 个切应力

（见图 1 - 2 （b））。由此可见，无论变形体的受力状态如何，为了确定物体内任意点的应力状态，只需知道该点对应单元体 9 个应力分量（3 个正应力，6 个切应力）即可。又由于所取单元体处于平衡状态，绕单元体各轴的力矩必定相等，因此，其中 3 对切应力应对应相等，即 $\tau_{xy} = \tau_{yx}$，$\tau_{yz} = \tau_{zy}$，$\tau_{zx} = \tau_{xz}$。

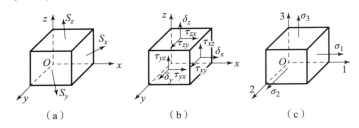

图 1 - 2　点的应力状态

（a）、（b）任意坐标系；（c）主轴坐标系

于是，要充分确定变形体内任意点的应力状态，实际上只需知道 6 个应力分量，即 3 个正应力和 3 个切应力就够了。

可以证明，对任何一种应力状态来说，总存在这样一组坐标系，使得单元体各表面上只有正应力，而没有切应力，如图 1 - 2 （c）所示。此时 3 个坐标轴称为主轴，3 个坐标轴的方向称为主方向，3 个正应力称为主应力，3 个主应力的作用面称为主平面。主应力一般按其代数值大小依次用 σ_1，σ_2，σ_3 表示，即 $\sigma_1 \geqslant \sigma_2 \geqslant \sigma_3$，带正号时为拉应力，带负号时为压应力。一个应力状态只有一组主应力，而主方向可通过对变形过程的分析来近似确定或通过试验确定。用主应力表示点的应力状态，可以大大简化分析、运算工作。

主应力表示的点的应力状态称为该点的主应力状态，表示主应力个数及其符号的简图称为主应力图。可能出现的主应力图共有 9 种，其中 4 种为三向主应力图，3 种为双向主应力图（又称平面主应力图），2 种为单向主应力图，如图 1 - 3 所示。

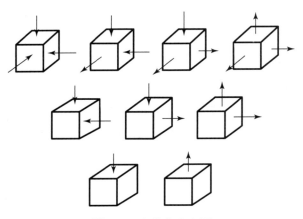

图 1 - 3　9 种主应力图

一般情况下，点的应力状态为三向应力状态。但在大多数平板材料成形中，其厚度方向的应力往往较其他两个方向的应力小得多，可忽略不计，因此，平板材料可近似看作平面应力状态。把单元体上的三个主应力的平均值称为平均应力，用 σ_{m} 表示，则有

$$\sigma_{\mathrm{m}} = (\sigma_1 + \sigma_2 + \sigma_3)/3 \tag{1 - 1}$$

　　任何一种应力状态都可以分解成两种应力状态，如图 1-4 所示。球应力状态不产生切应力，故不能改变物体的形状，只能使其体积发生微小变化；偏应力状态能产生切应力，可使物体形状发生改变，但不会引起物体体积的变化。显然，在三向等压应力（又称静水压力）状态下，物体不会产生塑性变形。

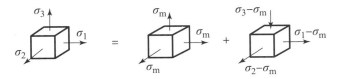

图 1-4　应力状态的分解

　　根据前述应力状态对金属塑性的影响情况，9 种主应力状态对金属塑性的影响程度可按图 1-5 所示的顺序排列，图中序号越小，金属的可塑性就越好。

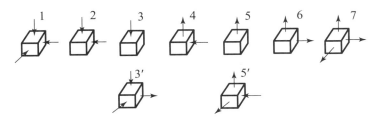

图 1-5　主应力状态对金属塑性影响的排序

　　除了主平面上不存在切应力以外，单元体其他方向的截面上都有切应力，而且在与主平面成 45°的截面上切应力达到最大值，称为主切应力。主切应力作用面称为主切应力面。主切应力及其作用面共有 3 组，如图 1-6 所示，主切应力面上的应力状态如图 1-7 所示。

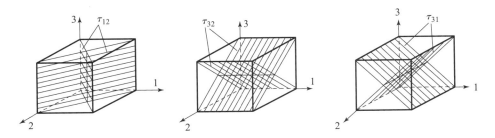

图 1-6　主切应力及其作用面

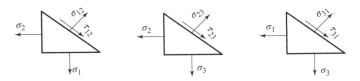

图 1-7　主切应力面上的应力状态

　　经过分析推导，主切应力面上的主切应力及正应力的值分别为

$$\tau_{12} = \pm(\sigma_1 - \sigma_2)/2, \quad \tau_{23} = \pm(\sigma_2 - \sigma_3)/2, \quad \tau_{31} = \pm(\sigma_3 - \sigma_1)/2 \qquad (1-2)$$

$$\sigma_{12} = (\sigma_1 + \sigma_2)/2, \quad \sigma_{23} = (\sigma_2 + \sigma_3)/2, \quad \sigma_{31} = (\sigma_3 + \sigma_1)/2 \qquad (1-3)$$

其中，绝对值最大的主切应力称为该点的最大切应力，用 τ_{max} 表示，若 $\sigma_1 \geqslant \sigma_2 \geqslant \sigma_3$，则有

$$\tau_{max} = \pm(\sigma_1 - \sigma_3)/2 \qquad (1-4)$$

最大切应力与金属的塑性变形有着十分密切的关系。

2）点的应变状态

变形体内若存在应力，则必伴随有应变，点的应变状态也是通过单元体的变形来表示的。与点的应力状态一样，当采用主轴坐标系时，单元体就只有 3 个主应变分量，而没有切应变分量。设 3 个主应变分量分别为 ε_1，ε_2 和 ε_3，如图 1-8 所示。一种应变状态只有一组主应变。

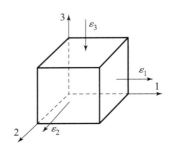

图 1-8　点的应变状态

与应力状态一样，任何一种主应变状态也可分解成以平均主应变 $\varepsilon_m(\varepsilon_m = (\varepsilon_1 + \varepsilon_2 + \varepsilon_3)/3)$ 为应变值的三向等应变状态，以及以各向主应变与 ε_m 的差值为应变值构成的偏应变状态，如图 1-9 所示。其中三向等应变状态使单元体体积发生微小的变化，而偏应变状态使单元体形状发生变化。

 =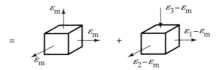

图 1-9　应变状态的分解

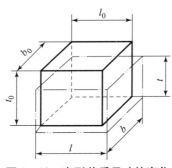

图 1-10　变形前后尺寸的变化

应变的大小可以通过物体变形前后的尺寸变化量来表示。如图 1-10 所示，设物体变形前的尺寸为 l_0，b_0 和 t_0，变形后的尺寸为 l，b 和 t，则 3 个方向的主应变可分别用相对应变（又称条件应变）和实际应变（又称对数应变）表示。

相对应变为

$$\left.\begin{array}{l} \delta_1 = \dfrac{l - l_0}{l_0} = \dfrac{\Delta l}{l_0} \\[2mm] \delta_2 = \dfrac{b - b_0}{b_0} = \dfrac{\Delta b}{b_0} \\[2mm] \delta_3 = \dfrac{t - t_0}{t_0} = \dfrac{\Delta t}{t_0} \end{array}\right\} \qquad (1-5)$$

实际应变为

$$\left.\begin{array}{l} \varepsilon_1 = \displaystyle\int_{l_0}^{l} \dfrac{\mathrm{d}l}{l} = \ln \dfrac{l}{l_0} \\[2mm] \varepsilon_2 = \displaystyle\int_{b_0}^{b} \dfrac{\mathrm{d}b}{b} = \ln \dfrac{b}{b_0} \\[2mm] \varepsilon_3 = \displaystyle\int_{t_0}^{t} \dfrac{\mathrm{d}t}{t} = \ln \dfrac{t}{t_0} \end{array}\right\} \qquad (1-6)$$

其中，相对应变只考虑了物体变形前后的尺寸变化量，而实际应变则考虑物体的变形是一个逐渐积累的过程，反映了物体变形的实际情况。当 δ 或 ε 为正时，表示伸长变形，为负

时，表示压缩变形。

实际应变与相对应变之间的关系为

$$\varepsilon = \ln(1 + \delta) \tag{1-7}$$

可见，只有当变形程度很小时，δ 才近似等于 ε，变形程度越大，δ 或 ε 的差值也越大。一般把变形程度在 10% 以下的变形情况称为小变形问题，而变形程度在 10% 以上的变形情况称为大变形问题。板料冲压成形一般属于大变形问题。

金属材料在塑性变形时，体积变化很小，可以忽略不计，则有 $l_0 b_0 t_0 = lbt$，即

$$\frac{lbt}{l_0 b_0 t_0} = 1$$

等式两边取对数，可得

$$\ln \frac{l}{l_0} + \ln \frac{b}{b_0} + \ln \frac{t}{t_0} = 0$$

即

$$\varepsilon_1 + \varepsilon_2 + \varepsilon_3 = 0 \tag{1-8}$$

这就是塑性变形的体积不变定律，它反映了 3 个主应变之间的数值关系。

根据体积不变定律，可以得出如下结论。

（1）塑性变形时，物体只有形状和尺寸发生变化，而体积保持不变。

（2）不论应变状态如何，其中必有一个主应变的符号与其他两个主应变的符号相反，这个主应变的绝对值最大，称为最大主应变。

（3）已知两个主应变的数值，便可以算出第三个主应变。

（4）任何一种物体的塑性变形方式只有 3 种，与此相应的主应变状态图也只有 3 种，如图 1-11 所示。

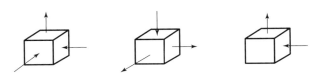

图 1-11　3 种主应变状态图

2. 屈服准则

决定受力物体内质点由弹性状态向塑性状态转变的条件，称为屈服准则。金属由弹性变形向塑性变形的转变，主要取决于在一定变形条件（变形温度与变形速度）下金属的物理力学性质和其所处的应力状态。一般来说，在材料性质和变形条件一定的情况下，屈服准则主要取决于物体的应力状态。

当物体内某点处于单向应力状态时，只要该向应力 σ_1 达到材料的屈服点 σ_s，该点就开始屈服，由弹性状态进入塑性状态，即此时的屈服准则是 $\sigma_1 \geqslant \sigma_s$。但是在复杂应力状态下，就不能仅仅根据一个应力分量来判断该点是否已经屈服，而要同时考虑其他应力分量的作用。只有当各个应力分量之间符合一定关系时，该点才开始屈服。

法国工程师特雷斯卡（H. Tresca）通过对金属挤压的研究，于 1864 年提出，在一定的变形条件下，当材料中的最大切应力达到某一定值时，材料就开始屈服；通过单向拉压等简单的试验，确定该定值就是材料屈服点应力值 σ_s 的一半，即 $\sigma_s/2$。设 $\sigma_1 \geqslant \sigma_2 \geqslant \sigma_3$，则特雷

斯卡屈服准则可表达为

$$\tau_{max} = \frac{\sigma_1 - \sigma_3}{2} = \frac{\sigma_s}{2}$$

或 $$\sigma_1 - \sigma_3 = \sigma_s \qquad (1-9)$$

特雷斯卡屈服准则的公式很简单,在事先知道主应力大小的情况下使用很方便。但该条件显然忽略了中间主应力 σ_2 的影响,实际上在一般三向应力状态下,σ_2 对于材料的屈服也是有影响的。

德国力学家米泽斯（Von Mises）于1913年在对特雷斯卡屈服准则加以修正的基础上提出,在一定的变形条件下,无论变形物体所处的应力状态如何,只要其3个主应力的组合满足一定的条件,材料便开始屈服。该条件为

$$(\sigma_1 - \sigma_2)^2 + (\sigma_2 - \sigma_3)^2 + (\sigma_3 - \sigma_1)^2 = 2\sigma_s^2 \qquad (1-10)$$

因米泽斯屈服准则考虑了中间主应力 σ_2 的影响,实践证明,对于大多数金属材料（特别是韧性材料）来说,采用米泽斯屈服准则更符合实际情况。

米泽斯屈服准则虽然在数学表达方法上比较完善,但在方程中同时包含了全部应力分量,实际运算比较烦锁。为了使用上的方便,可将米泽斯屈服准则改写为如下简单形式,即

$$\sigma_1 - \sigma_3 = \beta\sigma_s \qquad (1-11)$$

式中,β 为反映中间主应力 σ_2 影响的系数,其范围为 $1.000 \sim 1.155$,具体取值如表 $1-3$ 所示。

表 1-3　β 取值

中间应力	β	应力状态	应用举例
$\sigma_2 = \sigma_1$ 或 $\sigma_2 = \sigma_3$	1.000	单向应力叠加三向等应力	软凸模胀形、外缘翻边
$\sigma_2 = (\sigma_1 + \sigma_3)/2$	1.155	平面应变状态	宽板弯曲
σ_1 不属于上面两种情况	≈ 1.100	其他应力状态（如平面应力状态等）	缩口、拉深

由表 $1-3$ 可知,在单向应力叠加三向等应力的状态下,$\beta = 1.000$,此时米泽斯屈服准则与特雷斯卡屈服准则是一致的;在平面应变状态下,两个屈服准则相差最大,为 15.5%。

3. 塑性变形时应力与应变的关系

当物体发生弹性变形时,应力和应变之间的关系可以通过广义胡克定律来表示。但物体进入塑性变形以后,其应力与应变的关系就不同了。在单向受拉或受压时,应力与应变之间的关系可用应变硬化曲线来表示,然而在受到双向或三向应力作用时,变形区的应力与应变之间的关系相当复杂。经研究,当采用简单加载（加载过程中只加载不卸载,且应力分量按一定比例递增）时,塑性变形的每一瞬间,主应力与主应变之间存在下列关系,即

$$\frac{\sigma_1 - \sigma_2}{\varepsilon_1 - \varepsilon_2} = \frac{\sigma_2 - \sigma_3}{\varepsilon_2 - \varepsilon_3} = \frac{\sigma_3 - \sigma_1}{\varepsilon_3 - \varepsilon_1} = C \qquad (1-12)$$

式中,C 为非负数的比例常数。在一定的条件下,C 只与材料性质及变形程度有关,而与物体所处的应力状态无关,故 C 值可用单向拉伸试验求出。

式 $(1-12)$ 也可表示为

$$\frac{\sigma_1 - \sigma_m}{\varepsilon_1} = \frac{\sigma_2 - \sigma_m}{\varepsilon_2} = \frac{\sigma_3 - \sigma_m}{\varepsilon_3} = C \qquad (1-13)$$

上述物理方程即为塑性变形时的全量理论，它是在简单加载条件下获得的，通常用于研究小变形问题。但对于冲压成形中非简单加载的大变形问题，只要变形过程属于加载，主轴方向变化不大，主轴次序基本不变，那么通过实践表明，应用全量理论也不会引起太大的误差。

全量理论是冲压成形中各种工艺参数计算的基础，同时，它还可以对一些变形过程中的坯料变形和应力性质作出定性的分析和判断，举例如下。

（1）由式（1-13）可知，判断某方向的主应变是伸长还是缩短，并不是看该方向是受拉应力还是受压应力，而是要看该方向应力值与平均应力 σ_m 的差值。差值为正时，是拉应变，为负时，是压应变。

（2）若 $\sigma_1 = \sigma_2 = \sigma_3 = \sigma_m$，则由式（1-13）可知，$\varepsilon_1 = \varepsilon_2 = \varepsilon_3 = 0$。这说明在三向等拉或等压的球应力状态下，坯料不产生任何塑性变形（但有微小的体积弹性变化）。

（3）由式（1-12）可知，3 个主应力分量和 3 个主应变分量代数值的大小、次序互相对应，即若 $\sigma_1 \geqslant \sigma_2 \geqslant \sigma_3$，则有 $\varepsilon_1 \geqslant \varepsilon_2 \geqslant \varepsilon_3$。

（4）当坯料单向受拉，即 $\sigma_1 > 0$，$\sigma_2 = \sigma_3 = 0$ 时，因为 $\sigma_1 - \sigma_m = \sigma_1 - \sigma_1/3 > 0$，所以由式（1-13）可知 $\varepsilon_1 > 0$，$\varepsilon_2 = \varepsilon_3 = -\varepsilon_1/2$。这说明在单向受拉时，拉应力的作用方向为伸长变形，而另外两个方向则为等量的压缩变形，且伸长变形为每一个压缩变形的 2 倍。翻孔时，坯料孔边缘的变形就属于这种情况。同样，当坯料单向受压时，压应力的作用方向上压缩变形，而另外两个方向则为等量的伸长变形，且压缩变形为每一个伸长变形的 1/2。缩口、拉深时，坯料边缘的变形就属于此种情况。

（5）当坯料受双向等拉的平面应力作用，即 $\sigma_1 = \sigma_2 > 0$，$\sigma_3 = 0$ 时，由式（1-13）可知，$\varepsilon_1 = \varepsilon_2 = -\varepsilon_3/2$。这说明当坯料受双向且大小相等的平面拉应力作用时，两个拉应力的方向作用为等量的伸长变形，而在另一个没有主应力的作用方向则为压缩变形，其值为每个伸长变形的 2 倍。平板坯料胀形时的中心部位就属于这种情况。

（6）由式（1-13）可知，当 $\sigma_2 - \sigma_m = 0$ 时，必有 $\varepsilon_2 = 0$，而根据体积不变定律，则有 $\varepsilon_1 = -\varepsilon_3$。这说明在主应力等于平均应力的方向上不产生塑性变形，而另外两个方向上的塑性变形数值相等、方向相反。这种变形称为平面变形，且平面变形时必有 $\sigma_2 = \sigma_m = (\sigma_1 + \sigma_2 + \sigma_3)/3$，即 $\sigma_2 = (\sigma_1 + \sigma_3)/2$。例如，宽板弯曲时，板料宽度方向上的变形为 0，该方向上的主应力即为其余两个方向主应力之和的 1/2。

（7）当坯料三向受拉，且 $\sigma_1 > \sigma_2 > \sigma_3 > 0$ 时，在最大拉应力 σ_1 方向上的变形一定是伸长变形，而在最小拉应力 σ_3 方向上的变形一定是压缩变形。同样，当坯料三向受压，且 $0 > \sigma_1 > \sigma_2 > \sigma_3$ 时，在最小压应力 σ_3（绝对值最大）方向上的变形一定是压缩变形，而在最大压应力 σ_1（绝对值最小）方向上的变形一定是伸长变形。

1.4.3　加工硬化与应变硬化曲线

1. 硬化现象与应变硬化曲线

加工硬化是指一般常用的金属材料，随着塑性变形程度的增加，其强度、硬度和变形抗力逐渐增加，而塑性和韧性逐渐降低的现象。

材料的硬化规律可以用应变硬化曲线来表示。硬化曲线实际上就是材料变形时的应力随应变变化的曲线，可以通过拉伸、压缩或胀形试验等多种方法求得。图 1 – 12 所示为拉伸试验时获得的两条应力—应变曲线，其中曲线 1 的应力是以各加载瞬间的载荷 F 与该瞬间材料的截面面积 A 之比 F/A 来表示的，它考虑了变形过程中材料截面积的变化，真实反映了硬化规律，故又称真实应力曲线。曲线 2 的应力是按各加载瞬间的载荷 F 与变形前材料的原始截面积 A_0 之比 F/A_0 来表示的，它没有考虑变形过程中材料截面积的变化，因此，应力 F/A_0 并不能反应材料在各变形瞬间的真实应力，所以称为假象应力曲线。

图 1 – 13 所示为用试验求得的几种金属在室温下的应变硬化曲线。从曲线的变化规律来看，几乎所有的应变硬化曲线都具有一个共同的特点，即在塑性变形的开始阶段，随着变形程度的增大，实际应力剧烈增加，但当变形程度达到某些值以后，变形的增加不再引起实际应力的显著增加，也就是说，随着变形程度的增大，材料的硬化强度 $d\sigma/d\varepsilon$（或称硬化模数）逐渐降低。

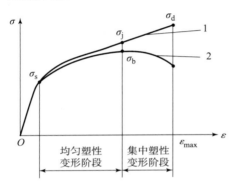

图 1 – 12　金属的应力—应变曲线

1—真实应力曲线；2—假象应力曲线
σ_s—屈服点应力；$\sigma_j(\sigma_b)$—颈缩点应力；
σ_d—断裂点应力

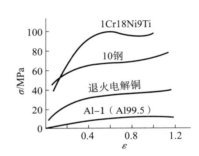

图 1 – 13　几种金属在室温下的
应变硬化曲线

一般来说，应变硬化曲线所表达的应力应变关系不是简单函数关系，这给求解塑性力学问题带来了困难。为了实用上的需要，常用直线或指数曲线来近似代替实际的应变硬化曲线。

用直线代替应变硬化曲线的实质是在实际应变硬化曲线上，于颈缩点处作一切线来近似代替实际应变硬化曲线，如图 1 – 14 所示。该应变硬化直线的方程为

$$\sigma = \sigma_0 + D\varepsilon \qquad (1 – 14)$$

式中　σ_0——近似屈服强度（应变硬化直线在纵坐标轴上的截距）；

D——硬化模数（应变硬化直线的斜率）。

显然，用直线代替应变硬化曲线只是近似的，仅在颈缩点

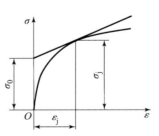

图 1 – 14　应变硬化直线

附近精确度较高，当变形程度很小或很大时，应变硬化直线与实际应变硬化曲线之间存在很大的差别。所以，在冲压生产中常用指数曲线表示应变硬化曲线，其方程为

$$\sigma = A\varepsilon^n \qquad (1 – 15)$$

式中　　A——系数；

　　　　n——加工硬化指数。

A 和 n 与材料的种类和性能有关，可以通过拉伸试验求得，其值如表 1-4 所示。指数曲线与材料的实际应变硬化曲线比较接近。

表 1-4 　几种金属材料的 A 值与 n 值

材料	A/MPa	n	材料	A/MPa	n
软铜	710~750	0.19~0.22	银	470	0.31
黄铜（w_{Zn}40%）	990	0.46	铜	420~460	0.27~0.34
黄铜（w_{Zn}35%）	760~820	0.39~0.44	硬铝	320~380	0.12~0.13
磷青铜	1 100	0.22	铝	160~210	0.25~0.27
磷青铜（低温退火）	890	0.52	—	—	—

加工硬化指数 n（又称 n 值）是表明材料塑性变形时硬化性能的重要参数。当 n 值大时，表示材料在变形过程中，其变形抗力随变形程度的增加而迅速增大，因而对板料的冲压成形性能及冲压件的质量都有较大影响。

2. 卸载规律与反载软化现象

应变硬化曲线（实际的应力—应变曲线）反映了单向拉伸加载时材料的应力与应变（或变形抗力与变形程度）之间的变化规律。如果加载到一定程度时卸载，则此时应力与应变之间如何变化呢？如图 1-15 所示，拉伸变形在弹性范围内的应力与应变是线性关系，若在该范围内卸载，则应力、应变仍按同一直线回到原点 O，没有残留变形。如果将材料拉伸使其应力超过屈服点 A，如达到点 B（σ_B，ε_B），

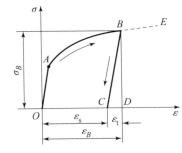

图 1-15 　拉伸—卸载曲线

再逐渐卸下载荷，则此时应力与应变沿直线 BC 逐渐降低，而不再沿加载经过的路线 BAO 返回。卸载直线 BC 正好与加载时弹性变形的直线段平行，于是加载时的总应变 ε_B 的一部分（ε_t）就会在卸载后因弹性回复（简称回弹）而消失，另一部分（ε_s）仍然保留下来成为永久变形，即 $\varepsilon_B = \varepsilon_t + \varepsilon_s$。弹性回复的应变量为

$$\varepsilon_t = \sigma_B / E \tag{1-16}$$

式中，E 为材料的弹性模量。

上述卸载规律反映了弹塑性变形共存规律，即在塑性变形过程中不可避免地会有弹性变形存在。在实际冲压时，分离或成形后冲压件的形状和尺寸与模具工作部分形状和尺寸的不同，就是由卸载规律引起的回弹造成的，因此，式（1-16）对考虑冲压成形时的回弹很有实际意义。

如果卸载后再重新加载，则随着载荷的加大，应力与应变的关系将沿直线 CB 逐渐上升，到达点 B 应力 σ_B 时，材料又开始屈服，并按照之前应力与应变的关系继续沿着加载曲线 BE 变化，如图 1-15 中虚线所示，所以 σ_B 又可以理解为材料在变形程度为 ε_B 时的屈服

点。推而广之，在塑性变形阶段，应变硬化曲线上每一点的应力值都可以理解为材料在相应变形程度时的屈服点。

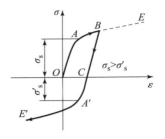

如果卸载后反向加载，即将材料先拉伸然后改为压缩，则其应力与应变的关系将沿曲线 $OABCA'E'$ 规律变化，如图 1-16 所示。试验表明，反向加载时应力与应变之间基本按照拉伸时的曲线规律变化，但材料的屈服点 σ'_s 较拉伸时的屈服点 σ_s 有所降低，这就是反载软化现象。反载软化现象对分析某些冲压工艺（如拉弯）很有实际意义。

图 1-16　反载软化曲线

1.4.4　冲压成形中的变形趋向性及其控制

1. 冲压成形中的变形趋向性

在冲压成形过程中，坯料的各个部分在同一模具的作用下，有可能发生不同形式的变形，即具有不同的变形趋向性。在这种情况下，判断坯料各部分是否变形、以什么方式变形，以及能否通过正确设计冲压工艺和模具等措施来保证在进行和完成预期变形的同时，排除其他一切不必要甚至有害的变形等，则是获得合格的高质量冲压件的根本保证。因此，分析研究冲压成形中的变形趋向及控制方法，对制订冲压工艺过程、确定工艺参数、设计冲压模具，以及分析冲压过程中出现的某些产品质量问题等，都有非常重要的实际意义。

一般情况下，总是可以把冲压过程中的坯料划分成变形区和传力区。冲压设备施加的变形力通过模具，再进一步通过坯料传力区作用于变形区，使其发生塑性变形。在图 1-17 所示的拉深和缩口成形中，坯料的 A 区是变形区，B 区是传力区，C 区则是已变形区。

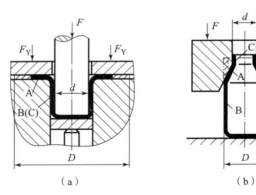

图 1-17　冲压成形时坯料的变形区与传力区
（a）拉深；（b）缩口
A—变形区；B—传力区；C—已变形区

由于变形区发生塑性变形所需的力是通过模具传到传力区获得的，而同一坯料上的变形区和传力区相毗邻，因此，在变形区和传力区分界面上作用的内力性质和大小完全相同。在这样同一个内力的作用下，变形区和传力区都有可能产生塑性变形，但由于它们之间的尺寸关系及变形条件不同，其应力与应变状态也不相同，因而它们可能产生的塑性变形方式及变形的先后顺序不同。通常，总有一个区需要的变形力比较小，并首先满足屈服准则进入塑性状态，产生塑性变形，这个区称为相对弱区。如图 1-17（a）所示的拉深变形，虽然变形区 A 和传力区 B 都受到径向拉应力 σ_r 作用，但 A 区比 B 区还多一个切向压应力 σ_θ 的作用，根据特雷斯卡屈服准则 $\sigma_1 - \sigma_3 \geqslant \sigma_s$，A 区中，$\sigma_1 - \sigma_3 = \sigma_\theta + \sigma_r$，B 区中，$\sigma_1 - \sigma_3 = \sigma_r$，因为 $\sigma_\theta + \sigma_r > \sigma_r$，所以在外力 F 的作用下，变形区 A 最先满足屈服准则产生塑性变形，成为相对弱区。

为了保证冲压过程的顺利进行，必须保证冲压工序中应该变形的部分（变形区）成为弱区，以便在把塑性变形局限于变形区的同时，排除传力区产生任何不必要塑性变形的可能。由此可以得出一个十分重要的结论：在冲压成形过程中，需要最小变形力的区是个相对弱区，而且弱区必先变形，因此，变形区应为相对弱区。

"弱区必先变形，变形区应为弱区"的结论，在冲压生产中具有很重要的实用意义。很多冲压工艺极限变形参数的确定、复杂形状件冲压工艺的设计等，都以这个结论作为分析和计算的依据。如图 1 - 17 (a) 所示的拉深变形，一般情况下，A 区是弱区而成为变形区，B 区则是传力区。但当坯料外径 D 太大、凸模直径 d 太小而使 A 区凸缘宽度太大时，由于使 A 区产生切向压缩变形所需的径向拉力很大，这时可能出现 B 区因过大的拉应力率先发生塑性变形甚至拉裂而变成弱区的情况。因此，为了保证 A 区成为弱区，应合理确定凸模直径与坯料外径的比值 d/D （即拉深系数），确保 B 区拉应力还未达到屈服准则以前，A 区的应力先达到屈服准则而发生拉压塑性变形。

当变形区或传力区有两种以上的变形方式时，首先实现的变形方式所需的变形力最小。因此，在设计工艺和模具时，除要保证变形区为弱区外，同时还要保证变形区必须实现的变形方式具有最小的变形力。例如，在图 1 - 17 (b) 所示的缩口成形过程中，变形区 A 可能产生的塑性变形是切向收缩的缩口变形和在切向压应力作用下的失稳起皱，而传力区 B 可能产生的塑性变形是筒壁部分镦粗和失稳弯曲。在这 4 种变形趋向中，只有满足缩口变形所需的变形力最小这个条件（可通过选用合适的缩口系数 d/D 或在模具结构上采取增加传力区的支承刚性等措施），才能使缩口变形正常进行。又如，冲裁时，在凸模压力的作用下，坯料具有产生剪切和弯曲两种变形趋向，如果采用较小的冲裁间隙，建立对弯曲变形不利（这时所需的弯曲力增大）而对剪切有利的条件，则可在只发生很小的弯曲变形的情况下实现剪切，提高冲件的尺寸精度。

2. 控制变形趋向性的措施

在实际生产当中，控制坯料变形趋向性的措施主要有以下几方面。

1）改变坯料各部分的相对尺寸

实践证明，变形坯料各部分的相对尺寸关系，是决定变形趋向性的最重要因素，因此，改变坯料的尺寸关系，是控制坯料变形趋向性的有效方法。如图 1 - 18 所示，当模具对环形坯料进行冲压，坯料的外径 D、内径 d_0 及凸模直径 d_T 具有不同的相对关系时，就可能具有 3 种不同的变形趋向（即拉深、翻孔和胀形），从而形成 3 种形状完全不同的冲件。当 D，d_0 都较小，并满足条件 D/d_T 范围为 1.5 ~ 2，且 $d_0/d_T < 0.15$ 时，宽度为 $(D - d_T)$ 的环形部分产生塑性变形所需的力最小而成为弱区，因而产生外径收缩的拉深变形，得到拉深件（见图 1 - 18 (b)）；当 D，d_0 都较大，并满足条件 $D/d_T > 2.5$，且 d_0/d_p 范围为 0.2 ~ 0.3 时，宽度为 $(d_T - d_0)$ 的内环形部分产生塑性变形所需的力最小而成为弱区，因而产生内孔扩大的翻孔变形，得到翻孔件（见图 1 - 18 (c)）；当 D 较大，d_0 较小甚至为 0，并满足条件

$D/d_T > 2.5$，且 $d_0/d_T < 0.15$ 时，这时坯料外环的拉深变形和内环的翻孔变形阻力都很大，致使凸、凹模圆角及附近的金属成为弱区而产生厚度变薄的胀形变形，得到胀形件（见图 1-18（d））。胀形时，坯料的外径和内孔尺寸都不发生变化或变化很小，仅依靠坯料的局部变薄即可实现成形。

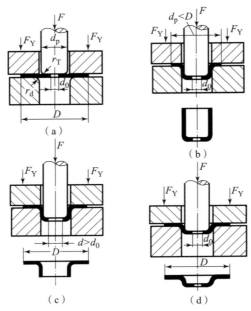

图 1-18　环形坯料的变形趋向
（a）变形前的坯料与模具；（b）拉深；（c）翻孔；（d）胀形

2）改变模具工作部分的几何形状和尺寸

这种方法主要是通过改变模具的凸模和凹模圆角半径来控制坯料的变形趋向。

如在图 1-18（a）中，如果增大凸模圆角半径 r_T、减小凹模圆角半径 r_d，可使翻孔变形的阻力减小，拉深变形的阻力增大，因而有利于翻孔变形的实现。反之，如果增大 r_d 而减小 r_T，则利于拉深变形的实现。

3）改变坯料与模具接触面之间的摩擦阻力

如在图 1-18 中，若加大坯料与压料圈或坯料与凹模端面之间的摩擦力（如加大压力 F_Y 或减少润滑），则坯料从凹模面上流动的阻力增大，将不利于实现拉深变形，而有利于实现翻孔或胀形变形。如果增大坯料与凸模表面之间的摩擦力，并通过润滑等方法减小坯料与凹模和压料圈之间的摩擦力，则有利于实现拉深变形。因此，正确选择润滑及润滑部位，也是控制坯料变形趋向性的重要方法。

4）改变坯料局部区域的温度

这种方法主要是通过局部加热或局部冷却来降低变形区的变形抗力强度，或提高传力区的变形抗力强度，来实现对坯料变形趋向性的控制。例如，在拉深和缩口时，可采用局部加热坯料变形区的方法，软化变形区，从而有利于拉深或缩口变形。又如，在不锈钢零件拉深时，可采用局部深度冷冻传力区的方法增大其承载能力，从而达到增大变形程度的目的。

1.5　冲压材料

冲压常用的材料是板材，即薄钢板（带）。薄钢板是指板材厚度小于 4 mm 的钢板，分为热轧板和冷轧板。在家电制造领域中，冷轧板及以冷轧板为原板的镀锌板的用途十分广泛，冰箱、空调、洗衣机、微波炉、燃气热水器等的零件材料都与它紧密相连。近年来，国外牌号钢材大量涌入，丰富了国内钢材市场，板材选用范围逐步扩大，这对提高家电产品的制造质量，丰富其款式和外观，起到了明显的作用。然而，由于国外的板材型号与我国板材型号对应的牌号及标记不一致，再加上目前市面上很少有专门介绍这方面的资料和技术书籍，因而给如何选用比较恰当的钢板带来了一定的困惑。

针对以上情况，本节将介绍在我国常用的和使用最多的几个国家（日本、德国、俄罗斯）的冷轧薄钢板，以及以冷轧板为原板的镀锌板的基本资料，并归纳出其与我国钢板牌号的相互对应关系，借此提高对国外板材的识别和认知度，从而能实现熟练选用。

1.5.1　冷轧薄钢板的牌号及标记的识别

1. 冷轧普通薄钢板

冷轧普通薄钢板是普通碳素结构钢冷轧板的简称，俗称冷板。它是由普通碳素结构钢热轧钢带，经过进一步冷轧制成的厚度小于 4 mm 的钢板。由于在常温下轧制，不产生氧化铁皮，因此，冷板表面质量好、尺寸精度高；再加之采用退火处理，其机械性能和工艺性能都优于热轧薄钢板。因此，在许多领域，特别是家电制造领域，冷板已逐渐取代热轧薄钢板。

适用牌号：Q195，Q215，Q235，Q275。

符号：Q 为普通碳素结构钢屈服点（极限）的代号，是"屈"的第一个汉语拼音字母的大写；195，215，235，255，275 分别表示该型号钢所对应的屈服点（极限）数值，单位为兆帕 MPa（N/mm^2）；由于 Q235 钢的强度、塑性、韧性和焊接性等综合机械性能在普通碳素结构钢中表现最好，能较好地满足一般的使用要求，因此，应用十分广泛。

标记：尺寸精度 – 尺寸 – 钢板品种标准。

标记示例：B – 0.5×750×1500 – GB708—88。

冷轧板：钢号 – 技术条件标准。

冷轧板示例：Q225 – GB912—89。

生产企业：鞍钢、武汉钢铁、宝山钢铁等。

2. 冷轧优质薄钢板

同冷轧普通薄钢板一样，冷轧优质薄钢板也是冷板中使用最广泛的薄钢板。冷轧优质薄钢板以优质碳素结构钢为材质，经冷轧制成且厚度小于 4 mm。

适用牌号：08，08F，10，10F。

符号：08，10 为钢号开头的两位数字，表示钢的含碳量，以平均碳含量×100 表示；F 表示不脱氧的沸腾钢；b 表示半镇静钢，Z 表示一般脱氧的镇静钢（有时无字母表示）。

例如，08F 表示其平均含碳量为 0.08% 的不脱氧沸腾钢。由于 08F 钢的塑性和冲压性能均良好，因此，大多用来制造一般有拉延结构的钣金件制品。

拉延级别：Z 表示最深拉延级，S 表示深拉延级，P 表示普通拉延级。

表面质量：Ⅰ 表示高级的精整表面，Ⅱ 表示较高级的精整表面，Ⅲ 表示普通的精整表面。

标记：尺寸精度 - 尺寸 - 钢板品种标准

冷轧板：钢号 - 表面质量组别 - 拉延组别 - 技术条件标准

生产企业：鞍钢、武汉钢铁、太原钢铁、重庆钢铁和宝山钢铁等

3. 深冲压用冷轧薄钢板

深冲压冷轧薄钢板多为铝脱氧的镇静钢，属于优质碳素结构钢。由于它塑性非常好、具有优良的深拉延特性，因此，广泛应用于冲制结构比较复杂的深拉延制品。

适用牌号：08Al。

符号：08 为钢号开头的两位数字，表示钢的含碳量，以平均碳含量 ×100 表示；Al 表示使用铝脱氧的镇静钢。

表面质量：Ⅰ 表示特别高级精整表面，Ⅱ 表示高级精整表面，Ⅲ 表示较高级精整表面。

拉延性能级别：ZF 表示可拉延最复杂件，HF 表示可拉延很复杂件，F 表示可拉延复杂件。

标记：尺寸精度 - 尺寸 - 钢板品种标准。

标记示例：A - 1.0 ×750 ×1500 - GB708—88。

冷轧板：钢号 - 表面质量组别 - 拉延组别 - 技术条件标准。

冷轧板示例：08Al - Ⅱ - HF - GB5213—85。

生产企业：鞍钢、武汉钢铁、宝山钢铁、太原钢铁和重庆钢厂等

4. 日本冷轧薄钢板

适用牌号：SPCC，SPCD，SPCE

符号：S 表示钢（steel），P 表示板（plate），第三位 C 表示冷轧（cold），第四位 C 表示普通级（common），D 表示冲压级（draw），E 表示深冲级（elongation）。

热处理状态：A 表示退火，S 表示退火 + 平整，8 表示（1/8）的硬质，4 表示（1/4）的硬质，2 表示（1/2）的硬质，1 表示硬质。

拉延性能级别：ZF 表示用于冲制拉延最复杂的零件，HF 表示用于冲制拉延很复杂的零件，F 表示用于冲制拉延复杂的零件。

表面加工状态：D 表示麻面（轧辊经磨床加工后喷丸处理），B 表示光亮表面（轧辊经磨床精加工）。

表面质量：FC 表示高级的精整表面，FB 表示较高级的精整表面。

标记：状态、表面加工状态、表面质量代号、拉延级别（仅对 SPCE）、产品规格及尺寸、外形精度（厚度、宽度、长度、不平度）。

标记示例：钢板，标准号 Q/BQB402，牌号 SPCC，热处理状态退火 + 平整（S），表面加工状态为麻面 D，表面质量为 FB 级的切边（切边 EC，不切边 EM）钢板，厚度为 0.5 mm，B

级精度，宽度为 1 000 mm，A 级精度，长度为 2 000 mm，A 级精度，不平度精度为 PF.A，标记钢板 ECQ/BQB 402 – SPCC – SD – FB/（0.5×1 000A×2 000A – PF.A）

生产企业与产地：宝山钢铁、中国台湾、日本、韩国浦项等

5. 德国冷轧薄钢板

适用牌号：St12，St13，St14，St15，St14 – T。

符号：St 表示钢（steel），12 表示普通级冷轧薄钢板，13 表示冲压级冷轧薄钢板，14 表示深冲级冷轧薄钢板，15 表示特深冲级冷轧薄钢板，14 – T 表示超级冷轧薄钢板。

表面质量：FC 表示高级的精整表面，FB 表示较高级的精整表面。

表面结构：b 表示特别光滑，g 表示平滑，m 表示无光泽，r 表示粗糙。

标记：产品名称（钢板或钢带）、本产品标准号、表面质量代号、拉延级别（仅对 St14，St14 – T，St15）、表面结构、边缘状态（切边为 EC，不切边为 EM）、产品规格及尺寸、外形精度（厚度、宽度、长度、不平度）。

标记示例：钢板，标准号 Q/BQB 403，牌号 St14，表面结构为特别平滑（b），表面质量为 FC，切边（EC），厚度为 0.8 mm，A 级精度、宽度为 1 200 mm，A 级精度，长度为 2 000 mm，A 级精度，不平度精度为 PF.B，标记为 Q/BQB 403 St14 – FC – ZF – b。钢板 EC：0.8A×1 200A×2 000A – PF.B。

生产企业与产地：宝山钢铁、德国等。

6. 俄罗斯冷轧薄钢板

适用牌号：CT – 3kΠ，08kΠ，08ΠC。

符号：CT 表示普通钢，kΠ 表示沸腾钢，ΠC 表示镇静钢。

产地：俄罗斯。

标准钢板牌号近似对照表如表 1 – 5 所示。

表 1 – 5　标准钢板牌号近似对照表

国家类别	执行标准	钢板牌号		
中国	GB	Q235	08F	08Al
日本	JIS	SPCC	SPCD	SPCE
德国	DIN	St12	St13	St14
俄罗斯	ΓOCT	CT. 3kΠ	0.8kΠ	0.8ΠC
适用范围		普通用途	冲压用	深冲压用

1.5.2　冷轧薄钢板的机械性能和工艺性能

1. 国产冷轧薄钢板的化学成分和力学性能

国产冷轧薄钢板的化学成分和力学性能如表 1 – 6 和表 1 – 7 所示。

表 1-6   化学成分

牌号	化学成分/%					
	C	Mn	P	S	Si	酸溶 Al
Q235	≤0.20	≤0.70	≤0.045	≤0.050		
08F	≤0.11	0.25 ~ 0.50	≤0.035	≤0.030		
08Al	≤0.08	≤0.40	≤0.020	≤0.030	痕迹	0.02 ~ 0.07

表 1-7   力学性能

牌号	板厚/mm	σ_s/($N \cdot mm^{-2}$)	σ_b/($N \cdot mm^{-2}$)	断后伸长率 δ/%	杯突值
Q235（普通）	0.8, 1.0, 1.2	≥235	375 ~ 406	≥26	
08F（冲压）	0.8, 1.0, 1.2	≥175	275 ~ 380	≥34	9.5, 10.1, 10.6
08Al（深冲）	0.8, 1.0, 1.2	196 ~ 235	255 ~ 343	≥42	10.6, 11.2, 11.5

2. 日本冷轧薄钢板的化学成分和力学性能

日本冷轧薄钢板的化学成分和力学性能如见表 1-8 和表 1-9 所示。

表 1-8   化学成分

牌号	化学成分/%				
	C	Si	Mn	P	S
SPCC	≤0.12	≤0.05	≤0.50	≤0.035	≤0.035
SPCD	≤0.10	≤0.03	≤0.45	≤0.030	≤0.035
SPCE	≤0.08	≤0.03	≤0.40	≤0.025	≤0.030

表 1-9   力学性能

牌号	板厚/mm	σ_s/($N \cdot mm^{-2}$)	σ_b/($N \cdot mm^{-2}$)	断后伸长率 δ/%	杯突值
SPCC	0.4, 0.5, 0.6, 0.7, 0.8		≥270	32, 34, 34, 36, 36	7.2, 7.8, 8.4, 8.8, 9.1
SPCD	0.4, 0.5, 0.6, 0.7, 0.8		≥270	34, 36, 36, 38, 38	7.6, 8.2, 8.8, 9.2, 9.5
SPCE	0.4, 0.5, 0.6, 0.7, 0.8	≤210	≥270	36, 38, 38, 40, 40	8.0, 8.6, 9.2, 9.6, 9.9

3. 德国冷轧薄钢板的化学成分和力学性能

德国冷轧薄钢板的化学成分和力学性能如表 1 - 10 和表 1 - 11 所示。

表 1 - 10 化学成分

牌号	脱氧方式	化学成分/%				
		C	Mn	P	S	Al
St12	铝镇静	≤0. 10	≤0. 50	≤0. 035	≤0. 035	
St13	铝镇静	≤0. 08	≤0. 45	≤0. 035	≤0. 035	
St14	铝镇静	≤0. 08	≤0. 40	≤0. 020	≤0. 030	≥0. 025
St15	铝镇静	≤0. 06	≤0. 40	≤0. 020	≤0. 030	≥0. 025
St14 - T	铝镇静	≤0. 08	≤0. 35	≤0. 020	≤0. 025	0. 025 ~ 0. 070

表 1 - 11 力学性能

牌号	板厚/mm	$\sigma_s/$ ($N \cdot mm^{-2}$)	$\sigma_b/$ ($N \cdot mm^{-2}$)	断后伸长率 $\delta/\%$	杯突值
St12	0. 5，0. 6， 0. 7，0. 8	≥280	270 ~ 410	≥28	8. 8，9. 0， 9. 2，9. 4
St13	0. 5，0. 6， 0. 7，0. 8	≥240	270 ~ 370	≥34	9. 5，9. 8， 10，10. 2
St14	0. 5，0. 6， 0. 7，0. 8	≥210	270 ~ 350	≥38	9. 8，10， 10. 3，10. 5
St14 - T		≥210	270 ~ 350	≥42	
St15		≥195	250 ~ 330	≥40	

4. 俄罗斯冷轧薄钢板的化学成分和力学性能

俄罗斯冷轧薄钢板的化学成分和力学性能如表 1 - 12 和表 1 - 13 所示。

表 1 - 12 化学成分

牌号	化学成分/%							
	C	Mn	P	S	Si	Cr	Ni	Cu
CT - 3kП	0. 18	0. 60	≤0. 030	≤0. 04	0. 05			
08kП	0. 05 ~ 0. 11	0. 25 ~ 0. 50	≤0. 035	≤0. 04	≤0. 03	≤0. 10	≤0. 25	≤0. 25
08kC	0. 05 ~ 0. 11	0. 35 ~ 0. 65	≤0. 035	≤0. 04	≤0. 10	≤0. 10	≤0. 25	≤0. 25

表 1 - 13　力学性能

牌号	板厚/mm	$\sigma_s/$ $(N \cdot mm^{-2})$	$\sigma_b/$ $(N \cdot mm^{-2})$	断后伸长率 $\delta/\%$	杯突值
Cт - 3kП（普通）		193 ~ 235	363 ~ 461	24 ~ 27	
0.8kП（冲压）		≥196	314 ~ 412	≥55	
0.8ПC（深冲）		≥196	294 ~ 392	≥60	

1.5.3　冲压材料的性能发展

随着汽车、航空、航天等工业的发展，钛合金、镁合金、高强铝合金和复合材料等很多新材料得到越来越广泛的应用。材料科学和塑性力学的发展带动了冲压技术的进步，计算机技术和控制技术的发展，也使过去难以实现的工艺成为可能。工艺、材料和控制一体化要求通过物理测试、模拟和数值模拟掌握材料与工艺的优化匹配，并根据具体工艺要求实现工艺控制或在线测控，跟进未来新型冲压技术的发展趋势。

1. 材料性能量化控制

（1）物理模拟技术是掌握材料性能、获得量化规律的必要手段，较早的物理模拟技术使用一些与成形材料性能相似的模拟材料进行模拟和测试，主要用于解决工艺可行性的问题。

（2）一些新型试验设备的出现为材料性能测试提供了更广泛的可能性。这些设备可进行压缩、扭转等试验，模拟各种不同温度、不同摩擦条件、不同变形速度条件下的变形加工过程，以获得材料的各种性能数据。

（3）根据测得的数据可获得材料成形极限和材料本构关系的定量表达式，从而使计算或模拟的材料塑性变形过程更加准确、可靠，为冲压加工的定量控制提供了材料基础。

2. 冲压生产智能控制技术

（1）冲压生产智能控制技术也是发展很快的一个领域。它在材料、工艺一体化的基础上，依据已有的材料和工艺数据库，实现冲压加工过程的在线控制或智能控制。

（2）可对材料或工艺参数建立在线检测系统，以实现当材料性能或工艺参数发生变化或产生波动时，由自动检测系统在线确定相关参数的瞬时量值，并通过计算机模拟软件进行分析并优化，从而确定参数变化后的最佳工艺参数组合。

（3）自动控制系统调整工艺参数后，可以实现冲压工艺过程的自适应控制，并逐渐积累新的生产数据，为后续加工过程的工艺优化基础。

3. 科学的冲压生产技术是多种场量的耦合控制

（1）复杂件的冲压成形要求对冲压工艺参数进行场量控制，有些材料要求场量为梯度分布，以实现塑性力学原理与材料性能的结合。场量包括温度场、变形速度场、摩擦润滑场、材料流动趋势、材料变形顺序及变形路径等。

（2）场量不是恒定的，而是过程变量，因此，控制加热与冷却措施、润滑方法与润滑剂、模具结构、压边方式、拉深筋和加载方式都是控制场量的重要措施。

（3）温度场的控制可实现差温冲压成形，而摩擦梯度场也是控制冲压变形的重要手段。摩擦可以为冲压变形材料的流动提供一定阻力，一般要求尽量减少摩擦力，然而有时摩擦力也有助于提高材料成形的极限。

（4）通过改变模具结构、圆角半径、压边方式、模具间隙、拉深筋和模具分块控制坯料的受力状态，可进一步改变坯料内部应力状态、材料流动趋势、材料屈服顺序、材料变形顺序和材料应变历史。

4. 新型冲压油配方的研制

（1）硅钢板是比较容易冲切的材料，一般为了工件成品的易清洗性，在防止产生冲切毛刺的前提下会选用低黏度的冲压油。另外，加工硅钢板用的冲压油的防锈性能和抗腐蚀性能要符合一定的要求，以避免工件生锈、产生刺激性气体等，从而保护操作环境。

（2）碳钢板在选用冲压油时首先应该注意的是拉伸油的黏度，应根据加工的难易程度、给拉伸油的方法及脱脂条件来决定较佳黏度。其次必须考虑使用成形容易的油性材料、防止卡咬的极压性、防锈性、脱脂性，以及在焊接时产生有毒气体。

（3）因为镀锌钢板和氯系添加剂会发生化学反应，所以在选用冲压油时应当注意氯型冲压油可能发生白锈的问题，而使用硫型冲压油可以避免生锈问题，但冲压加工后应当尽早脱脂。

（4）在选用铜铝合金板冲压油时，可以选择含有油性剂、滑动性好的冲压油，避免使用含有氯型添加剂的冲压油，否则，冲压油会腐蚀铜铝合金，使其表面变黑。

（5）不锈钢是容易产生加工硬化的材料，其要求使用油膜强度高、抗烧结性好的拉伸油。一般应当使用含有硫氯复合型添加剂的冲压油，在保证极压加工性能的同时，可以避免工件出现毛刺、破裂等问题。

第 2 章

单工序冲裁模具设计研究

单工序冲裁模一般仅有一副凸模和凹模，其优点是模具制造简单、生产周期短，冲压时不受零件的形状、尺寸及厚度的限制；其缺点是采用这种模具加工出来的冲裁件的尺寸精度低，而且完成多工序的冲压件所需模具数量多、设备多、生产率低、工人强度大。因此，该模具一般只用于小批量及试制性生产，但这类模具确实是冲压工艺与模具设计中最基础、最重要的内容之一。

日常生活中经常会碰到一些由几个工序冲压完成的冲压件。它们在生产时往往受设备或成本的限制，没有用到复合模或级进模，而是由几副单工序冲压模具制作而成，图 2－1 和图 2－2 所示为相关实物。

单工序冲裁模设计流程如图 2－3 所示。

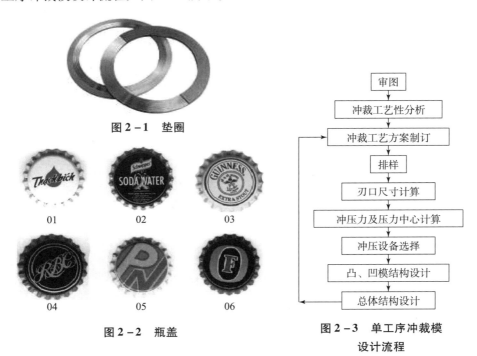

图 2－1　垫圈

SODA WATER
GUINNESS
EXTRA STOUT
01
02
03
04
05
06

图 2－2　瓶盖

审图
冲裁工艺性分析
冲裁工艺方案制订
排样
刃口尺寸计算
冲压力及压力中心计算
冲压设备选择
凸、凹模结构设计
总体结构设计

图 2－3　单工序冲裁模设计流程

2.1　冲裁工艺性

2.1.1　"入体"原则在冲裁模设计审图中的应用

所谓审图，即审查给定工件的尺寸是否齐全，包括各尺寸公差和形位公差的精度等级，以及给定工件的材料牌号、材料厚度、生产批量。凡冲压件上未注尺寸的公差，在设计时其极限偏差数值通常按 GB/T 1800——IT14 级处理。

所谓"入体"原则是指标注工件尺寸公差时应向材料实体方向单向标注。具体来说，轴的基本尺寸为其最大实体尺寸，即其上偏差为 0；孔的基本尺寸为其最大实体尺寸，即其下偏差为 0；长度尺寸的公差带为对称分布。但对于磨损后无变化的尺寸，一般标注双向偏差。

使用"入体"原则有以下两方面优点：首先孔与轴的尺寸之间不会互相干涉；其次因为公差带在工件的实体之内，所以可以节省材料。在轴、孔的加工过程中，往往要用工具测量加工对象（轴、孔）的尺寸后再修正剩余加工量，轴大才有修正（变小）的可能，同样地，孔小才有变大的可能。

轴应取接近于制件的最小极限尺寸，即凹模刃口的基本尺寸应取最小值，以保证凹模磨损至一定范围内还能冲出合格的制件。这样能够在较大的磨损量下仍能保证制件的精度，提高制件的成品率，换句话说，可提高模具的寿命。

2.1.2　冲裁工艺性分析

冲裁件的工艺性是指该工件在冲裁加工中的难易程度。良好的冲裁工艺性应保证材料消耗少、工序数目少、模具结构简单且寿命长、产品质量稳定、操作安全方便等。

冲裁工艺性对冲裁件的质量、生产效率，以及冲裁模的使用寿命均有很大影响。在编制冲压工艺规程和设计模具之前，应从工艺角度分析冲裁件设计得是否合理，是否符合冲裁工艺性要求。

冲裁工艺性分析应从以下方面考虑。

1）结构工艺性要求

（1）冲裁件的形状力求简单、规则、有利于材料的合理利用，以便节约材料，减少工序数目，提高模具寿命，降低冲裁件成本。

图 2-4（a）所示零件，若外形无要求，只要满足三空位置即可，则可改为图 2-4（b）所示形状，采用无废料排样，材料利用率提高 40%。

（2）冲裁件的内外形转角处要尽量避免尖角，应以圆弧过渡，以便模具加工，减少热处理开裂。减少冲裁时尖角处的崩刃和防止过快磨损冲裁件的最小圆角半径可参照表 2-1 选取。

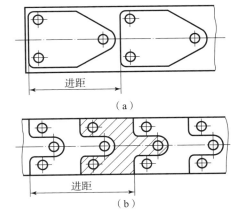

（a）

（b）

图 2-4　冲裁件形状对冲裁工艺性的影响示例

表 2-1　冲裁件最小圆角半径

冲裁件种类		最小圆角半径（R）			
		黄铜、铝	合金钢	软钢	备注
落料	交角≥90°	$0.18t$	$0.35t$	$0.25t$	≥0.25
	交角＞90°	$0.35t$	$0.70t$	$0.50t$	≥0.50
冲孔	交角≥90°	$0.20t$	$0.45t$	$0.30t$	≥0.30
	交角＜90°	$0.40t$	$0.90t$	$0.60t$	≥0.60
注：t 为材料厚度。					

（3）尽量避免冲裁件上有过长的凸出悬臂和凹槽，且悬臂和凹槽宽度也不宜过小，如图 2-5 所示。最小宽度 b 一般不小于 $2.5t$。

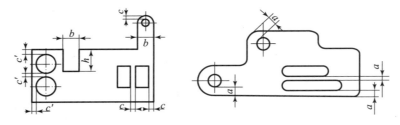

图 2-5　冲裁件的结构工艺性图

（4）冲件上孔与孔、孔与边缘之间的距离不能过小，以避免工件变形、模壁过薄或因材料易被拉入凹模而影响模具寿命。一般孔边距取：圆孔为 $(1.0 \sim 2.5)t$，矩形孔为 $(2.0 \sim 2.5)t$。

（5）冲孔时，因受凸模强度和刚度的限制，孔径不宜太小，否则容易折断或压弯。用无导向凸模和有导向的凸模所能冲制的最小尺寸如表 2-2 所示。

表 2-2　自由凸模冲孔的最小尺寸

材　　料				
钢 $\tau＞700$ MPa	$d≥1.5t$	$b≥1.35t$	$b≥1.1t$	$b≥1.2t$
钢 $\tau=400$ MPa -700 MPa	$d≥1.3t$	$b≥1.2t$	$b≥0.9t$	$b≥1.0t$
钢 $\tau=＜400$ MPa	$d≥1.0t$	$b≥0.9t$	$b≥0.7t$	$b≥0.8t$
黄铜、铜	$d≥0.9t$	$b≥0.8t$	$b≥0.6t$	$b≥0.7t$
铝、锌	$d≥0.8t$	$b≥0.7t$	$b≥0.5t$	$b≥0.6t$
纸胶板、布胶板	$d≥0.7t$	$b≥0.7t$	$b≥0.4t$	$b≥0.5t$
纸	$d≥0.6t$	$b≥0.5t$	$b≥0.3t$	$b≥0.4t$
注：d 为圆孔直径，b 为孔宽。				

2）尺寸精度和表面粗糙度要求

（1）普通冲裁件的内、外形的经济精度不高于 IT11 级。

（2）冲孔精度（最好低于 IT9 级）比落料精度（最好低于 IT10 级）高一级。

（3）冲裁件的表面粗糙度 Ra 一般为 6.3 ~ 12.5 μm。

3）冲裁材料要求

（1）对冲裁材料力学性能的要求：有一定强度和韧性，避免过硬、过软、过脆。

（2）对冲裁材料规格的要求：材料厚度公差应符合国家标准，厚薄均匀，避免采用边角料。

（3）冲裁材料的选取原则：廉价代贵重，薄料代厚料，黑色代有色金属。

4）冲裁件尺寸基准

冲裁件尺寸基准应尽可能与其制模时定位基准重合，并选择在冲裁过程中基本不变动的面或线上。图 2-6（a）所示为原设计尺寸标注，其对冲裁件图样的标注是不合理的，因为这样标注，尺寸 L_1、L_2 必须考虑到模具的磨损，而相应赋予的较宽公差则会造成孔心距的不稳定，且孔心距公差会随着模具磨损而增大。若改用图 2-6（b）所示标注，则两孔的孔心距不受模具磨损的影响，因此，该标注方式比较合理。

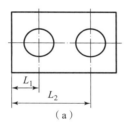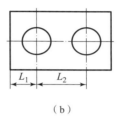

图 2-6　冲裁件的尺寸基准

 **特别提示**

在分析冲裁工艺性时，可以具体从以下几个方面来进行。

1. 结构形状、尺寸大小

（1）冲裁件形状是否简单、对称？

（2）冲裁件的外形或内孔的转角处是否有尖锐的清角？

（3）冲裁件上是否有过小孔径？

（4）冲裁件上是否有细长的悬臂和狭槽？

（5）冲裁件上最大尺寸是多少，属于大型、中型还是小型冲裁件？

（6）冲裁件的孔与孔之间、孔与边缘之间距离是否过小？

2. 尺寸精度、表面粗糙度、位置精度

（1）产品的最高尺寸精度是多少？

（2）产品的最低表面粗糙度要求是多少？

（3）产品的最高位置精度是多少？

3. 冲裁件材料的性能

主要分析冲裁件材料是否满足以下要求。

（1）技术要求：材料性能是否满足使用要求、是否适应工作条件。

（2）冲压工艺要求：材料的冲压性能如何，表面质量怎样，材料的厚度公差是否符合国家标准。

2.1.3 冲裁件的精度与毛刺控制

1. 精度

冲裁件的精度一般可分为精密级和经济级两类。精密级是指冲压工艺技术上所允许的精度；而经济级则是指可以用比较经济的手段达到的精度。冲裁件外形与内孔尺寸公差如表 2-3 所示。孔中心距公差如表 2-4 所示。

表 2-3　冲裁件外形与内孔尺寸公差　　　　　　　　　　　　　　　　　mm

精度等级	零件尺寸	材料厚度			
		< 1	1 ~ 2	2 ~ 4	4 ~ 6
经济级	< 10	$\frac{0.12}{0.08}$	$\frac{0.18}{0.10}$	$\frac{0.24}{0.12}$	$\frac{0.30}{0.15}$
	10 ~ 50	$\frac{0.16}{0.10}$	$\frac{0.22}{0.12}$	$\frac{0.28}{0.15}$	$\frac{0.35}{0.20}$
	50 ~ 150	$\frac{0.22}{0.12}$	$\frac{0.30}{0.16}$	$\frac{0.40}{0.20}$	$\frac{0.50}{0.25}$
	150 ~ 300	0.30	0.50	0.70	2.00
精密级	< 10	$\frac{0.03}{0.025}$	$\frac{0.04}{0.03}$	$\frac{0.06}{0.04}$	$\frac{0.10}{0.06}$
	10 ~ 50	$\frac{0.04}{0.01}$	$\frac{0.06}{0.05}$	$\frac{0.08}{0.06}$	$\frac{0.12}{0.10}$
	50 ~ 150	$\frac{0.06}{0.05}$	$\frac{0.08}{0.06}$	$\frac{0.10}{0.08}$	$\frac{0.15}{0.12}$
	150 ~ 300	0.10	0.12	0.15	0.20

注：表中分子为外形的公差值，分母为内孔的公差值。

表 2-4　孔中心距公差　　　　　　　　　　　　　　　　　mm

精度等级	孔中心距尺寸	材料厚度			
		< 1	1 ~ 2	2 ~ 4	4 ~ 6
经济级	< 50	± 0.10	± 0.12	± 0.15	± 0.20
	50 ~ 150	± 0.15	± 0.20	± 0.25	± 0.30
	150 ~ 300	± 0.20	± 0.30	± 0.35	± 0.40
精密级	< 50	± 0.01	± 0.02	± 0.03	± 0.04
	50 ~ 150	± 0.02	± 0.03	± 0.04	± 0.05
	150 ~ 300	± 0.04	± 0.05	± 0.06	± 0.08

2. 毛刺

任意冲裁件允许的毛刺高度如表 2 - 5 所示。

表 2 - 5　任意冲裁件允许的毛刺高度　　　　　　　　　μm

冲裁件材料厚度 t/mm	材料抗拉强度 σ_h/(N/mm^2)											
	<250			250 ~ 400			400 ~ 630			>630 及硅钢		
	Ⅰ	Ⅱ	Ⅲ	Ⅰ	Ⅱ	Ⅲ	Ⅰ	Ⅱ	Ⅲ	Ⅰ	Ⅱ	Ⅲ
≤0.35	100	70	50	70	50	40	50	40	30	30	20	20
0.40 ~ 0.60	150	110	80	100	70	50	70	50	40	40	30	20
0.65 ~ 0.95	230	170	120	170	130	90	100	70	50	50	40	20
1.00 ~ 2.50	340	250	170	240	180	120	150	110	70	80	60	40
2.60 ~ 2.40	500	370	250	350	260	180	220	160	110	120	90	60
2.50 ~ 3.80	720	540	360	500	370	250	400	300	200	180	130	90
4.00 ~ 6.00	1200	900	600	730	540	360	450	330	220	260	190	130
6.50 ~ 10.00	1900	1120	950	1000	750	500	650	480	300	350	260	170

注：Ⅰ 为粗糙级；Ⅱ 为中等级；Ⅲ 为精密级。

2.2　单工序冲裁模的选择

在工艺分析的基础上，进行总体方案的拟定，此阶段是设计的关键，是创造性的工作。该阶段需要充分发挥聪明才智和创造精神，设计一个既切实可行，又具有一定先进性的合理方案。

确定工艺方案，主要是确定模具类型，应在工艺分析的基础上，根据冲裁件的生产批量、尺寸精度、尺寸大小、形状复杂程度、材料的厚薄、冲压模具制造条件与冲压设备条件等多方面因素，拟定多种冲压工艺，然后选出一种最佳方案。

单工序冲裁模是指在压力机一次行程内只完成一个冲压工序的冲裁模，如落料模、冲孔模、切断模、切口模、切边模等。

2.2.1　落料模

落料模常见有 3 种形式。

1. 无导向的敞开式落料模

这种模的上、下模无导向，结构简单，制造容易，冲裁间隙由冲床滑块的导向精度决定；可用边角余料冲裁；常用于料厚且精度要求低的小批量冲裁件的生产，如图 2 - 7 所示。

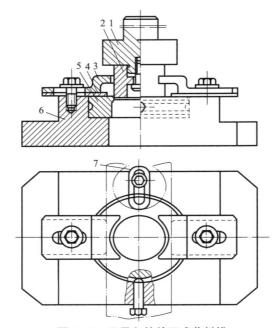

图 2-7   无导向的敞开式落料模

1—模柄；2—凸模；3—卸料板；4—导料板；5—凹模；6—下模座；7—定位板

2. 导板式落料模

这种模对凸模与导板之间（又称固定卸料板）选用 H7/h6 的间隙配合，且该间隙小于冲裁间隙。回程时不允许凸模离开导板，以保证对凸模的导向作用。与敞开式落料模相比，该模精度较高，寿命长，但制造要复杂一些，常用于料厚大于 0.3 mm 的简单冲压件，如图 2-8 所示。

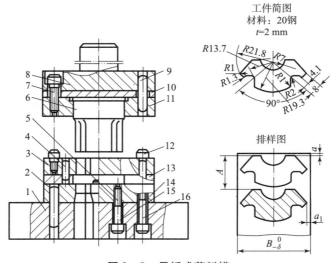

图 2-8   导板式落料模

1—下模座；2—销；3—导板；4—销；5—挡料钉；6—凸模；7—螺钉；8—上模座；9—销；
10—垫板；11—凸模固定板；12—螺钉；13—导料板；14—凹模；15, 16—螺钉

3. 带导柱的弹顶落料模

这种模的上、下模依靠导柱和导套导向，容易保证间隙，并且该模采用弹压卸料和弹压顶出的结构，冲压时材料被上、下模压紧完成分离，制成的零件变形小，平整度高。该种结构模具广泛用于冲裁材料厚度较小，且有平面度要求的金属件和易于分层的非金属件，如图 2 - 9 所示。

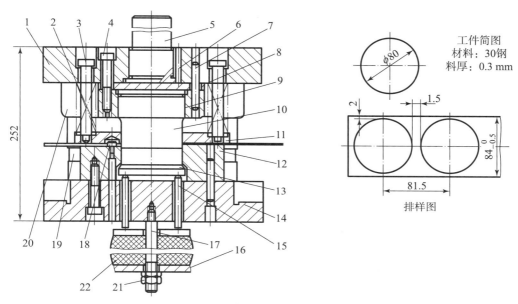

图 2 - 9　带导柱的弹顶落料模

1—上模座；2—卸料弹簧；3—卸料螺钉；4—螺钉；5—模柄；6—防转销；7—销；8—垫板；
9—凸模固定板；10—落料凸模；11—卸料板；12—落料凹模；13—顶件板；14—下模座；15—顶杆；
16—板；17—螺栓；18—固定挡料销；19—导柱；20—导套；21—螺母；22—橡皮

2.2.2　冲孔模

冲孔模的结构与一般落料模相似。但冲孔模有其自己的特点，特别是冲小孔模具，必须考虑凸模的强度和刚度，以及实现快速更换凸模的结构。在已成形零件侧壁上冲孔时，要设计凸模水平运动方向的转换机构。

1. 冲侧孔模

图 2 - 10 所示为在成形零件的侧壁上冲孔的模具。图 2 - 10（a）采用的是悬臂式凹模结构，可用于圆筒形件的侧壁冲孔、冲槽等。毛坯套入凹模体，由定位环控制轴向位置。此种结构可在侧壁上完成多个孔的冲裁。而在冲裁多个孔时，要考虑分度定位机构。图 2 - 10（b）所示结构依靠固定在上模的斜楔来推动滑块，使凸模作水平方向移动，完成圆筒形件或 U 形件的侧壁冲孔、冲槽、切口等工序。

斜楔的返回行程运动是靠橡皮或弹簧完成的。斜楔的工作角度 α 以 40° ~ 45° 为宜。工作角度为 40° 的斜楔滑块机构的机械效率最高，当斜楔工作角度为 45° 时，滑块的移动距离与斜楔的行程相等。若需较大冲裁力的冲孔件，则 α 可采用 35°，以增大水平推力。此种结构凸模常对称布置，最适宜壁部对称孔的冲裁。

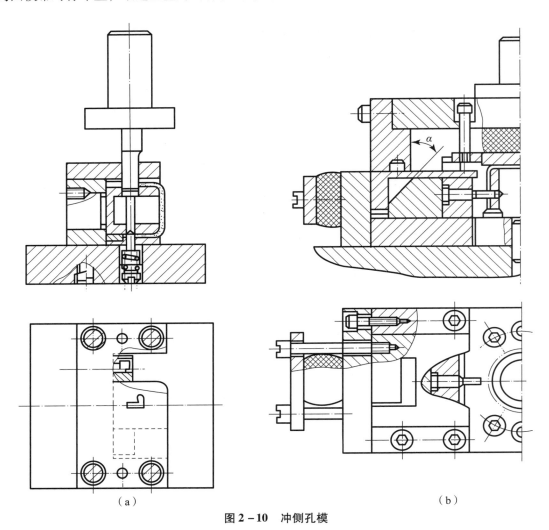

（a）   （b）

图 2 − 10   冲侧孔模

2. 小孔冲压模具

小孔冲压模具冲制的工件如图 2 − 11 所示。工件板厚为 4 mm，最小孔径为 0.5t。该模具采用缩短凸模长度的方法来防止其在冲裁过程中产生弯曲变形而折断。这种结构制造比较简单，凸模使用寿命也较长。这副模具采用冲击块 5 冲击凸模进行冲裁工作。小凸模 2，3，4 由小压板 7 进行导向，而小压板由两个小导柱 6 进行导向。当上模下行时，大压板 8 与小压板 7 先后压紧工件，小凸模 2、3、4 上端露出小压板 7 的上平面，上模压缩弹簧继续下行，冲击块 5 冲击小凸模 2，3，4 对工件进行冲孔。卸件工作由大压板 8 完成。厚料小孔冲压模具的凹模洞口漏料必须通畅，防止废料堵塞损坏凸模。冲裁件在凹模上由定位板 9 与 1 定位，并由后侧压块 10 使冲裁件紧贴定位面。

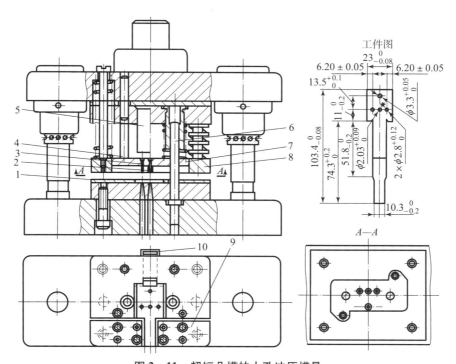

图 2 - 11　超短凸模的小孔冲压模具

1, 9—定位板；2, 3, 4—小凸模；5—冲击块；6—小马柱；

7—小压板；8—大压板；10—压块

2.2.3　单工序冲裁模选择方案的确定

设计时必须根据冲压件的形状、批量及精度要求来选择是否需要导向装置，其选用应从以下几个方面进行综合考虑。

（1）从模具的应用范围来看，无导向模主要适用于中小批量生产；导柱模主要适用于大批量生产，并且零件精度要求较高的情况；导板模主要适用于级进模和单工序冲压模具的冲裁，导板可兼作卸料板，并对冲压模具起保护作用。目前，由于冲压模具逐渐标准化，有专门生产导柱、导套、模架的工厂，因此，选用导柱模要比导板模更方便些。

（2）从冲压件的外形尺寸及厚度来考虑，无导向模对冲压件的外形尺寸及厚度不作任何限制，而导柱模只能冲裁尺寸在 300 mm 以内、厚度在 6 mm 以下的零件，导板模允许的冲压件尺寸则更小。

（3）从模具的安装调整及使用来看，无导向模由于每次冲压时均要重新调整冲压模具间隙，因此，其安装与使用较为困难；而导柱模及导板模在使用时较为方便。因此，从这一点出发，为了减少模具安装与调试的难度，选用导柱模及导板模还是比较好的。

（4）从模具的成本及制造复杂性来考虑，无导向冲压模具结构简单，便于制造和维修，因此成本低，适于小批量及试制性生产。导柱模及导板模结构复杂，制造难度大，造价高，因此，适用于大批量生产。

总之，在生产批量较小且冲压件精度要求不高的情况下，选用无导向模具比较合适；而在生产批量较大，冲压件精度又要求较高的情况下，必须采用有导向装置的冲压模具结构。

2.3　排 样 设 计

排样主要研究如何将冲裁件在条料、板料和带料上进行合理布置。在冲压零件的成本中，材料费用约占 60% 以上，因此，材料的经济利用具有非常重要的意义。合理的排样是降低冲压件成本，提高材料利用率、劳动生产率、冲压模具寿命的有效措施。

2.3.1　排样分类

排样是指冲裁件在条料、带料或板料上的布置方法。合理的排样图应包括工位的布置及相应尺寸的确定。合理的排样和选择适当的搭边值是降低成本和保证制件质量及模具寿命的有效措施。

1. 排样的分类

（1）有废料排样：如图 2-12（a）所示，沿制件的全部外形轮廓冲裁，在制件之间，以及制件与条料侧边之间，都有工艺余料（称为搭边）存在。因为留有搭边，所以制件质量和模具寿命较高，但材料利用率降低。

（2）少废料排样：如图 2-12（b）所示，沿制件的部分外形轮廓切断或冲裁，只在制件之间（或制件与条料侧边之间）留有搭边，材料利用率有所提高。

（3）无废料排样：无废料排样就是无工艺搭边的排样，制件直接由切断条料获得。图 2-12（c)所示为步距为 2 倍制件宽度的一模两件的无废料排样。

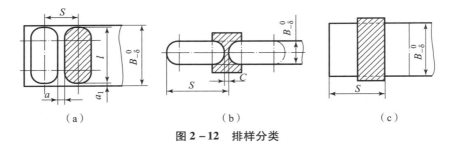

（a）　　　　　　　（b）　　　　　　　（c）

图 2-12　排样分类

2. 排样方法

1）在条（带）料上的排样方法

根据冲裁件在条料上的不同布置方法，排样方法可分为直排法、斜排法、对排法、混合排法、多排法和整裁搭边法等多种方式，如表 2-6 所示。

表 2-6　有废料排样和少、无废料排样的主要方法分类

排样方法	有废料排样		少、无废料排样	
	简　图	应　用	简　图	应　用
直排法		用于简单几何形状（方形、圆形、矩形）的冲件		用于矩形或方形

续表

排样方法	有废料排样		少、无废料排样	
	简 图	应 用	简 图	应 用
斜排法		用于 T 形、L 形、S 形、十字形、椭圆形冲件		用于 L 形或其他形状的冲件，在外形上允许有不大的缺陷
直对排法		用于 T 形、∏ 形、山形、梯形、三角形、半圆形的冲件		用于 T 形、∏ 形、山形、梯形、三角形的冲件，在外形上允许有不大的缺陷
斜对排法		用于材料利用率比直对排法时高的情况		多用于 T 形件冲裁
混合排法		用于材料及厚度都相同的两种以上的冲件		用于两个外形相互嵌入的不同冲件（铰链等）
多排法		用于大批量生产中尺寸不大的圆形、六角形、方形、矩形冲件		用于大批量生产中尺寸不大的六角形、方形、矩形冲件
整裁搭边		用于大批量生产中小的窄冲件（表针及类似冲件）或带料的连续拉深		用于以宽度均匀的条料或带料冲制长形件

2）在板料上的排样方法

板料一般为长方形，故裁板方式有纵裁（沿长边裁，即沿板料轧制的纤维方向裁）和横裁（沿短边裁）两种。因为纵裁裁板次数少，冲压时条料调换次数少，工人操作方便，故在通常情况下应尽可能采用纵裁。常见裁板方法如图 2－13 所示。

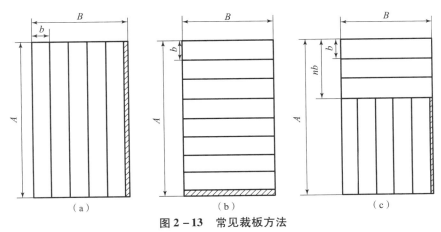

图 2－13　常见裁板方法
（a）纵裁；（b）横裁；（c）联合裁

2.3.2　确定搭边和条料宽度

1. 搭边

搭边是指排样时毛坯外形与条料侧边及相邻毛坯外形之间设置的工艺废料，其作用是保证毛坯从条料上分离，并补偿由于定位误差使条料再送进过程中产生的偏移。

搭边值选取需要考虑以下几个因素。

（1）材料的力学性能。塑性好的材料，搭边值要大一些；硬度高与强度大的材料，搭边值要小一些。

（2）冲件的形状与尺寸。冲件外形越复杂，圆角半径越小，搭边值就越大。

（3）材料厚度。材料越厚，搭边值越大。

（4）送料及挡料方式。若采用手工送料，且有侧压装置，则搭边值可以小一些；用侧刃定距比用挡料销定距的搭边值要小一些。

（5）卸料方式。弹性卸料比刚性卸料的搭边值要小一些。

（6）排样方法。对排法的搭边值大于直排法的搭边值。

2. 确定搭边值

搭边值要合理。若搭边值过大，则材料利用率低；若搭边值过小，则搭边的强度和刚度不够，在冲裁中将被拉断，使冲裁件产生毛刺，有时甚至单边拉入模具间隙，造成冲裁力不均，损坏模具刃口。搭边值通常是由经验确定的。表 2 - 7 所示为最小搭边值的经验数表的一部分，供设计时参考。

表 2 - 7　最小搭边值的经验数表　　　　　　　　　　　　　　　　mm

材料厚度 t	圆形或圆角 $r>2t$ 的工件		矩形件边长 $L<50$ mm 的工件		矩形件边长 $L \geqslant 50$ mm 或圆角 $r \leqslant 2t$ 的工件	
	工件间 a_1	侧面 a	工件间 a_1	侧面 a	工件间 a_1	侧面 a
0.25 以下	2.8	2.0	2.2	2.5	2.8	3.0
0.25 ~ 0.50	2.2	2.5	2.8	2.0	2.2	2.5
0.50 ~ 0.80	2.0	2.2	2.5	2.8	2.8	2.0
0.80 ~ 2.20	0.8	2.0	2.2	2.5	2.5	2.8

3. 确定步距和条料宽度

在确定排样方案和搭边值之后，就可以确定条料或带料的宽度，进而可以确定导料板间距（当采用导料板导向的模具结构时）。

条料宽度的确定原则：最小条料宽度要保证冲裁时工件周边有足够的搭边值，最大条料宽度要能在冲裁时顺利地在导料板之间送进，并与导料板之间有一定的间隙。因此，在确定条料宽度时必须考虑到模具的结构中是否采用侧压装置和侧刃，并根据不同结构分别计算。

当有侧压装置时：如图 2 – 14（a）所示，条料宽度为 $B = (D_{max} + 2a)_{-\delta}^{0}$，导料板间距为 $B_0 = B + Z = D_{max} + 2a + Z$。

当无侧压装置时：如图 2 – 14（b）所示，条料宽度为 $B = (D_{max} + 2a + Z)_{-\delta}^{0}$，导料板间距为 $B_0 = B + Z = D_{max} + 2a + 2Z$。

式中　D_{max}——工件垂直于送料方向的最大尺寸（mm）；

　　　a——侧搭边值（mm），如表 2 – 7 所示；

　　　δ——条料宽度的单向（负向）公差（mm），如表 2 – 8 所示；

　　　Z——条料与导料板之间的最小间隙（mm），如表 2 – 9 所示。

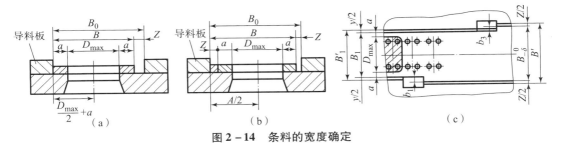

图 2 – 14　条料的宽度确定

（a）有侧压装置；（b）无侧压装置；（c）用侧刃定距

表 2 – 8　条料宽度的单向（负向）公差 δ　　　　　　　　　　mm

材料厚度 t	无侧压装置			有侧压装置	
	条料宽度 B			条料宽度 B	
	100 以下	100 ~ 200	200 ~ 300	100 以下	100 以上
≤0.5	0.5	0.5	1.0	5.0	8.0
0.5 ~ 1.0	0.5	0.5	1.0	5.0	8.0
1.0 ~ 2.0	0.5	1.0	1.0	5.0	8.0
2.0 ~ 3.0	0.5	1.0	1.0	5.0	8.0

表2-9 条料与导料板之间的最小间隙 Z   mm

条料宽度 B	材料厚度 t		
	≤0.5	0.5～1.0	1～2.0
≤20	0.05	0.08	0.10
20～30	0.08	0.10	0.15
30～50	0.10	0.15	0.20

在确定条料宽度之后，还要选择板料规格，并确定裁剪的方向（弯曲模设计时注意）。在选择板料规格和确定裁板法时，还应综合考虑整张板材的利用率、操作是否方便和材料供应情况。

2.3.3 材料的利用率

排样的目的是为了在保证制件质量的前提下，合理利用原材料。衡量排样经济性、合理性指标是材料的利用率，用式（2-1）表示，即

$$\eta = \frac{S}{S_0} \times 100\% = \frac{S}{AB} \times 100\% \qquad (2-1)$$

式中 η——材料利用率；

　　　S——工件的实际面积；

　　　A——步距（相邻两个制件对应点的距离）；

　　　B——条料宽度。

往往一个步距的材料利用率仍不能说明整个材料的利用情况，还需对整张板料进行比较，这就需要计算一张板料上总的材料利用率 $\eta_{总}$，即

$$\eta_{总} = \frac{n_{总} S}{LB} \times 100\% \qquad (2-2)$$

式中 $n_{总}$——一张板料上冲裁件总件数；

　　　L——板料长度。

如图2-15所示，冲裁产生的废料有两种：一种是由于冲裁件有内孔而产生的废料，称为设计废料（又称结构废料）；另一种是由于冲裁件之间、冲裁件与条料侧边之间有搭边存在，以及不可避免的料头和料尾而产生的废料，称为工艺废料。

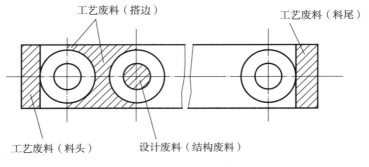

图2-15 废料分类

要提高材料利用率，主要应从减少工艺废料着手。减少工艺废料的有力措施有设计合理的排样方案，选择合适的板料规格和合理的裁板法（减少料头、料尾和边余料），利用废料制作小零件等。同一个工件，可以有几种不同的排样方法，而合理的排样方法，应将工艺废料减到最小。图 2 – 16 所示为不同排样方法的材料消耗对比。

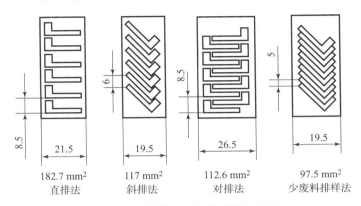

图 2 – 16　不同排样方法的材料消耗对比

当条料宽度确定后，就可以绘制出排样图，一张完整的排样图应标注条料的宽度尺寸及公差、条料长度（卷料时可以不考虑）、材料厚度、端距、步距、工件间搭边和侧搭值，并以剖面线表示冲裁位置，如图 2 – 17 所示。

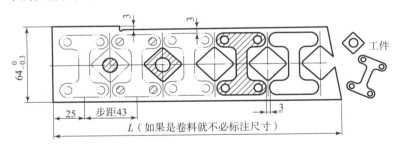

图 2 – 17　完整的排样图应标注的内容

**特别提示**

排样图是排样设计的最终表达形式，它应绘制在冲压工艺规程卡片上，以及冲裁模总装图的右上角。

2.4　凸、凹模刃口间隙选择

凸模、凹模之间的间隙对冲裁件质量、冲裁工艺、模具寿命都有很大的影响。因此，设计模具时一定要选择一个合理的间隙，以保证冲裁件的断面质量、尺寸精度满足产品要求，且保证所需冲裁力小、模具寿命高。但是，分别从断面质量、冲裁力、模具寿命等方面的要求确定的合理间隙并不是同一个数值，只是彼此接近。考虑到模具制造中的偏差及使用中的磨损，生产中通常只选择一个适当的范围作为合理间隙，只要间隙在这个范围内，就可冲制出良好的制件。

2.4.1　冲裁过程分析

图 2－18 所示为冲裁工作示意图，凸模 1 与凹模 2 具有与冲件轮廓相同的锋利刃口，且相互之间保持均匀、合适的间隙。冲裁时，板料 3 置于凹模上方，凸模随压力机滑块向下运动，迅速冲穿板料进入凹模，使冲件与板料分离而完成冲裁工作。

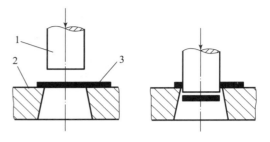

图 2－18　冲裁过程
1—凸模；2—凹模；3—板料

冲裁变形分析对了解冲裁变形机理和变形过程，掌握冲裁时作用于板料内部的应力应变状态（见图 2－19、图 2－20），正确应用冲裁工艺及设计模具，控制冲裁件质量有着重要意义。

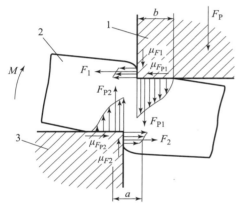

图 2－19　冲裁时作用于板料上的力
1—凸模；2—板料；3—凹模

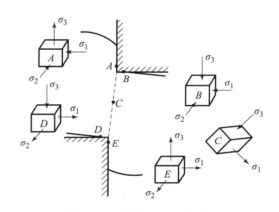

图 2－20　板料的应力剪裁图

1. 板料变形区力态分析

板料变形区受力情况如图 2－19 所示。

凸、凹模间隙存在，产生弯矩。

应力情况如图 2－20 所示。

其中，F_{P1}，F_{P2}——凸模、凹模对板料的垂直作用力；

F_1，F_2——凸模、凹模对板料的侧压力；

$\mu_{F_{P1}}$，$\mu_{F_{P2}}$——凸模、凹模端面与板料之间摩擦力，其方向与间隙大小有关，但一般指向模具刃口；

μ_{F_1}、μ_{F_2}——凸模、凹模侧面与板料之间的摩擦力。

点 A（凸模侧面）：凸模下压引起轴向拉应力 σ_3，板料弯曲与凸模侧压力引起径向压应力 σ_1，而切向应力 σ_2 为板料弯曲引起的压应力与侧压力引起的拉应力的合应力。

点 B（凸模端面）：凸模下压及板料弯曲引起的三向压缩应力。

点 C（断裂区中部）：沿径向为拉应力 σ_1，垂直于板平面方向为压应力 σ_3。

点 D（凹模端面）：凹模挤压板料产生轴向压应力 σ_3，板料弯曲引起径向拉应力 σ_1 和切向拉应力 σ_2。

点 E（凹模侧面）：凸模下压引起轴向拉应力 σ_3，由板料弯曲引起的拉应力与凹模侧压力引起压应力合成产生应力 σ_1 与 σ_2，该合应力可能是拉应力，也可能是压应力，与间隙大小有关。一般情况下，该处以拉应力为主。

在五点的应力状态中，点 B，D 的压应力高于点 A，E，而凸模刃口一侧的压力又大于凹模刃口，所以裂纹最宜在点 E 处产生，继而在点 A 处产生。

2. 冲裁时板料的变形过程

在正常间隙，且刃口锋利的情况下，冲裁变形过程可分为 3 个阶段，如图 2－21 所示。

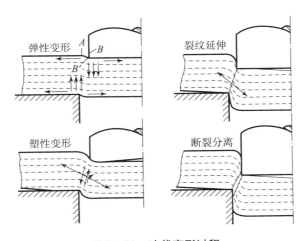

图 2－21　冲裁变形过程

（1）弹性变形阶段。板料产生弹性压缩、弯曲和拉伸（$AB' > AB$）等变形时，板料内部的应力没有超过弹性极限，当凸模卸载后，板料立即恢复原状。

（2）塑性变形阶段。变形区内部材料应力大于屈服极限。凸模切入板料，下部板料挤入凹模，材料的变形程度逐渐增大，变形抗力不断增大，超过屈服极限出现裂纹。

（3）断裂分离阶段。变形区内部材料应力大于强度极限。

裂纹首先产生在凹模刃口附近的侧面→然后产生在凸模刃口附近的侧面→上、下裂纹扩展相遇→材料分离。

3. 冲裁力—凸模行程曲线

冲裁力—凸模行程曲线如图 2－22 所示。

（1）AB 段：相当于冲裁的弹性变形阶段，凸模接触材料后，载荷急剧上升。

（2）BC 段：当凸模刃口挤入材料，即进入塑性变形阶段后，载荷的上升速度减小。

（3）C 点：冲裁力达最大值。

（4）CD 段：此时为冲裁的断裂阶段。

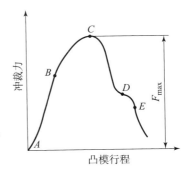

图 2－22　冲裁力—凸模行程曲线

4. 冲裁件质量及其影响因素

冲裁件质量包括断面状况、尺寸精度和形状误差。断面应尽可能垂直、光洁、毛刺小。尺寸精度应该保证在图样规定的公差范围之内。零件外形应该满足图样要求，表面尽可能平直，即拱弯小。影响零件质量的主要因素有材料性能、间隙大小及均匀性、刃口锋利程度、模具精度、模具结构形式等。

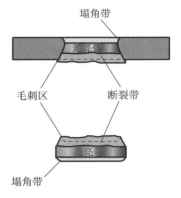

图2-23　冲裁件端面特征

1）冲裁件端面特征

冲裁件端面特征如图2-23所示。

塌角带：刃口附近的材料产生弯曲和伸长变形的区域。

光亮带：塑性剪切变形区域，此处断面质量最好。

断裂带：裂纹形成及扩展区域。

毛刺区：若存在间隙，或裂纹产生不在刃尖处，则毛刺不可避免。此外，间隙不正常、刃口不锋利，还会加大毛刺。

2）材料性能的影响

塑性好的材料：裂纹出现迟，材料被剪切深度大，断面光亮带比例大，圆角和穹弯也大，而断裂带较窄。

塑性差的材料：光亮带小，圆角小，穹弯小，大部分为粗糙断裂带

3）模具刃口状态的影响

模具刃口状态如图2-24所示。

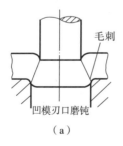
（a）

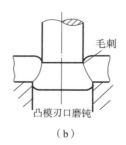
（b）

（c）

图2-24　模具刃口状态

当凹模刃口磨钝时，会在冲孔件的孔口下端产生毛刺；当凸模刃口磨钝时，会在落料件上端产生毛刺；当凸、凹模刃口同时磨钝时，冲裁件上、下端都会产生毛刺。

4）模具间隙的影响

如图2-25所示，在图2-25（a）中，模具间隙小，出现二次剪裂，产生第二光亮带。在图2-25（c）中，模具间隙大，出现二次拉裂，产生二个斜度。在图2-25（b）中，模具间隙合适，上、下纹合成一线，断面质量好。

刃磨凸、凹模刃口可解决因啃刃产生的毛刺，刃磨前应该对模具零件进行相应的调整。当间隙过小或局部过小使间隙不均匀时，可用研磨或成形磨削凸模和凹模的方法放大间隙；当间隙过大时，应测量冲件实际尺寸，以决定修磨凸模和凹模尺寸，也可以采取更换凸模和凹模或镶拼件的方法，来改变凸模或凹模局部的尺寸。修正时选用数控线切割加工方法效果较好。

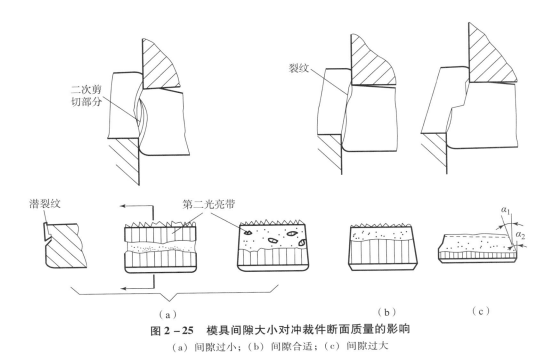

图 2 – 25 模具间隙大小对冲裁件断面质量的影响

（a）间隙过小；（b）间隙合适；（c）间隙过大

2.4.2 冲裁间隙的合理选择

1. 间隙对冲裁件尺寸精度的影响

冲裁件的尺寸精度是指冲裁件的实际尺寸与基本尺寸的差值，差值越小，则精度越高。这个差值包括两方面的偏差，一是冲裁件相对于凸模或凹模尺寸的偏差，二是模具本身的制造偏差。

当凸、凹模间隙较大时，冲裁结束后，因材料的弹性恢复使冲裁件尺寸向实体方向收缩，故落料件尺寸小于凹模尺寸，冲孔孔径大于凸模直径；当间隙较小时，由于材料受凸、凹模的挤压力大，因此，冲裁后材料的弹性恢复使落料件尺寸增大，冲孔孔径变小，如图 2 – 26 所示。尺寸变化量的大小与材料性质、厚度、轧制方向等因素有关，材料性质直接决定了材料在冲裁过程中的弹性变形量，软钢的弹性变形量较小，冲裁后的弹性回复也比较小，硬钢的弹性恢复量较大。

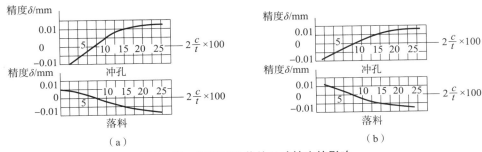

图 2 – 26 间隙对冲裁件尺寸精度的影响

（a）15 钢，$t = 3.5$ mm；（b）45 钢，$t = 2$ mm

上述因素的影响是在一定的模具制造精度前提下讨论的。若模具刃口制造精度低，则冲裁件的制造精度也就无法保证，因此，凸、凹模刃口的制造公差一定要按工件的尺寸要求来决定。此外，模具结构形式及定位方式对孔的定位尺寸精度也有较大的影响，这将在模具结构中阐述，冲压模具制造精度与冲裁件精度之间的关系如表 2 – 10 所示。

表 2 – 10　冲压模具制造精度与冲裁件精度之间的关系

冲压模具制造精度	材料厚度 t/mm										
	0.5	0.8	1.0	1.6	2.0	3.0	4.0	5.0	6.0	8.0	10.0
IT6 ~ IT7	IT8	IT8	IT9	IT10	IT10						
IT7 ~ IT8		IT9	IT10	IT10	IT12	IT12	IT12				
IT9				IT12	IT12	IT12	IT12	IT12	IT14	IT14	IT14

2. 间隙对模具寿命的影响

模具寿命受各种因素的综合影响，间隙是其中最主要的因素之一。在冲裁过程中，凸模与被冲的孔之间、凹模与落料件之间均有摩擦，过小的间隙对模具寿命极为不利。同时，较大的间隙可使凸模侧面与材料之间的摩擦减小，并减少制造及装配精度对间隙的限制和放宽间隙不均匀的不利影响，从而提高模具寿命。

3. 间隙对冲裁力的影响

随着间隙的增大，材料所受的拉应力增大，材料容易断裂分离，从而导致冲裁力减小。通常冲裁力的降低并不显著，当单边间隙为材料厚度的 5% ~ 20% 时，冲裁力降低的最大幅度随材料厚度的变化而变化，一般为 5% ~ 10%。

间隙对卸料力、推件力的影响比较显著。间隙增大后，从凸模上卸料和从凹模里推出零件都较为省力，当单边间隙达到材料厚度的 15% ~ 25% 时，卸料力几乎为零。

2.4.3　间隙值的确定

由以上分析可见，凸模、凹模之间的间隙对冲裁件的质量、冲裁工艺性和模具寿命都有很大的影响。因此，设计模具时一定要选用一个合理的间隙，以保证冲裁件的断面质量、尺寸精度满足产品要求，且所需冲裁力小，模具寿命高。考虑到模具制造过程中的偏差和磨损，生产中常选择一个合适的范围作为合理间隙，只要在这个范围内，就可冲出质量较好的制件。这个范围的最小值称为最小合理间隙 c_{min}，最大值称为最大合理间隙 c_{max}。考虑到模具在使用中，间隙会越磨越大，故设计和制造新模具时要采用最小合理间隙 c_{min}。

1. 理论确定法

根据图 2 – 27 所示几何关系可以求得合理间隙为

$$c = (t - h_0)\tan\beta = t\left(1 - \frac{h_0}{t}\right)\tan\beta \qquad (2 – 3)$$

式中　t——材料厚度；

　　　h_0——产生裂纹时凸模挤入材料的深度；

h_0/t——产生裂纹时凸模挤入材料的相对深度；

β——剪裂纹与垂线间的夹角。

从式（2-3）可看出，间隙 c 与材料厚度 t、相对深度 h_0/t 及裂纹方向 β 有关。而 h_0 与 β 又与材料的性质有关（见表 2-11），影响间隙值的主要因素是材料的性质和厚度。总之，材料厚度越大，塑性越低的硬脆材料，所需的间隙 c 值越大。而材料厚度越小，塑性越好的材料，所需间隙 c 值就越小。

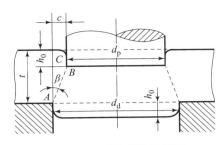

图 2-27　理论间隙计算图

表 2-11　h_0/t 与 β 值

材　　料	h_0/t		β	
	退火	硬化	退火	硬化
软钢、紫铜、软黄铜	0.50	0.35	6°	6°
中硬钢、硬黄铜	0.30	0.20	5°	4°
硬钢、硬青铜	0.20	0.10	1°	1°

2. 经验确定法

间隙的确定也可以采用经验公式，即

$$c = mt \qquad (2-4)$$

式中　t——材料厚度；

　　　m——系数，与材料性能及厚度有关，具体可查表 2-12。

表 2-12　间隙经验公式中的 m 值

材料	m（当 $t < 3$ mm 时）	m（当 $t > 3$ mm 时）	材料	m（当 $t < 3$ mm 时）	m（当 $t > 3$ mm 时）
软钢、纯铁	6% ~ 8%	15% ~ 19%	硬钢	8% ~ 12%	17% ~ 25%
铜、铝合金	6% ~ 10%	16% ~ 21%			

对于尺寸精度、断面垂直度要求高的制件应选用较小间隙值，对于断面垂直度与尺寸精度要求不高的制件，应以降低冲裁力、提高模具寿命为主，可采用较大的间隙值。

1）软材料

当 $t < 1$ mm 时，$c = (3\% ~ 4\%)t$。

当 1 mm $< t < 3$ mm 时，$c = (5\% ~ 8\%)t$。

当 3 mm $\leqslant t \leqslant 5$ mm 时，$c = (8\% ~ 10\%)t$。

2）硬材料

当 $t < 1$ mm 时，$c = (4\% ~ 5\%)t$。

当 1 mm $< t < 3$ mm 时，$c = (6\% ~ 8\%)t$。

当 3 mm $\leqslant t \leqslant 5$ mm 时，$c = (8\% ~ 13\%)t$。

3）查表法

查表法是工厂中设计模具时普遍采用的方法之一。表 2 – 13 和表 2 – 14 所示分别为汽车、拖拉机行业和电器仪器仪表行业推荐的间隙值。

表 2 – 13　冲裁模初始用间隙 2c（汽车、拖拉机行业）　　　　　　mm

材料厚度 t	钢材种类							
	08，10，35，09Mn，Q235		16Mn		40，50		65Mn	
	$2c_{min}$	$2c_{max}$	$2c_{min}$	$2c_{max}$	$2c_{min}$	$2c_{max}$	$2c_{min}$	$2c_{max}$
<0.50	极小间隙							
0.50	0.040	0.060	0.040	0.060	0.040	0.060	0.040	0.060
0.60	0.048	0.072	0.048	0.072	0.048	0.072	0.048	0.072
0.70	0.064	0.092	0.064	0.092	0.064	0.092	0.064	0.092
0.80	0.072	0.104	0.072	0.104	0.072	0.104	0.064	0.092
0.90	0.090	0.126	0.090	0.126	0.090	0.126	0.090	0.126
1.00	0.100	0.140	0.100	0.140	0.100	0.140	0.090	0.126
1.20	0.126	0.180	0.132	0.180	0.132	0.180		
1.50	0.132	0.240	0.170	0.240	0.170	0.230		
1.75	0.220	0.320	0.220	0.320	0.220	0.320		
2.00	0.246	0.360	0.260	0.380	0.260	0.380		
2.10	0.260	0.380	0.280	0.400	0.280	0.400		
2.50	0.360	0.500	0.380	0.540	0.380	0.540		
2.75	0.400	0.560	0.480	0.660	0.480	0.660		
3.00	0.460	0.640	0.480	0.660	0.480	0.660		
3.50	0.540	0.740	0.580	0.780	0.580	0.780		
4.00	0.640	0.880	0.680	0.920	0.680	0.920		
4.50	0.720	1.000	0.680	0.960	0.780	1.040		
5.50	0.940	1.280	0.780	1.100	0.980	1.320		
6.00	1.080	1.440	0.840	1.200	1.140	1.500		
6.50			0.940	1.300				
8.00			1.200	1.680				

注：冲裁皮革、石棉和纸板时，间隙取 08 钢的 25% 。

表 2 - 14　冲裁模初始用间隙 $2c$（电器仪表行业）　　　　　mm

材料名称		钢材种类							
		45 T7，T8（退火） 65Mm（退火） 磷青铜（硬） 铍青铜（硬）		10，15，20，30 钢 板、冷轧钢带 H62，H65（硬） LY12 硅钢片		Q215，Q235 钢板 08，10，15 钢板 H62，H68（半硬） 磷青铜（软） 铍青铜（软）		H62，H68（软） 紫铜（软） L21 - LF2 硬铝 LY12（退火）	
力学性能	HBS	≥190		140～190		70～140		≤70	
	σ_b/MPa	≥600		400～600		300～400		≤300	
材料厚度 t		$2c_{min}$	$2c_{max}$	$2c_{min}$	$2c_{max}$	$2c_{min}$	$2c_{max}$	$2c_{min}$	$2c_{max}$
0.30		0.04	0.06	0.03	0.05	0.02	0.04	0.040	0.030
0.50		0.08	0.10	0.06	0.08	0.04	0.06	0.025	0.045
0.80		0.12	0.16	0.10	0.13	0.07	0.10	0.045	0.075
1.00		0.17	0.20	0.13	0.16	0.10	0.13	0.065	0.095
1.20		0.21	0.24	0.16	0.19	0.13	0.16	0.075	0.105
1.50		0.27	0.31	0.21	0.25	0.15	0.19	0.10	0.140
1.80		0.34	0.38	0.27	0.31	0.20	0.24	0.13	0.170
2.00		0.38	0.42	0.30	0.34	0.22	0.26	0.14	0.180
2.50		0.49	0.55	0.39	0.45	0.29	0.35	0.18	0.240
3.00		0.62	0.65	0.49	0.55	0.36	0.42	0.23	0.290
3.50		0.73	0.81	0.58	0.66	0.43	0.51	0.27	0.350
4.00		0.86	0.94	0.68	0.76	0.50	0.58	0.32	0.400
4.50		1.00	1.08	0.78	0.86	0.58	0.66	0.37	0.450
5.00		1.13	1.23	0.90	1.00	0.65	0.75	0.42	0.520
6.00		1.40	1.50	1.00	1.20	0.82	0.92	0.53	0.630
8.00		2.00	2.12	1.60	1.72	1.17	1.29	0.76	0.880

2.4.4　冲裁凸、凹模间隙的控制与调整

在冲压模具工艺过程中，凸、凹模的间隙大小对于最后制件的质量和效果有着决定性的影响。在用模具进行冲压之前，首先要进行装配，装配工作的顺利开展及装配的效果，在很大程度上影响了最后制件的模具效果。在模具装配的阶段如果出现了调整措施不到位，或对间隙控制的方式采取不得当的情况，则最后的制件效果难以得到保障，甚至极有可能造成巨大的经济效益损失。凹模和凸模的间隙控制，以及相互之间的位置关系成为模具装配阶段的关键步骤，直接影响了最终制件的间隙合格的程度。

冲压模具的组装在整个装配流程中是至关重要的环节，在这一过程中需要制订间隙控制和调整的具体方法，保证最终凸、凹模的间隙达到设计图纸的精度要求。凸、凹模间隙控制

和调整的方法有很多种，在实际的操作过程中，应根据现场的工艺要求和精度要求，因地制宜地选择。

（1）垫片法。

垫片法是这一系列调整方法中使用最为普遍，也是当前冲压模具领域最为成熟的一种调整方法。该方法是在装配时，合模之后，在模具中加上等高垫铁，然后使凸、凹模结合到一起，并观察分析凸、凹模结合的间隙是否达到设计要求。如果这一过程中，垫片并没有保证凸、凹模间隙的均匀程度，则需要敲打凹模上的固定板面，以控制凸、凹模之间的间隙距离，达到合适的距离之后，再进行之后的工艺流程操作。最后阶段需要用纸片进行试冲，通过纸片上切面的良好程度来分析制件的质量，从而进一步确保凸、凹模已经紧密结合。在较大模具的制作过程中，垫片法的使用极为广泛，并且是冲裁大间隙材料工艺中的重要手段之一。

（2）化学辅助。

在一些工艺处理过程中，会出现一些凸、凹模形状较为复杂，对于间隙的控制无法准确把握的情况，这个时候就需要采取化学辅助的方式来进行间隙的控制。采用化学处理方法中的电镀法，电镀一层金属替代垫片法中的等高垫铁，镀层厚度和间隙的单面厚度应保持一致。通过刃入凹模空隙，观察凸、凹模是否紧密一致，是否达到整个工艺施工的质量精度要求，凸、凹模之间是否紧固。这种方法对于复杂的冲压模具来说，具有事半功倍的效果，并且电镀层不需要其他的工艺处理，在整个模具的操作过程中会自然去除，保证了整个制件的使用精度。

（3）透光检验。

透光检验的方法操作十分方便，只需要在凸、凹模结合之后，使用光线进行照射，观察凸、凹模的刃口是否均匀，光线透过的程度是否一致，从而判断凸、凹模的紧密程度是否达到了图纸的精度要求。如果用透光检验的方法发现整个模具精度达不到图纸要求，则可以进行间隙的重新控制。在达到图纸要求之后可再次用该方法进行多次检验。该方法对于小间隙模具的冲压精度控制十分有帮助。

（4）用测量的方法可对间隙进行定量控制，采用的测量工具有塞尺和模具间隙光学测量仪。

①塞尺测量法：调整后的凸、凹模间隙均匀性好，是常用的方法。装配时，在凸模刃入凹模孔内后，根据凸、凹模间隙的大小选择不同规格的塞尺插入间隙，检查凹模刃口周边各处间隙，并根据测量结果进行调整。为便于使用塞尺，要求冲件轮廓有一条固定直边。此方法适用于凸、凹模间隙小于 0.02 mm 的无间隙模具的定位装配，有时也用于冲裁材料较厚的大间隙冲压模具的间隙控制。

②光学测量法：在检测时，将模具间隙光学测量仪放在凸、凹模中间，即冲裁件的位置，用光学合像的方法把凸、凹模刃口的图像合在一起，通过目镜就可从合像中较清楚地看到凸、凹模刃口的位置，并读出其配合间隙值。使用该仪器可清晰地看出凸、凹模间隙的分布状况，并读出各部位的间隙数值，同时还可以测出刃口的磨损值。因此，模具间隙光学测量仪可以用来测量检验，使用方便。冲压模具装配后一般要进行试冲，试冲后，如制件不符合技术要求，则应重新调整间隙，直到冲出合格的制件为止。

（5）采用工艺措施调整模具间隙主要有 3 种方法。

①工艺尺寸法：制造凸模时，将凸模前端适当加长，加长段的截面尺寸应与凹模型孔尺寸相同（呈滑动滑合状态）。装配时，使凸模进入凹模型孔，自然形成冲裁间隙，然后将其定位并固定，最后将凸模前端加长段去除即可形成均匀间隙。此方法主要适用于圆形凸模。

②工艺定位孔法：加工时，在凸模固定板和凹模相同的位置上加工两工艺孔，可将工艺孔与型腔一次割出。装配时，在定位孔内插入定位销来保证间隙。该方法简单方便，间隙容易控制，适用于较大间隙的模具，特别是间隙不对称的模具（如单侧弯曲模）。

③工艺定位套法：装配前先加工一个专用工具——定位套，要求尺寸一次装夹成形，以保证同轴度；装配时使其分别与凹模、凸模和凸凹模孔处于滑动配合形式来保证各处的冲裁间隙。这种方法容易掌握，可有效控制复合模等上、下模的同轴度和凸、凹模间隙的均匀程度，也可用于塑料模等型腔模壁厚的控制。

2.5　计算凸、凹模刃口尺寸

冲裁件的测量和使用都以光亮带的光面尺寸为基准。落料件和冲孔件的光亮带均是由凹模刃口切挤出来的。为什么凸模和凹模刃口要通过计算得到而不是简单地利用公称尺寸呢？这是因为凸模和凹模在冲压过程中会有磨损，工作一段时间后刃口尺寸就会磨损到公差范围之外，这种情况下加工出的零件就不合格了。为了使模具寿命达到最大化，必须对凸模和凹模的刃口进行计算。

冲裁件的尺寸精度主要由模具刃口的尺寸精度决定，模具的合理间隙值也要靠模具刃口的尺寸及制造精度来保证。确定正确的模具刃口尺寸及其制造公差，是设计冲裁模的主要任务之一。

2.5.1　凸、凹模刃口尺寸的计算原则

在计算凸、凹模刃口尺寸时，要遵循以下原则。

（1）设计落料模要先确定凹模刃口尺寸，如图 2-28 所示。以凹模为基准，间隙取在凸模上，即冲裁间隙通过减小凸模刃口尺寸来取得。设计冲孔模要先确定凸模刃口尺寸，如图 2-29 所示。以凸模为基准，间隙取在凹模上，冲裁间隙通过增大凹模刃口尺寸来取得。

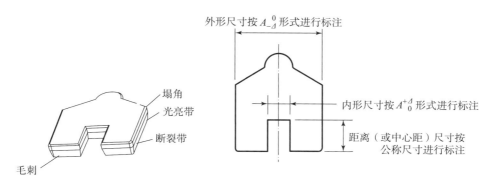

外形尺寸按 $A_{-\Delta}^{0}$ 形式进行标注

内形尺寸按 $A_{0}^{+\Delta}$ 形式进行标注

距离（或中心距）尺寸按公称尺寸进行标注

塌角
光亮带
断裂带
毛刺

图 2-28　落料件的公差值

注：落料件，厚度为 2 mm，材料为 Q235 钢。

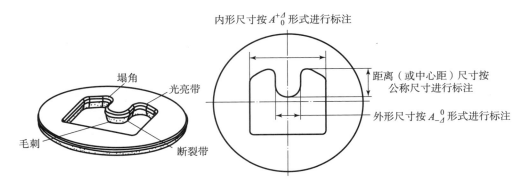

图 2 - 29　冲孔件的公差值

注：冲孔件，厚度为 2 mm，材料为 Q235 钢。

（2）根据冲压模具在使用过程中的磨损规律，设计落料模时，凹模基本尺寸应取接近或等于工件的最小极限尺寸；设计冲孔模时，凸模基本尺寸则取接近或等于工件孔的最大极限尺寸。模具磨损预留量与工件制造精度有关。

（3）冲裁（设计）间隙一般选用最小合理间隙值（$c_{\min}$）。

（4）选择模具刃口制造公差时，要考虑工件精度与模具精度的关系，既要保证工件的精度要求，又要保证有合理的间隙值。

（5）工件尺寸公差与冲压模具刃口尺寸的制造偏差，原则上都应按"入体"原则标注为单向公差。落料件外形部分改为上偏差为零，下偏差为负；其内形部分上偏差为正，下偏差为零，如图 2 - 28 所示落料件的公差值。冲孔件则相反，如图 2 - 29 所示冲孔件的公差值。但对于磨损后无变化的尺寸，一般标注双向偏差。非圆形件按 IT14 级处理，其凸模按 IT11 级制造；圆形件按 IT6 ～ IT7 级制造模具。

　**特别提示**

生产实践发现的规律如下。

（1）冲裁件端面都带有锥度。落料件的大端尺寸等于凹模尺寸，冲孔件的小端尺寸等于凸模尺寸。

（2）在测量和使用中，落料件以大端尺寸为准，冲孔孔径以小端尺寸为准。

（3）凸模轮廓越磨越小，凹模轮廓越磨越大，其结果使间隙越来越大。

2.5.2　凸、凹模刃口尺寸的计算方法

常用刃口尺寸的计算方法可以分为以下两种。

1. 凸模与凹模图样分别加工法

采用此方法，凸、凹模分别按图纸加工至尺寸，并分别标注凸、凹模的刃口尺寸和制造公差。

初始间隙值应满足

$$|\delta_{\mathrm{p}}| + |\delta_{\mathrm{d}}| \leqslant 2c_{\max} - 2c_{\min} \tag{2-5}$$

或取

$$\delta_{\mathrm{p}} = 0.4(2c_{\max} - 2c_{\min}) \tag{2-6}$$

$$\delta_d = 0.6(2c_{max} - 2c_{min}) \tag{2-7}$$

即新制造的模具应该保证

$$|\delta_p| + |\delta_d| + 2C_{min} \leqslant 2C_{max} \tag{2-8}$$

否则模具间隙将超过允许变动范围。

（1）落料。设工件的尺寸为 $D_{-\Delta}^{\quad 0}$，根据计算原则，落料以凹模为设计基准，首先确定凹模尺寸，使凹模尺寸接近或等于制件轮廓的最小极限尺寸，再减小凸模尺寸以保证合理间隙值，如图 2 – 30（a）所示。

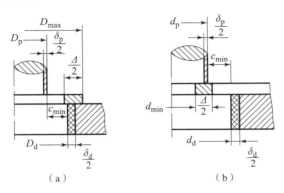

图 2 – 30　凸、凹模刃口尺寸计算

（a）落料；（b）冲孔

$$D_d = (D_{max} - x\Delta)^{\,+\delta_d}_{\quad 0} \tag{2-9}$$

$$D_p = (D_d - 2c_{min})^{\,0}_{-\delta_p} = (D_{max} - x\Delta - 2c_{min})^{\,0}_{-\delta_p} \tag{2-10}$$

（2）冲孔。设冲孔尺寸为 $d^{+\Delta}_{\ 0}$，冲孔时以凸模为设计基准，首先确定凸模尺寸，使凸模尺寸接近或等于制件轮廓的最大极限尺寸，再增大凹模尺寸以保证合理间隙值，如图 2 – 30（b）所示。

$$d_p = (d_{min} + x\Delta)^{\,0}_{-\delta_p} \tag{2-11}$$

$$d_d = (d_p + 2c_{min})^{\,+\delta_d}_{\quad 0} = (d_{min} + x\Delta + 2c_{min})^{\,+\delta_d}_{\quad 0} \tag{2-12}$$

（3）孔心距。

$$L_d = (L_{min} + 0.5\Delta) \pm 0.125\Delta \tag{2-13}$$

式中　D_d——落料凹模基本尺寸（mm）；

　　　D_p——落料凸模基本尺寸（mm）；

　　　D_{max}——落料件最大极限尺寸（mm）；

　　　d_d——冲孔凹模基本尺寸（mm）；

　　　d_p——冲孔凸模基本尺寸（mm）；

　　　d_{min}——冲孔件孔的最小极限尺寸（mm）；

　　　L_d——同一工步中凹模孔距基本尺寸（mm）；

　　　L_{min}——制件孔距最小极限尺寸（mm）；

　　　Δ——制件公差（mm）；

　　　$2c_{min}$——凸模、凹模最小初始双面间隙（mm）；

　　　δ_p——凸模下偏差，可按 IT6 级选用（mm）；

　　　δ_d——凹模上偏差，可按 IT7 级选用（mm）；

x——系数，其作用是使冲裁件的实际尺寸尽量接近冲裁件公差带的中间尺寸，与工件制造精度有关，按下列关系取值，也可查表 2-15。

当制件公差为 IT10 级以上时，取 $x=1$；当制件公差为 IT11~IT13 级时，取 $x=0.75$；当制件公差为 ITl4 级以下时，取 $x=0.5$。

表 2-15　系数 x

材料厚度 t/mm	工件公差 Δ/mm				
	非圆形			圆形	
	1.00	0.75	0.50	0.75	0.50
<1	≤0.16	0.17~0.35	≥0.36	<0.16	≥0.16
1~2	≤0.20	0.21~0.41	≥0.42	<0.20	≥0.20
2~4	≤0.24	0.25~0.44	≥0.50	<0.24	≥0.24
>4	≤0.30	0.31~0.59	≥0.60	<0.30	≥0.30

【例 2-1】　冲制图 2-31 所示零件，材料为 Q235 钢，料厚 $t=0.5$ mm。计算冲裁凸、凹模刃口尺寸及公差。

解：由图 2-31 可知，该零件属于无特殊要求的一般冲孔、落料件。

外形 $\phi 36_{-0.62}^{\ 0}$ mm 由落料获得，$2\times\phi 6_{\ 0}^{+0.12}$ mm 和（18 ± 0.09）mm 由冲孔同时获得。查表 2-14 可得，$2c_{min}=0.04$ mm，$2c_{max}=0.06$ mm，则 $2c_{max}-2c_{min}=0.06$ mm -0.04 mm $=0.02$ mm。

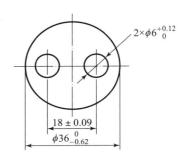

图 2-31　例 2-1 图

由公差表查得：

$2\times\phi 6_{\ 0}^{+0.12}$ mm 为 IT12 级，取 $x=0.75$；

$\phi 36_{-0.62}^{\ 0}$ mm 为 IT14 级，取 $x=0.5$。

设凸、凹模分别按 IT6 级和 IT7 级加工制造，则有以下结果。

冲孔时，有

$$d_p=(d_{min}+x\Delta)_{-\delta_p}^{\ 0}=(6+0.75\times0.12)_{-0.008}^{\ 0}\ \text{mm}=6.09_{-0.008}^{\ 0}\ \text{mm}$$

$$d_d=(d_p+2c_{min})_{\ 0}^{+\delta_d}=(6.09+0.04)_{\ 0}^{+0.012}\ \text{mm}=6.13_{\ 0}^{+0.012}\ \text{mm}$$

校核为

$$|\delta_p|+|\delta_d|\leqslant2c_{max}-2c_{min}$$

$$0.008\ \text{mm}+0.012\ \text{mm}\leqslant0.06\ \text{mm}-0.04\ \text{mm}$$

$$0.02\ \text{mm}=0.02\ \text{mm}（满足间隙公差条件）$$

孔距尺寸为 $L_d=(L_{min}+0.5\Delta)\pm0.125\Delta=18$ mm ±0.023 mm。

落料时，有 $D_d=(D_{max}-x\Delta)_{\ 0}^{+\delta_d}=(36-0.5\times0.62)_{\ 0}^{+0.025}$ mm $=35.69_{\ 0}^{+0.025}$ mm

$$D_p=(D_d-2c_{min})_{-\delta_p}^{\ 0}=(35.69-0.04)_{-0.016}^{\ 0}\ \text{mm}=35.65_{-0.008}^{\ 0}\ \text{mm}。$$

校核为 0.016 mm $+0.025$ mm $=0.04$ mm >0.02 mm（不能满足间隙公差条件）。

因此，只有提高制造精度，才能保证间隙在合理范围内，由此可取

$$\delta_p\leqslant0.4(2c_{max}-2c_{min})=0.4\times0.02\ \text{mm}=0.008\ \text{mm}$$

$$\delta_d\leqslant0.6(2c_{max}-2c_{min})=0.6\times0.02\ \text{mm}=0.012\ \text{mm}$$

故 $D_d = 35.69^{+0.012}_{0}$ mm，$D_p = 35.65^{0}_{-0.008}$ mm。

2. 凸模与凹模配作法

配作法就是先按设计尺寸制出一个基准件（凸模或凹模），然后根据基准件的实际尺寸按最小合理间隙配制另一件。这种方法的特点是模具间隙由配制保证，工艺比较简单，不必校核。此外，该方法使模具的间隙值满足条件 $|\delta_p| + |\delta_d| \leq 2c_{max} - 2c_{min}$，并且还可放大基准件的制造公差，使模具制造更加容易。

（1）根据磨损后轮廓的变化情况，正确判断出模具刃口尺寸类型。

凸模或凹模会同时存在三类不同磨损性质的尺寸：凸模或凹模磨损后会增大的尺寸；凸模或凹模磨损后会减小的尺寸；凸模或凹模磨损后基本不变的尺寸。

图 2-32 所示为落料件，在设计凹模刃口尺寸时，必须根据其磨损情况分别采用不同的计算公式来分类计算，如表 2-16 所示。

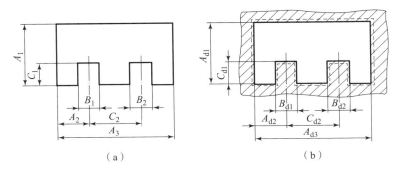

（a）　　　　　　　　　　　　（b）

图 2-32　形状复杂落料件的尺寸及凹模磨损情况

表 2-16　以落料凹模为设计基准的刃口尺寸计算公式

工序性质	凹模刃口尺寸磨损情况	基准件凹模的尺寸（见图 2-32（b））	配制凸模的尺寸
落料	磨损后增大的尺寸	$A_j = (A_{max} - x\Delta)^{+0.25\Delta}_{0}$	按凹模实际尺寸配制，保证双面合理间隙在 $2c_{min} \sim 2c_{max}$ 之间
	磨损后减小的尺寸	$B_j = (B_{min} + x\Delta)^{0}_{-0.25\Delta}$	
	磨损后不变的尺寸	$C_j = (c_{min} + 0.5\Delta) \pm 0.125\Delta$	

图 2-33 所示为冲孔件的孔，在设计凸模刃口尺寸时，必须根据其磨损情况分别采用不同的计算公式分类计算，如表 2-17 所示。

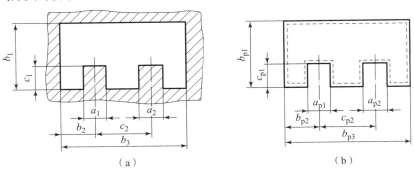

（a）　　　　　　　　　　　　（b）

图 2-33　形状复杂冲孔件的尺寸及凸模磨损情况

表 2-17　以冲孔凸模为设计基准的刃口尺寸计算公式

工序性质	凸模刃口尺寸磨损情况	基准件凸模的尺寸 （图 2-33（b））	配制凹模的尺寸
冲孔	磨损后增大的尺寸	$a_j = (a_{max} - x\Delta)^{+0.25\Delta}_{0}$	按凸模实际尺寸配制，保证双面合理间隙在 $2c_{min} \sim 2c_{max}$ 之间
	磨损后减小的尺寸	$b_j = (b_{min} + x\Delta)^{0}_{-0.25\Delta}$	
	磨损后不变的尺寸	$c_j = (c_{min} + 0.5\Delta) \pm 0.125\Delta$	

（2）根据尺寸类型，采用不同计算公式。

磨损后变大的尺寸，采用分开加工时的落料凹模尺寸计算公式。

磨损后变小的尺寸，采用分开加工时的冲孔凸模尺寸计算公式。

磨损后不变的尺寸，采用分开加工时的孔心距尺寸计算公式。

（3）刃口制造偏差可选取工件相应部位公差值的 1/4。对于刃口尺寸磨损后无变化的制造偏差值可取工件相应部位公差值的 1/8 并冠以符号 ±。

【例 2-2】　如图 2-34 所示的落料件，其中 $a = 80^{0}_{-0.42}$，$b = 40^{0}_{-0.34}$，$c = 35^{0}_{-0.34}$，$d = 22$ mm ± 0.14 mm，$e = 15^{0}_{-0.12}$ mm，板料厚度 $t = 1$ mm，材料为 10 钢。试计算冲裁件的凸模、凹模刃口尺寸及制造公差。

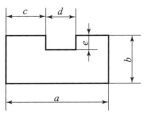

图 2-34　例 2-2 图

解：该冲裁件属落料件，选凹模为设计基准件，只需要计算落料凹模刃口尺寸及制造公差，而凸模刃口尺寸则由凹模实际尺寸按间隙要求配作。

由表 2-13 查得

$$2c_{min} = 0.10 \text{ mm}, \quad 2c_{max} = 0.14 \text{ mm}$$

由公差表查得

尺寸 80 mm，选 $x = 0.5$；尺寸 15 mm，选 $x = 1$；其余尺寸均选 $x = 0.75$。

落料凹模的基本尺寸计算如下。

第一类尺寸：磨损后增大的尺寸

$$A_a = (80 - 0.5 \times 0.42)^{+0.25 \times 0.42}_{0} \text{ mm} = 79.79^{+0.105}_{0} \text{ mm}$$

$$A_b = (40 - 0.75 \times 0.34)^{+0.25 \times 0.34}_{0} \text{ mm} = 39.75^{+0.085}_{0} \text{ mm}$$

$$A_c = (35 - 0.75 \times 0.34)^{+0.25 \times 0.34}_{0} \text{ mm} = 34.75^{+0.085}_{0} \text{ mm}$$

第二类尺寸：磨损后减小的尺寸

$$B_d = (22 - 0.14 + 0.75 \times 0.28)^{0}_{-0.25 \times 0.28} \text{ mm} = 22.07^{0}_{-0.07} \text{ mm}$$

第三类尺寸：磨损后基本不变的尺寸

$$C_e = (15 \text{ mm} - 0.5 \times 0.12 \text{ mm}) \pm \frac{1}{8} \times 0.12 \text{ mm} = 14.94 \text{ mm} \pm 0.015 \text{ mm}$$

落料凸模的基本尺寸与凹模相同（见图 2-35），分别是 79.79 mm，39.75 mm，34.75 mm，22.07 mm，14.94 mm，不必标注公差，但要在技术条件中注明：凸模实际刃口尺寸与落料凹模配制，保证最小双面合理间隙值 $2c_{min} = 0.10$ mm。

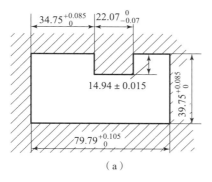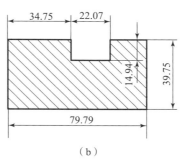

（a）　　　　　　　　　　　　（b）

图 2 – 35　落料凹模、落料凸模尺寸

（a）落料凹模尺寸；（b）落料凸模尺寸

2.6　确定冲裁力及压力中心

模具的压力中心就是冲力与压力合力的作用点。为了保证压力机和模具的正常工作，应使模具的压力中心与压力机滑块的中心线相重合。否则，冲压时滑块就会承受偏心载荷，导致滑块导轨和模具导向部分出现不正常的磨损，还不能保证合理间隙，从而影响制件质量，降低模具寿命，甚至损坏模具。

2.6.1　冲裁力的确定

1. 冲裁力的计算

冲裁力是指冲裁过程中凸模对板料施加的压力。

用普通平刃口模具冲裁时，冲裁力 F_p 一般按式（2 – 14）计算，即

$$F_\text{p} = K_\text{p} L t \tau \tag{2 – 14}$$

式中　F_p——冲裁力；

　　　L——冲裁周边长度；

　　　t——材料厚度；

　　　τ——材料抗剪强度；

　　　K_p——系数。

当查不到抗剪强度时，可用抗拉强度代替，系数 K_P 取 1。

2. 卸料力、推件力及顶件力的计算

图 2 – 36 为零件的受力示意图。其中，卸料力 F_Q 是指从凸模上卸下箍着的料所需要的力。推料力 F_{Q1} 是指将梗塞在凹模内的料顺冲裁方向推出所需要的力。顶件力 F_{Q2} 是指逆冲裁方向将料从凹模内顶出所需要的力。

以上三个力的计算式为

卸料力　　　　　　$F_Q = KF_\text{p}$　　　　　（2 – 15）

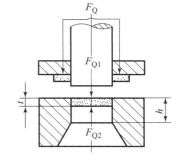

图 2 – 36　零件的受力示意图

推料力 $\qquad\qquad$ $F_{Q1} = nK_1 F_p$ $\qquad\qquad$ (2-16)

顶件力 $\qquad\qquad$ $F_{Q2} = K_2 F_p$ $\qquad\qquad$ (2-17)

式中 $\quad F_p$——冲裁力（N）；

$\quad\quad\quad K$——卸料力系数，其值为 0.02~0.06（薄料取大值，厚料取小值）；

$\quad\quad\quad K_1$——推料力系数，其值为 0.03~0.07（薄料取大值，厚料取小值）；

$\quad\quad\quad K_2$——顶件力系数，其值为 0.04~0.08（薄料取大值，厚料取小值）；

$\quad\quad\quad n$——梗塞在凹模内的制件或废料数量，$n = h/t$，h 为直刃口部分的高（mm）；t 为材料厚度（mm）。

3. 压力机公称压力的确定

采用弹性卸料装置和下出料方式的冲裁模时，有

$$F_{p\Sigma} = F_p + F_Q + F_{Q1} \qquad\qquad (2-18)$$

采用弹性卸料装置和上出料方式的冲裁模时，有

$$F_{p\Sigma} = F_p + F_Q + F_{Q2} \qquad\qquad (2-19)$$

采用刚性卸料装置和下出料方式的冲裁模时，有

$$F_{p\Sigma} = F_p + F_{Q1} \qquad\qquad (2-20)$$

2.6.2　冲压中心的确定

1. 冲压中心偏载对模具及压力机的影响

通常在模具压力中心与压力机压力中心对齐安装的情况下，机床滑块和导柱设计刚性足够大，足以保证冲压作业时导柱不变形。正常情况下的模具压力中心与压力机压力中心对齐安装如图 2-37（a）所示。若模具压力中心没有与压力机压力中心对齐安装，则压力机产生偏载，如图 2-37（b）所示。

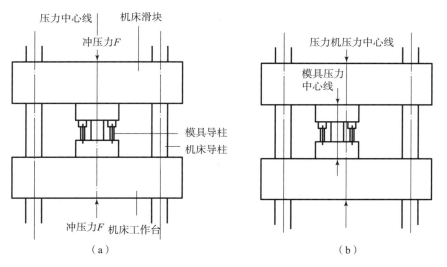

图 2-37　模具中心线与压力中心的位置关系

（a）压力中心重合；（b）冲压中心偏载

在偏载的情况下，由于机床滑块和导柱刚性足够大，因此，机床滑块不会产生变形，而导柱用于垂直导向，不能用来承受横向的力；又由于两端受力大小不同，因此，机床滑块必向一边偏斜，偏斜后的滑块与导柱产生非正常情况下的碰撞或摩擦，使导柱横向受力产生扭曲进而发生歪斜，摩擦使导柱产生不均匀磨损，两者作用导致导柱失效。冲压作业时，油压机滑块运行发出滞止的声响大多属于这种情况。因此，模具设计人员进行冲压中心计算是十分必要的，并且冲压工艺员或冲压作业员在安装模具时，也要确保压力机压力中心与模具压力中心重合。

（1）对称形状的单个冲裁件，其冲压力中心就是冲裁件的几何中心。

（2）当工件形状相同且分布位置对称时，冲压力中心与零件的对称中心相重合。

（3）形状复杂的零件、多孔冲压模具、级进模冲压中心可通过解析计算法求出。

2. 冲压中心计算式和步骤

冲压中心计算公式如图 2 - 38 所示，计算步骤如表 2 - 18 所示。

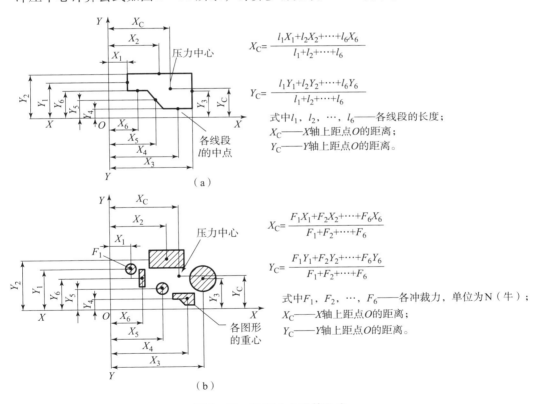

图 2 - 38　冲压中心计算公式

（a）线段中心点与距离；（b）图形重心点与距离

表 2 - 18　冲压中心计算步骤

①按比例画出工件（凸模或凹模截面），如图 2.38 所示
②在外轮廓处或内任意处，做坐标轴 XOX 和 YOY

续表

③将工件轮廓分成若干线段1, 2, 3, …, 6（因为冲裁力与冲裁线段成正比，因此可简化计算公式）
④各线段的重心到 YOY 轴的距离 X_1, X_2, …, X_6 和到 XOX 轴的距离 Y_1, Y_2, …, Y_6 按图中的任一公式计算
⑤ X_C 和 Y_C 的计算结果就是到 YOY 轴点 O 的距离和到 XOX 轴点 O 的距离，即冲压中心

如果遇到弧形或扇形，还须按式（2-21）先把重心计算出来。图2-39所示为弧形或扇形的压力中心的计算。

圆弧重心与圆心的距离为

$$y_r = R \frac{\sin\alpha}{\pi\alpha/180°} \quad （\angle\alpha \text{ 为圆弧夹角}） \quad (2-21)$$

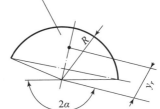

图2-39 弧形或扇形的压力中心的计算

【例2-3】 确定 E 卡片冲压中心的步骤如下。

（1）按比例画出工件的轮廓图。

（2）在任意处选取坐标轴 X, Y（选取坐标轴不同，冲压中心位置也不同）。

（3）将工件分解成若干直线段或弧度段， l_1, l_2, …, l_n，因冲裁力与轮廓线长度成正比关系，故用轮廓线长度代替 F。

（4）计算各基本线段的重心到 X 轴的距离 x_1, x_2, …, x_n 和到 Y 轴的距离 y_1, y_2, …, y_n，再根据计算公式得到结果。

先按比例画出工件形状，将工件轮廓线分成 l_1, l_2, l_3, l_4, l_5 的基本线段，并选定坐标系 XOY，如图2-40所示。因工件对称，其压力中心一定在对称轴 y 上，即 $X_C = 0$，故只计算 Y_C。

$$Y_C = \frac{l_1 y_1 + l_2 y_2 + l_3 y_3 + l_4 y_4 + l_5 y_5}{l_1 + l_2 + l_3 + l_4 + l_5}$$

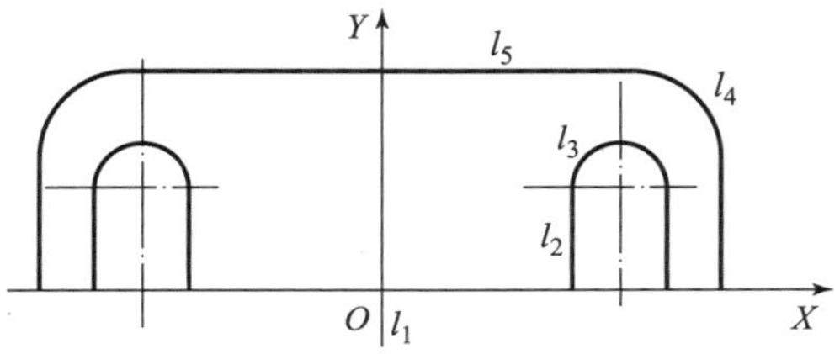

图2-40 例2-3图

3. 用简便经验确定冲压中心的方法

可以用线切割展开铁片，再用磁铁吸住边缘部位将其吊住（在两个不同的约90°的方向上），那么吊线的交点就是冲压中心。也可以用打印机打印出1:1或1:2的展开图，然后剪下，用大头针插入边缘部位，纸片垂线的交点就是冲压中心（类似吊线法）。用这些方法很容易找出冲压中心，如图2-41所示。

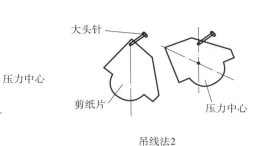

图 2 - 41　用简便经验确定冲压中心的方法

2.6.3　降低冲裁力的方法

1. 阶梯凸模冲裁

阶梯凸模冲裁可使各个凸模冲裁力的最大值不会同时出现，从而降低总冲裁力，如图 2 - 42 所示。

2. 斜刃冲裁

斜刃冲裁可减小同时剪切的断面面积，从而降低冲裁力。

为获得平整的零件，落料时，可将凸模制作成平刃，斜刃制作在凹模上，冲孔时相反，如图 2 - 43 所示。

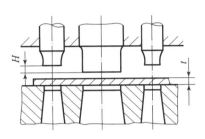

图 2 - 42　阶梯凸模冲裁

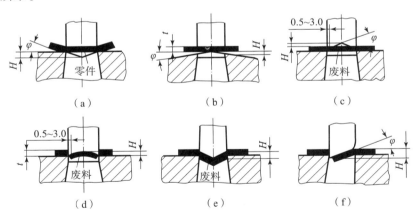

图 2 - 43　斜刃冲裁

（a），（b）落料凹模为斜刃；（c），（d），（e）冲孔凸模为斜刃；

（f）用于切口或切断的单边斜刃

H—斜刃高度；t—材料厚度；φ—斜刃角

2.7　凸、凹模结构设计

尽管冲裁模的结构形式及复杂程度不同，且组成模具的零件有多有少，但冲裁模的主要零件仍相同。按模具零件的不同作用，可将其分为工艺零件和结构零件。凹模和凸模就是最重要的一类工艺零件，前几节确定了凸、凹模刃口尺寸和冲裁力，下面来确定凹模和凸模的结构尺寸。

2.7.1　凹模结构尺寸的确定

1. 凹模洞口类型

常用凹模洞口类型如图 2 − 44 所示，其中图 2 − 44 （a）、图 2 − 44 （b）、图 2 − 44 （c）为直筒式刃口凹模，其特点是制造方便，刃口强度高，刃磨后工作部分尺寸不变，广泛用于冲裁公差要求较小，形状复杂的精密制件。但因洞壁内容易聚集废料或制件，所以会增大推件力和凹模的胀裂力，给凸、凹模的强度都带来了不利的影响。一般复合模和上出件的冲裁模采用图 2 − 44 （a）、图 2 − 44 （c）的类型，下出件的冲裁模则采用图 2 − 44 （b）或图 2 − 44 （a）的类型。图 2 − 44 （d）、图 2 − 44 （e）是锥筒式刃口凹模，该类型凹模内不聚集材料，侧壁磨损小，但刃口强度差，刃磨后刃口径向尺寸略有增大（例如，当 $\alpha = 30'$ 时，刃磨 0.1 mm，其尺寸增大 0.001 7 mm）。

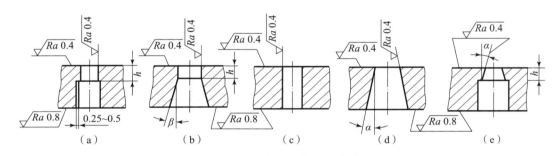

图 2 − 44　常用凹模洞口类型

凹模锥角 α、后角 β 和洞口高度 h，均随制件材料厚度的增大而增大，一般取 α 为 $15' \sim 30'$、β 为 $2° \sim 3°$、h 为 $4 \sim 10$ mm。

2. 凹模外形尺寸设计

凹模的外形一般有矩形和圆形两种。

（1）圆凹模：用于镶嵌的圆形凹模，按国标设计或接近国标设计。

①孔口高度 h 如图 2 − 45 所示。

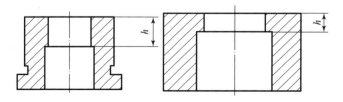

图 2 − 45　圆凹模孔口高度

当 $t < 0.5$ mm，$h = 3 \sim 5$ mm；当 0.5 mm $\leqslant t < 5$ mm 时，$h = 5 \sim 10$ mm。

②固定方式。

在国家标准中，图 2 − 46 （a）和图 2 − 46 （b）所示圆凹模的两种固定方法，这两种圆凹模主要用于冲孔，直接装在凹模固定板中，采用 H7/m6 配合；图 2 – 46（c）所示结构则采用螺钉和销钉固定在模座上。

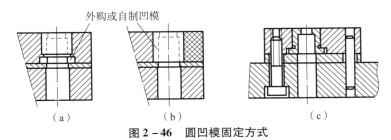

图 2 – 46　圆凹模固定方式

③周界尺寸（见图 2 – 47）。

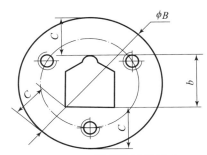

图 2 – 47　圆凹模周界尺寸

凹模厚度为
$$H = Kb \quad (H \geqslant 15 \text{ mm})$$
$$(2 – 22)$$

凹模壁厚为
$$C = (1.5 \sim 2)H \quad (30 \text{ mm} \leqslant C \leqslant 40 \text{ mm})$$
$$(2 – 23)$$

（2）矩形（或自制整体式）凹模设计方法如下。

在实际生产中，通常根据冲件的材料厚度和轮廓尺寸来确定凹模孔口刃壁与其外形之间的距离，可按经验公式来确定，如图 2 – 48 所示。

凹模厚度为
$$H = Kb \quad (H \geqslant 15 \text{ mm}) \qquad (2 – 24)$$

凹模壁厚为
$$C = (1.5 \sim 2)H \quad (30 \text{ mm} \leqslant C \leqslant 40 \text{ mm}) \qquad (2 – 25)$$

式中　K——考虑板材厚度的影响系数，见表 2 – 19

　　　b——冲裁件最大外形尺寸。

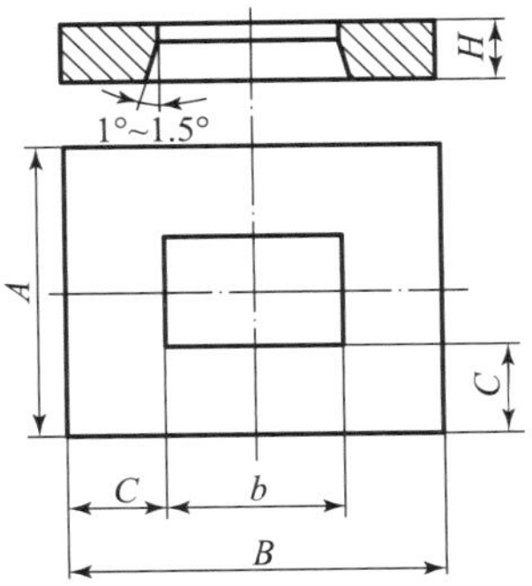

图 2 – 48　矩形凹模周界尺寸

表 2 – 19　系数 K 值

b/mm	材料厚度 t/mm				
	0.5	1.0	2.0	3.0	>3.0
≤50	0.30	0.35	0.42	0.50	0.60
50 ~ 100	0.20	0.22	0.28	0.35	0.42
100 ~ 200	0.15	0.18	0.20	0.24	0.30
>200	0.10	0.12	0.15	0.18	0.22

3. 凹模板螺丝孔、销钉、导套、型腔的布置

为保证热处理后的凹模板在钻孔时不开裂，对孔中心到边距离有一定的要求，如图 2-49 所示。

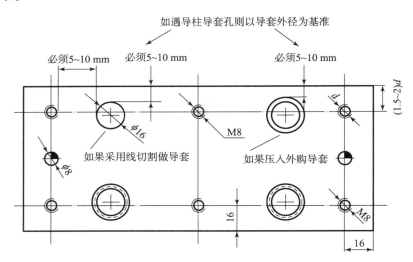

图 2-49　凹模板螺丝孔、销钉、导套、型腔的布置要求示例

2.7.2　凸模结构尺寸的确定

1. 凸模的结构形式

凸模结构通常分为两大类，一类是镶拼式凸模结构（见图 2-50），另一类是整体式凸模结构（见图 2-51）。整体式凸模结构根据加工方法的不同，又分为直通式（见图 2-51（c））和台阶式（见图 2-51（a）、图 2-51（b））。直通式凸模的工作部分和固定部分的形状与尺寸一样，这类凸模一般采用线切割方法进行加工。台阶式凸模一般采用机械加工，若形状较复杂，则成形部分常采用成形磨削。

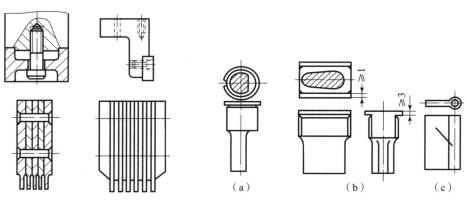

图 2-50　镶拼式凸模　　　　**图 2-51　整体式凸模**

标准圆形凸模：对于圆形凸模，GB 2863.2—1981 的冷冲模标准已制定出其标准结构形式与尺寸规格（见图 2 - 52），设计时可按国家标准选择。

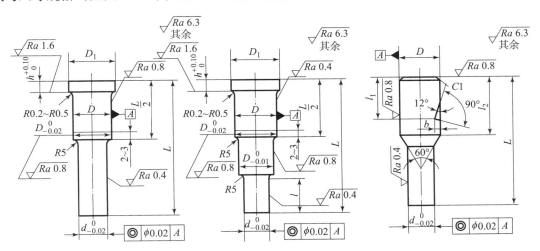

图 2 - 52 标准圆形凸模

非圆形凸模：其形状复杂多变，可将其近似分为圆形类和矩形类。圆形类凸模其固定部分可做成圆柱形，但需注意凸模定位，常用骑缝销来防止凸模的转动，而矩形类凸模其固定部分一般做成矩形体，如图 2 - 53 所示。

2. 凸模长度的确定

凸模长度应根据模具结构的需求来确定。

（1）如图 2 - 54（a）所示，采用固定卸料板和导料板的冲裁模凸模长度为

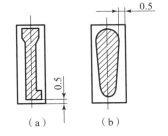

图 2 - 53 非圆形凸模
（a）圆形类；（b）矩形类

$$L = h_1 + h_2 + h_3 + (15 \sim 20)\ \text{mm} \tag{2 - 26}$$

（2）如图 2 - 54（b）所示，采用弹压卸料板的冲裁模凸模长度为

$$L = h_1 + h_2 + t + (15 \sim 20)\ \text{mm} \tag{2 - 27}$$

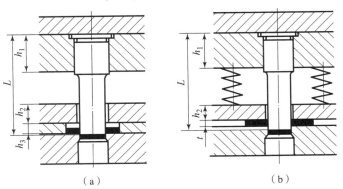

（a）   （b）

图 2 - 54 凸模长度的确定

式中，h_1，h_2，h_3，t 分别为凸模固定板、卸料板、导料板、板料的厚度；（15～20）mm 为附加长度，包括凸模的修磨量、凸模进入凹模的深度，以及凸模固定板与卸料板间的安全距离。

3. 凸模的材料

凸模的刃口要有较高的耐磨性，并能承受冲裁时的冲击力，因此，应选用具有较高硬度和适当韧性的材料。形状简单且模具寿命要求不高的凸模可选用 T8A，T10A 等材料；形状复杂且模具寿命要求较高的凸模可选用 Cr12，Cr12MoV，CrWMn 等材料；要求高寿命高耐磨性的凸模，可选硬质合金材料。

4. 凸模的强度校核

对于细长的凸模，或当凸模断面尺寸较小而毛坯的厚度较大时，必须进行承压能力和抗纵向弯曲能力的校核。

1）凸模承压能力校核

凸模承压能力校核是指凸模最小断面承受的压应力 σ，必须小于凸模材料强度许用的压应力 $[\sigma]$，即。

$$\sigma = \frac{F_P}{F_{min}} \leqslant [\sigma] \tag{2-28}$$

（1）对非圆形凸模，有

$$F_{min} \geqslant \frac{F_P}{[\sigma]} \tag{2-29}$$

（2）对圆形凸模，有

$$d_{min} \geqslant \frac{4t\tau}{[\sigma]} \tag{2-30}$$

式中　　σ——凸模最小断面的压应力（MPa）；

　　　　F_p——凸模纵向总压力（N）；

　　　　F_{min}——凸模最小截面积（mm^2）；

　　　　d_{min}——凸模最小直径（mm）；

　　　　t——冲裁材料厚度（mm）；

　　　　τ——冲裁材料抗剪强度（MPa）；

　　　　$[\sigma]$——凸模材料的许用压应力（MPa）。

2）凸模抗弯能力校核

凸模抗弯能力校核是对凸模在轴向压力（冲裁力）的作用下，不产生失稳的弯曲极限长度 l_{max} 的计算。按其结构特点可分为无导向装置和有导向装置两种情况。

（1）对无导向装置的凸模进行计算。

对圆形凸模，有

$$l_{max} \leqslant \frac{30d^2}{\sqrt{F_P}} \tag{2-31}$$

对非圆形凸模，有

$$l_{max} \leqslant 135\sqrt{I/F_P} \tag{2-32}$$

（2）对有导向装置的凸模进行计算。

对圆形凸模，有

$$l_{\max} \leqslant \frac{85d^2}{\sqrt{F_P}} \qquad (2-33)$$

对非圆形凸模，有

$$l_{\max} \leqslant 380 \sqrt{I/F_P} \qquad (2-34)$$

式中　I——凸模最小横截面的轴惯性矩（mm^4）；

　　　F_P——凸模的冲裁力（N）；

　　　d——凸模的直径（mm）。

5. 凸模的护套

图 2－55（a）、图 2－55（b）所示为两种简单的圆形凸模护套。图 2－57（a）所示的护套 1、凸模 2 均用铆接固定。图 2－57（b）所示的护套 1 采用台肩固定；凸模 2 很短，上端有一个锥形台，以防卸料时拔出凸模；冲裁时，凸模 2 依靠芯轴 3 承受压力。图 2－55（c）所示的护套 1 固定在卸料板（或导板）4 上，工作时护套 1 始终在上模导板 5 内滑动而不与其脱离，当上模下降时，卸料弹簧压缩，凸模 2 从护套 1 中伸出冲孔。图 2－55（d）所示为一种比较完善的凸模护套，3 个等分扇形块 6 固定在固定板中，具有 3 个等分扇形槽的护套 1 固定在导板 4 中，可在固定扇形块 6 内滑动，因此可使凸模 2 在任意位置均处于三向导向与保护中。

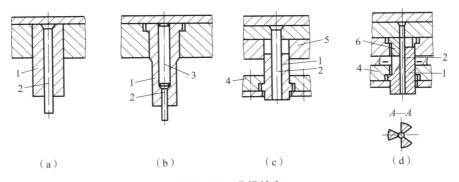

（a）　　　　　　（b）　　　　　　（c）　　　　　　（d）

图 2－55　凸模护套

1—护套；2—凸模；3—芯轴；4—卸料板（或导板）；5—上模导板；6—扇形板

6. 凸模的固定方式

（1）平面尺寸比较大的凸模，可以直接用销钉和螺栓固定，如图 2－56 所示。

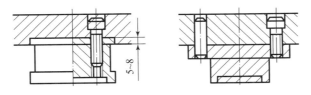

图 2－56　大凸模的固定

（2）中、小型凸模多采用台肩、吊装或铆接固定，如图 2 – 57 所示。

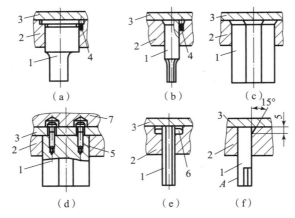

图 2 – 57　中、小型凸模的固定

1—凸模；2—凸模固定板；3—垫板；4—防转销；

5—吊装螺钉；6—吊装横销；7—上模座

（3）小凸模采用黏结固定方式，如图 2 – 58 所示。

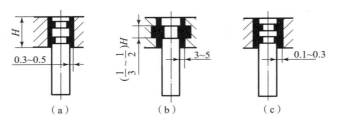

图 2 – 58　小凸模的黏结固定

（a）环氧树脂浇注固定；（b）低熔点合金浇注固定；（c）无机黏结剂固定

（4）大型冲压模具中冲小孔的易损凸模可采用快换式凸模的固定方法，如图 2 – 59 所示。

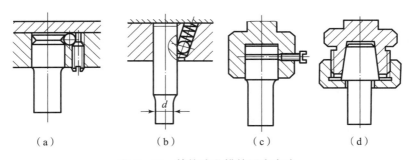

图 2 – 59　快换式凸模的固定方法

 **特别提示**

冲裁属于分离工序，冲裁模中的凸、凹模带有锋利的刃口，凸、凹模之间的间隙较小，其加工具有如下特点。

（1）凸、凹模材质一般是工具钢或合金工具钢，热处理后的硬度为 58～62 HRC，凹模比凸模稍硬一点。

（2）凸、凹模精度主要由冲裁件的精度决定，一般尺寸精度为 IT6～IT9 级，工作表面粗糙度 Ra 为 2.6～0.4 μm。

（3）凸、凹模工作端带有锋利刃口，刃口平直，安装固定部分要符合配合要求。

（4）凸、凹模装配后应保证周边留有均匀的最小合理冲裁间隙。

（5）凸模的加工主要是外形加工（基轴制），除标准件可以购买外，非标准件常用数控（computer numerical control，CNC）机床加工成直通式凸模；凹模加工主要是内形的加工、镶件，凹模型孔主要进行线切割加工，先加工成直通式再加工出漏料孔。

第 3 章

复合冲裁模具设计难点及要点

3.1　复合冲裁模具设计要点

在冲裁工艺性分析的基础上，根据冲件的特点确定冲裁工艺方案。确定工艺方案要先确定冲裁的工序数、冲裁工序的组合及冲裁工序顺序的安排，进而选择合适的模具结构。模具一般有复合模具和级进模具两类，要确定组合工序的模具类型，就必须先了解什么是复合模、什么是级进模，两者之间的区别，以及如何选择这两大类模具。

3.1.1　复合冲裁模具特点分析

若压力机在一次工作行程中，在模具同一部位同时完成数道冲压工序，则该模具称为复合冲裁模具（简称复合模）。通常有落料、冲孔复合，落料、拉深复合，冲孔、翻边复合等形式，本节主要讲落料、冲孔复合模。

复合模设计难点是如何在同一工作位置上合理布置多对凸、凹模。

复合模特点如下。

（1）冲裁件形状精度高，同心度一般为 0.02～0.04 mm。

（2）冲裁件表面平直度高，一般为 IT11～IT12 级，最高可达 IT9 级。

（3）应用范围广，可冲厚度为 0.01 mm 的薄料。

（4）生产率高，适合大批量、高精度要求冲裁件的生产。

复合模结构特征：有一个既是落料凸模又是冲孔凹模的凸凹模，如图 3-1 所示，在模具的下方是落料凹模，且凹模中间装有冲孔凸模；而上方的凸凹模，其外形是落料的凸模，内孔是冲孔的凹模。

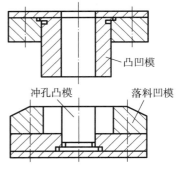

图 3-1　复合模的基本结构

复合模优点：生产率高，内、外形相对位置精度及零件尺寸的一致性非常好，制件精度高；制件表面平直；适合冲裁薄料，也适合冲裁软料或脆性材料；可充分利用短料和边角余料；模具结构紧凑，要求压力机工作台面的面积较小。

复合模缺点：凸凹模壁厚（制件内形与外形之间、内形与内形之间的尺寸）受到限制，尺寸不能太小，否则影响模具强度；制件不能从压力机工作台孔中漏出，必须解决出件问题；结构复杂，制造精度要求高，成本高。

3.1.2　复合模的分类

根据落料凹模在模具中的安装位置，复合模有正装式和倒装式两种。落料凹模装在下模，其结构为正装复合模，若落料凹模在上模，则为倒装复合模。

图 3 - 2 所示为冲制垫圈的倒装复合模。落料凹模 2 在上模，件 1 是冲孔凸模，件 14 为凸凹模。倒装复合模一般采用刚性推件装置把卡在凹模中的制件推出。刚性推件装置由推杆 7、推块 8、推销 9 组成，废料被其直接从凸凹模内推出。若凸凹模洞口采用直刃，则模内将积存废料，产生较大胀力，当凸凹模壁厚较薄时，可能导致胀裂。倒装复合模设计时应注意凸凹模的最小壁厚，如表 3 - 1 所示。

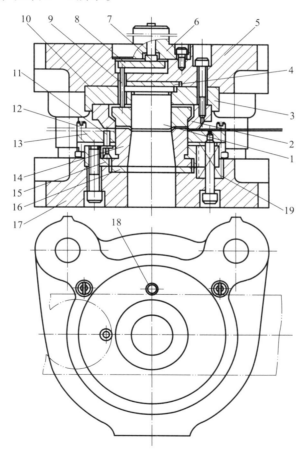

图 3 - 2　冲制垫圈的倒装复合模

1—冲孔凸模；2—落料凹模；3—上模固定板；4，16—垫板；5—上模座；6—模柄；
7—推杆；8—推块；9—推销；10—推件块；11，18—活动挡料销；12—固定挡料销；
13—卸料板；14—凸凹模；15—下模固定板；17—下模座；19—弹簧

表 3 - 1　凸凹模最小壁厚

材料厚度 t/mm	0.40	0.50	0.60	0.70	0.80	0.90	1.00	1.20	1.50	1.75
最小壁厚 a/mm	1.1	1.6	1.8	3.0	3.3	3.5	3.7	3.2	3.8	1.0
材料厚度 t/mm	2.00	2.10	2.50	2.75	3.00	3.50	4.00	4.50	5.00	5.50
最小壁厚 a/mm	1.9	5.0	5.8	6.3	6.7	7.8	8.5	9.3	10.0	12.0

　　图 3 - 3 所示为正装复合模，其特点是冲孔废料可从凸凹模中推出，使型孔内不积存废料，凸凹模胀力小，故其壁厚可以比倒装复合模最小壁厚小，冲裁件平直度高。适用于冲制材质较软或板料较薄、平直度要求较高，以及孔边距离较小的冲裁件。

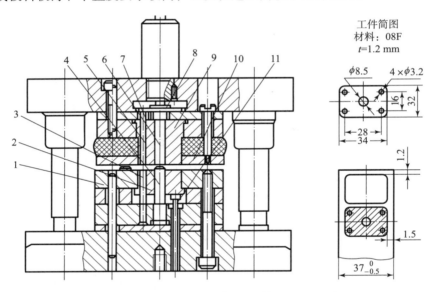

图 3 - 3　正装复合模
1—落料凹模；2—顶板；3，4—冲孔凸模；5，6—推杆；7—打板；8—打杆；
9—凸凹模；10—弹性卸料板；11—顶杆

3.1.3　正装、倒装复合模比较

　　正装、倒装复合模比较见表 3 - 2。

表 3 - 2　正装、倒装复合模比较

项 目	正装复合模	倒装复合模
落料凹模位置	下模	上模
除料、除件装置数量	三套	两套
工件平整度	好	较差

续表

项目	正装复合模	倒装复合模
可冲工件的孔边距 （凸凹模最小壁厚）	较小	较大
结构复杂程度	复杂	较简单

复合模正装、倒装结构的选择，需要综合考虑以下几个问题。

（1）有时为使操作方便安全，要求模具工作区域内不能有冲孔废料，此时应用倒装结构，以使冲孔废料通过凸凹模孔向下漏掉。

（2）若强调提高凸凹模强度，尤其在凸凹模壁厚较小时，则考虑采用正装结构。

（3）当凹模的外形尺寸较大时，若上模能容纳下凹模，则应优先采用倒装结构。只有当上模不能容纳下凹模时，才考虑采用正装结构。

（4）当制件有较高的平整度要求时，采用正装结构可获得较好效果。但在倒装复合模中采用弹性推件装置，也可获得与正装复合模同样的效果。这种情况，优先采用倒装结构。

总之，在满足凸凹模强度和制件使用要求的前提下，为了操作安全、方便和提高生产率，应尽量采用倒装结构。

3.1.4　复合模设计的注意事项

（1）设计复合模时必须充分保证凸凹模有足够的强度，防止因壁厚太薄而在冲压时开裂。一般来说，对黑色金属冲裁，凸凹模的最小壁厚应约为料厚的 1.5 倍，但不小于 0.7 mm；对有色金属冲裁，凸凹模最小壁厚应约等于料厚，但不小于 0.5 mm。

（2）对于小间隙及薄料冲裁的复合模，应采用浮动式模柄结构，以防止压力机导向不良而影响冲压精度。导柱、导套应采用滚珠导柱导向；对于一般精度的冲裁，导柱、导套可采用 H6/h5 或 H7/h6 间隙配合。

（3）设计复合模时，必须合理安排各工序复合时的先后动作顺序，以利于冲压件成形和模具制造与修理。例如，在冲孔－落料复合时，为便于凸凹模刃口的刃磨，应使冲孔、落料工序同时进行。而在落料－拉深－冲孔复合时，为使拉深工序顺利进行，不至于使冲压件拉裂，应先进行落料工序而后进行拉深，拉深后再进行冲孔。

（4）设计复合模时，应充分考虑模具各部位的配合精度要求。例如，凸模、凹模和凸凹模应尽量采用窝座配合，且镶入深度要小；窝座配合要合适，配合间隙一般应为 0.01 ～ 0.03 mm。此外，顶杆与模柄间最好取 0.5 mm 的间隙配合；顶出器和冲内孔凹模尺寸保持每边 0.05 mm 单边间隙；顶板高度应比落料凹模端面长出 0.5 mm；顶板与顶板孔保持 0.2 ～ 0.3 mm 间隙；卸料板工作面应高出落料凸模端面 0.3 ～ 0.5 mm。

（5）对既有冲裁刃口部位又有成形部位的凸凹模，应将刃口部位和成形部位分开设计，以便于冲压模具维修。

3.1.5　复合冲裁模具工作零件

凸凹模是复合模，同时具有落料凸模和冲孔凹模作用。外形按一般凸模设计，内形按一般凹模式设计。设计的关键是要保证内形与外形之间的壁厚强度。加强凸凹模强度的方法有以下几种。

（1）增加有效刃口以下的壁厚。

（2）采用正装式结构复合模，减少凸凹模模孔废料的积存量，减少推件力。

（3）对于不积累废料的凸凹模，冲硬材料的最小壁厚 $m \geqslant 1.5t$，但不小于 0.7 mm；冲软材料的最小壁厚 $m \geqslant t$，但不小于 0.5 mm。

3.1.6　复合模卸料和出件装置的设计选择

在一次冲裁结束后，冲裁的制件或废料就会卡在凸模或凸凹模上，或是塞在凹模中。卸料零件的作用是将冲裁后卡箍在凸模上或凸凹模上的制件或废料卸掉，以保证下次冲压正常进行；出件装置（推件与顶件装置）的作用就是从凹模中卸下制件或废料。

1. 卸料装置

卸料装置分刚性卸料装置、弹压卸料装置和废料切刀三种。卸料装置中的卸料板用于卸掉卡箍在凸模上或凸凹模上的冲裁件或废料板件。废料切刀是在冲压过程中将废料切断成数块、从而实现卸料的零件。下面将主要介绍刚性卸料装置及弹压卸料装置。

1）刚性卸料装置

常见结构形式：刚性卸料装置一般装于下模的凹模上，其具体结构形式如图 3-4 所示。

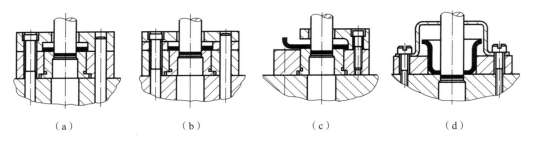

（a）　　　　　（b）　　　　　（c）　　　　　（d）

图 3-4　刚性卸料装置常见结构形式

特点：结构简单，卸料力大，卸料动作可靠。

应用：用于厚料、硬料及工件精度要求不高的场合。

设计要点：卸料板孔与凸模之间的单边间隙一般为 $(0.1 \sim 0.5)t$，若兼作导板，两零件之间的配合关系为 H7/h6。卸料板一般采用 Q235 钢制造，兼作导板时宜用 45 钢制造。

尺寸确定：一般情况下，卸料板的外形尺寸与凹模周界尺寸相同，卸料板的厚度取 $(0.8 \sim 1)$ 倍的凹模高度。

2）弹性卸料装置

常见结构形式：弹性卸料装置一般由卸料板、卸料螺钉和弹性元件组成，其常见结构形式如图 3-5 所示。

特点：卸料力较小，卸料动作平稳，在冲裁时能够实现先压料后冲裁，故生产零件的切断面质量高和平直度好。

应用：用于软料、薄料及冲件质量要求较高的场合。

设计要点：卸料板孔与凸模之间的单边间隙一般为 $(0.1 \sim 0.2)t$，若兼作导板，两零件

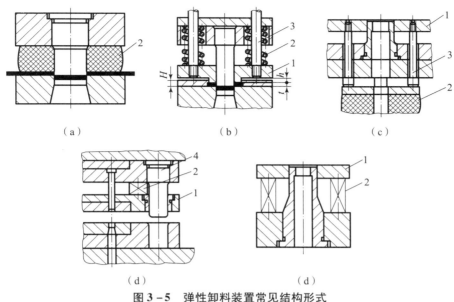

图 3 – 5　弹性卸料装置常见结构形式

1—卸料板；2—弹性元件；3—卸料螺钉；4—小导柱

之间的配合关系为 H7/h6。弹性卸料板在自由状态下应高出凸模刃口面 0.5 ~ 1 mm，材料同刚性卸料板。

尺寸确定：一般情况下，弹性卸料板的外形尺寸与凹模周界尺寸相同，厚度取 10 ~ 15 mm。

2. 出件装置

出件装置一般是为了解决取出卡在凹模洞口内的材料而设置的，其主要有刚性出件装置与弹性出件装置两种。其中若出件方向与冲压方向相同，工件从凹模（装于上模）内由上而下推出，则此种出件装置称为推件器。若出件方向与冲压方向相反，工件从凹模（装于下模）内由下而上被顶出，则此种出件装置称为顶件器。

1）刚性推件装置

常见结构形式：刚性出件装置一般装于上模，它可在冲压结束后上模回程时，利用压力机滑块上的打料横梁，撞击上模内的打杆与推件板（块），将凹模内的工件推出。刚性出件装置由打杆、推板、推杆和推件块组成，在凸模位置比较合适的情况下，推板和推杆可以省略。其常见形式如图 3 – 6 所示。

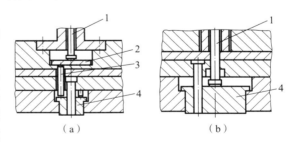

图 3 – 6　刚性推件装置常见结构形式

1—打杆；2—推板；3—推杆；4—推件块

特点及应用：刚性出件装置推件力大，而且工作可靠，但不起压料作用，多用于倒装式复合模及拉深模。

设计要点：为保证推力均匀，推杆一般为 2 ~ 4 个均布，且长度一致。为保证凸模有足够的支撑刚度和强度，推板的形状尺寸不能过大。推件块与凸、凹模的配合基准取决于推件块内孔或外形的复杂程度及尺寸大小。例如，当如推件块内形尺寸较小，外形形状相对简单时，推件块与凹模为间隙配合 H8/f7，推件块与凸模之间取单边间隙 0.1~0.2 mm，反之亦然。

2）弹性推件装置

常见结构形式：弹性推件装置的组成与刚性推件装置基本相同，只是由弹性元件（弹簧或橡胶）代替了刚性装置中的打杆，其常见结构形式如图 3-7 所示。

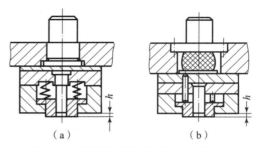

图 3-7　弹性推件装置常见结构形式

特点及应用：限于弹性元件的安装空间，弹性推件装置所能提供的推件力较小，但力量均匀，推件平稳，且冲压时能起到压料作用，所以多用于薄料和平面度要求较高的场合。

设计要点：推件块在自由状态下应高出凹模刃口面 0.2~0.5 mm，其他设计要点同刚性推件装置。

3）弹性顶件装置

常见结构形式：弹性顶件装置安装于下模，一般由弹顶器、顶杆和顶件块组成，其常见结构如图 3-8 所示。

特点及应用：在冲裁过程中能够实现压料，一般用于薄料、零件平直度要求高等不适于采用推件方式的模具中。

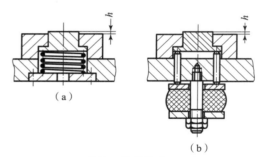

图 3-8　弹性顶件装置常见结构形式

设计要点：开模状态下，顶件块应高出凹模刃口 0.2~0.5 mm。合模状态下，顶件块的下表面不应与下模座贴合，应留有 5~10 mm 的修模空间。顶件块与凹模之间的间隙配合为 H8/f7。

3. 弹性元件的选用

1）选用原则

（1）满足力的要求：所选弹性元件必须能够承受零件所需的卸料力或顶（推）件力，为此，弹性元件在开模状态下就有一定的预压要求。一般情况下，预压力应等于零件所需的卸料力或顶（推）件力，即

$$F_{预} = F_{卸}，对于弹簧 F_{预} = F_{卸}/n \qquad (3-1)$$

（2）满足弹性元件最大许用压缩量的要求：为保证弹性元件的寿命，其在工作时总压缩量不能大于所允许的最大压缩量，即

$$H_{允} \geqslant H_{总} = H_{预} + H_{工作} + H_{修模} \qquad (3-2)$$

（3）满足安装空间要求：选弹性元件应有足够的安装空间。

2）弹簧的选用步骤

（1）根据模具结构空间尺寸和卸料力 $F_{卸}$ 的大小，初定弹簧数目 n，算出每个弹簧应承担的卸料力 $F_{卸}/n$。

（2）根据 $F_{预} = F_{卸}/n$ 的要求，选择弹簧规格，使所选弹簧的允许最大工作载荷 $F_{允} > F_{预}$。

（3）根据弹簧压力与其压缩量成正比的特性，可按 $H_{预} = F_{预} H_{允}/F_{允}$ 求得弹簧的预压缩量。

（4）检查弹簧的允许最大压缩量是否满足 $H_{允} \geqslant H_{总} = H_{预} + H_{工作} + H_{修模}$，如满足该式，则说明所选弹簧合适，否则应按上述步骤重选。

（5）确定弹簧安装高度，即 $H_{装} = H_0 - H_{预}$。

3）橡胶垫的选用步骤

（1）确定橡胶垫的自由高度 H_0。根据弹性元件的选用原则，且由于橡胶的最大许用压缩量 $H_{允}$ 为（35% ~ 45%）H_0，预压量 $H_{预}$ 为（10% ~ 15%）H_0，$H_{工作} = t + 1$（t 为材料厚度），修模量 $H_{修模}$ 为 5 ~ 10 mm，将以上各式带入 $H_{允} \geqslant H_{总} = H_{预} + H_{工作} + H_{修模}$，整理得 $H_0 = (3.5 \sim 4)\left[t + (6 \sim 11) \right]$ mm。

（2）确定橡胶垫的横截面积 A。根据上述选用橡胶的原则可知，为使橡胶垫满足压力的要求，应有 $F_{预} = Ap \geqslant F_{卸}$。所以，橡胶垫的横截面积与卸料力 $F_{卸}$ 及单位压力 p 之间存在关系 $A = F_{卸}/p$。

（3）确定橡胶垫的平面尺寸。常见的橡胶垫形状有圆筒形、圆柱形和矩形，可根据模具结构任选其中一种。橡胶垫的平面尺寸与其形状有关，可按上式确定的橡胶垫横截面积计算出平面尺寸。

（4）校核橡胶垫的自由高度 H_0。橡胶垫自由高度 H_0 与其直径 D 之比应满足 $0.5 \leqslant H_0/D \leqslant 1.5$。如果超过 1.5，则应将橡胶分成若干层后，在其间垫以钢垫片。如果小于 0.5，则应重新确定其高度。只有这样，才能保证橡胶垫正常工作。

（5）通过 $H_{装} = H_0 - H_{预}$，来确定橡胶垫的安装高度。

3.2　级进冲裁模设计要点

级进模又称连续模，是指压力机在一次行程中，同时在模具几个不同位置上完成多道冲压工序的冲压模具。整个制件的成形是在级进过程中逐步完成的。

使用级进模冲压时，冲压件是依次在不同位置上成形的，所以要控制冲压件的孔与外形的相对精度，就必须严格控制送料步距。控制送料步距在级进模中有两种结构：用导正销定距和用侧刃定距。

3.2.1　级进模结构特点

与单工序模和复合模相比，级进模有以下特点。

（1）构成级进模的零件数量多，结构复杂。

（2）模具制造与装配难度大，精度要求高，步距控制精确，且要求刃磨、维修方便。例如，有些电机定转子级进模，其主要零件制造精度达 2 μm，步距精度 2 ~ 3 μm，总寿命达 1 亿次。

（3）刚性大。

（4）对有关模具零件材料及热处理要求高。

（5）一般应采用导向机构，有时还采用辅助导向机构。

（6）自动化程度高，常设有自动送料、安全检测等机构，以便实现高效自动化生产。

3.2.2   级进模的分类

1. 用导正销定位的级进模

图 3-9 所示为用导正销定距的冲孔落料级进模。上、下模用导板导向。冲孔凸模 3 与落料凸模 4 之间的距离就是送料步距 A。材料送进时，为保证首件的正确定距，采用始用挡料销 7 首次定位冲 2 个小孔；第二工位由固定挡料销 6 进行初定位，由两个装在落料凸模 4 上的导正销 5 进行精定位。导正销 5 与落料凸模 4 的配合为 H7/r6，其连接应保证在修磨凸模时拆装方便。导正销 5 头部的形状应有利于在导正时插入已冲的孔，它与孔的配合应略有间隙。始用挡料销 7 安装在导板下的导料板中间。在条料冲制首件时，用手推始用挡料销 7，使它从导料板中伸出来抵住条料的前端即可冲第一件上的两个孔。以后各次冲裁由固定

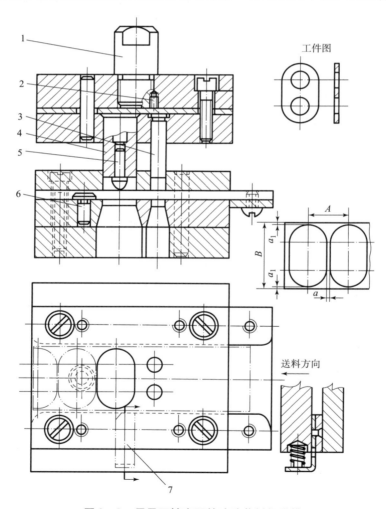

图 3-9   用导正销定距的冲孔落料级进模
1—模柄；2—螺钉；3—冲孔凸模；4—落料凸模；5—导正销；
6—固定挡料销；7—始用挡料销

挡料销 6 控制送料步距作初定位。

　　这种定距方式多用于较厚板料，以及冲裁有孔、精度低于 IT12 级的冲裁件。它不适用于软料或板厚 $t < 0.3$ mm 的冲裁件，也不适于孔径小于 1.5 mm 或落料凸模较小的冲裁件。

2. 侧刃定距的级进模

1）双侧刃定距的冲孔落料级进模

　　图 3 – 10 所示为冲裁接触环双侧刃定距的级进模。它与图 3 – 9 所示模具相比，其特点是，它以成形侧刃 12 代替了始用挡料销、挡料钉和导正销来控制条料送进距离（进距或俗称步距）。成形侧刃是特殊功用的凸模，其作用是在压力机每次冲压行程中，沿条料边缘切下一块长度等于步距的料边。

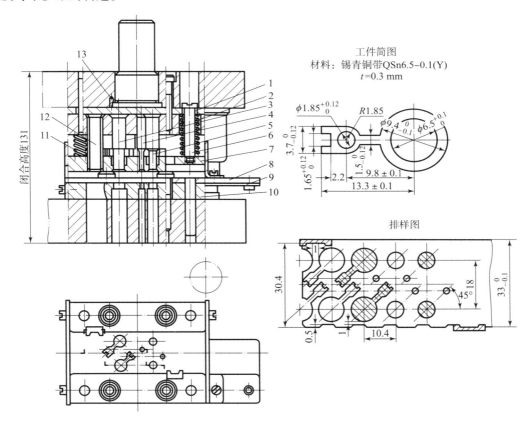

图 3 – 10　双侧刃定距的冲孔落料级进模
1—垫板；2—固定板；3—落料凸模；4，5—冲孔凸模；6—卸料螺钉；7—卸料板；8—导料板；
9—承料板；10—凹模；11—弹簧；12—成形侧刃；13—防转销

　　为了减少料尾损耗，尤其工位较多的级进模，可以两个侧刃前后对角排列。由于该模具冲裁的板料较薄（0.3 mm），因此，选用弹压卸料方式。

　　2）弹压导板级进模

　　弹压导板级进模如图 3 – 11 所示。该模具除了具有上述侧刃定距级进模的特点外，还具有如下特点。

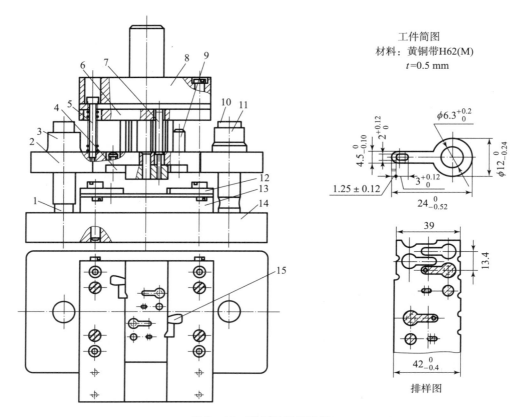

图 3-11　弹压导板级进模

1，10—导柱；2—弹压导板；3—导套；4—导板镶块；5—卸料螺钉；6—凸模固定板；7—弹压凸模；
8—上模座；9—限制柱；11—导套；12—导料板；13—凹模；14—下模座；15—侧刃挡块

（1）凸模以装在弹压导板 2 中的导板镶块 4 导向，弹压导板 2 以导柱 1，10 导向，导向准确，保证凸模与凹模的准确配合。

（2）弹压凸模 7 与凸模固定板 6 为间隙配合，凸模装配调整和更换较方便。

（3）弹压导板 2 用卸料螺钉 5 与上模座 8 连接，加上弹压凸模 7 与凸模固定板 6 是间隙配合，因此，能消除压力机导向误差对模具的影响。

（4）冲裁排样采用直对排法，两件的落料工位离开一定距离，以增强凹模强度，也便于加工和装配。

3.2.3　级进模设计应注意的问题

（1）合理确定工步数。级进模的工步数等于分解的单工序之和。例如，冲孔-落料级进模的工序步数，通常等于冲孔与落料两个单工序之和。但为了增加冲压模具的强度且便于凸模的安装，有时可根据内孔的数量分几步完成。其工步数的确定原则主要是，在不影响凹模强度的原则下，工步数选用的越少越好。工步数越少，累积误差越小，所冲出的冲压件尺寸精度越高。

（2）在安排冲孔与落料工序顺序时，应把冲孔工序放在前面，这样不但可以确保带料的直接送进，而且还可以使冲好的孔作为导正定位孔，以提高冲压件的精度。

（3）在没有圆形孔的冲压件中，为了提高送料步距精度，可以在凹模的首次工步中设计工艺孔，以此工艺孔作为导正孔定位，提高冲裁精度。

（4）在产品对孔与外形的某凸出部分的位置精度有要求时，应把这部分与孔设计在同一工步中成形，以保证产品质量。

（5）同一尺寸基准下，精度要求较高的不同孔，在不影响凹模强度的情况下，应安排在同一工步成形。

（6）尺寸精度要求较高的工步，应尽量安排在最后一步工序，而精度要求不太高的工步，则最好安排在较前一步工序，这是因为工步越靠前，其累积误差越大。

（7）在多工步级进模中，安排如冲孔、切口、切槽、弯曲、拉深、成形、切断等工序的顺序时，一般应把分离工序如冲孔、切口、切槽安排在前面，接着可安排弯曲、拉深、成形工序，最后再安排切断及落料工序。

（8）在进行冲制不同形状、尺寸的多孔工序时，尽量不要把大孔与小孔放在同一工步，以便修模时能确保孔距精度。

（9）若成形、冲裁在同一冲压模具上完成，则成形凸模与冲裁凸模应分别固定，而不是固定在同一固定板上。例如，成形凸模可固定在弹性卸料板上，冲裁凸模可固定在凸模固定板上。

（10）应保证各工步已成形部分在后步工序中不受破坏，使带料保持在同一送料线上。

3.2.4 级进模定位装置的设计

定位零件的作用是使毛坯（条料或带料）在模具内保持正确的位置，或在送料时有准确的位置，以保证冲出合格的工件。根据不同的坯料形式、模具结构及冲裁件质量要求，必须选用适合的定位零件。

1. 冲裁模零件的结构及作用

根据作用功能的不同，冲裁模零件可细分成工作零件，定位零件，压料卸料及出件零件，导向零件，固定零件和标准件等 6 类，模具具体结构如表 3-3 所示。

表 3-3 冲裁模具结构

零件种类			零件名称	零件作用
模具结构	工艺零件	工作零件	凸模、凹模	直接对零件进行加工，完成板料的分离
			凸凹模	
			刃口镶块	
		定位零件	定位销	确定冲压加工中坯料在冲压模具中正确的位置
			导料销、导正销	
			导料板、导料销	
			侧压板、承料板	
			侧刃	

零件种类			零件名称	零件作用
结构零件	压料、卸料及出件零件		卸料板	使冲件与废料得以出模，保证顺利实现正常的冲压生产
			压料板	
			顶件块	
			推件块	
			废料切刀	
	导向零件		导柱	正确保证上、下模之间的相对位置，以保证冲压精度
			导套	
			导板	
	固定零件		上、下模座	承装模具零件或将模具紧固在压力机上
			模柄	
			凸、凹模固定板	
			垫板	
	标准件及其他		螺钉、销钉	完成模具零件之间的相互连接
			弹簧等其他零件	

2. 定位零件

定位零件的作用是保证条料的正确送进及其在模具中的正确位置。

分类：导料零件——在与条料方向垂直方向上的限位，用于确定条料的送进方向；送料步距零件——在送料方向上的限位，用于确定步距。

1）导料零件

常见导料零件包括导料板、导料销，以及保证条料紧靠导料板一侧送进的侧压装置，其具体结构形式、特点应用如表3-4所示。

表3-4   常见导料零件

零件名称	导料方式	常见类型		应用场合
导料板	两块导料板分别置于条料的两侧或与卸料板做成一个整体	整体式	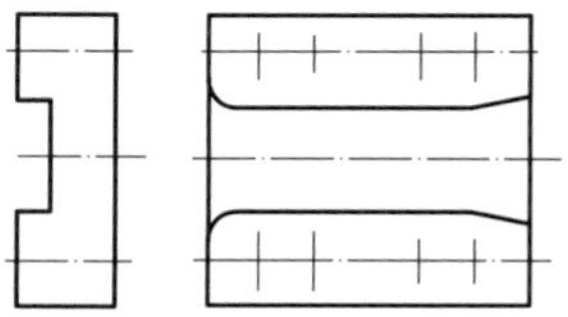	与刚性卸料板配合使用，常用于简单模和级进模
		分开式	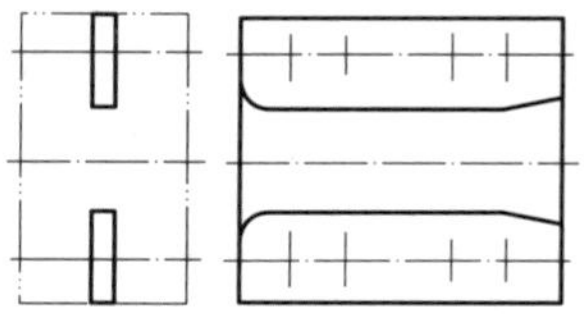	与刚性卸料板、弹性卸料均可配合，应用较广

续表

零件名称	导料方式	常见类型		应用场合
导料销	两个导料销同时使用，且位于条料的一侧，通常前后送料时导料销位于左侧；左右送料时位于后侧	固定式		应用灵活广泛，常用于简单模和复合模中
		活动式		
侧压装置	常位于一侧的导料板中，以保证条料在送进过程中始终与另一侧的导料板贴合	簧片侧压块式		结构简单，侧压力小，可用于薄料
		弹簧侧压块式		侧压力较大，可用于厚料
		弹簧压板式		侧压力大且均匀，常用于单侧刃的级进模中

导料板通常选用 Q233 或 Q255 钢制造，导向面及上、下表面的表面粗糙度应达到 $Ra1.6 \sim 0.8\ \mu m$。为使条料顺利通过，两导料板间距离应等于条料宽度加上一个间隙值。导料板的厚度 H 取决于导料方式和板料厚度。固定挡料销、导料板在模具上的结构如图 3 – 12 所示；当模具采用不同挡料销时，挡料销高度及导料板厚度如表 3 – 5 所示。

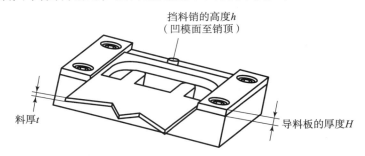

图 3 – 12　固定挡料销、导料板在模具上的结构

表 3 – 5　挡料销高度及导料板厚度　　　　　　　　　　　　　　mm

材料的厚度 t	挡料销高度 h	导料板的厚度 H	
		固定挡料销	自动挡料销或侧刃
0.3 ~ 2.0	3	6 ~ 8	4 ~ 8
2.0 ~ 3.0	4	8 ~ 10	6 ~ 8
3.0 ~ 4.0	4	10 ~ 12	6 ~ 10
4.0 ~ 6.0	5	12 ~ 15	8 ~ 10
6.0 ~ 10.0	8	15 ~ 25	10 ~ 15

2）送料步距零件

属于送料步距的定距零件有挡料销、导正销、侧刃等。

（1）挡料销。

挡料销抵住条料的搭边或冲裁件的轮廓，起定位作用。挡料销分固定挡料销、活动挡料销和始用挡料销 3 类。其具体结构形式如表 3 – 6 所示。

表 3 – 6　挡料销结构形式

形式	简　　图	特点及适用范围
圆柱头固定挡料销	$d\left(\dfrac{H7}{m6}\right)$	结构简单，制造方便，固定部分和工作部分直径差要较大，才不至于削弱凹模刃口强度，一般装在凹模上，应用广泛
钩形头固定挡料销		制造较圆柱头难，安装时需防转，但其固定孔较凹模刃口更远，故刃口强度不会削弱

续表

形　式	简　图	特点及适用范围
回带式活动挡料销		此挡料销需装在固定卸料板上，操作烦琐，生产效率低。常用于窄形零件
弹压式活动挡料销	$d(\frac{H9}{h8})$	此挡料销安装在弹性卸料板上，合模时挡料销被压入卸料板内，所以无需在凹模上开避让孔，常用于复合模中
始用挡料销	$H(\frac{H8}{f9})$　2~4　0.5~1　$B(\frac{H8}{f9})$	仅在每个条料的第一次冲裁时使用，常用于级进模中

（2）侧刃。

①作用原理：在条料侧边冲切一定形状缺口以确定步距。

②特点：用侧刃限定进距准确可靠，保证有较高的送料精度和生产率，其缺点是增加了材料的消耗和冲裁力。

③应用：用于送料精度和生产率要求较高，且不能采用上述挡料形式的情况；加工窄长或料厚较薄（$t < 0.5$ mm）工件；工位数较多的级进模，以及冲裁件侧边需冲出一定形状；由侧刃一同完成的场合及多工序级进模（多采用双侧刃结构）。

④结构分类：侧刃按照工作端面形状分为平直形和台阶形，如图 3-13 所示。台阶形多用于冲裁 1 mm 以上的较厚材料。冲裁前凸出部分先进入凹模导向，可以避免侧压力对侧刃的损坏。

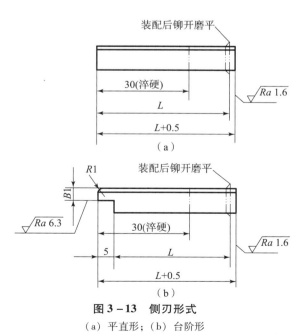

图 3-13　侧刃形式

（a）平直形；（b）台阶形

侧刃按照工作断面的形状可分为长方形侧刃和成形侧刃（见图 3 – 14）。长方形侧刃结构简单，制造方便，但刃口尖角磨损后，在条料被冲去的一边会产生毛刺，影响送料精度。成形侧刃可克服上述缺点，但制造较难，冲裁废料较多。对于尖角侧刃，其优点是节约材料，但每一进距需把条料往后拉，以后端定距，操作不如前两者方便。

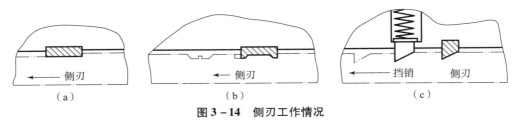

图 3 – 14　侧刃工作情况
（a）长方形侧刃；（b）成形侧刃；（c）尖角侧刃

⑤设计要点：侧刃凸模及其凹模按冲孔模的设计原则，凹模按侧刃凸模配制，取单面间隙。侧刃长度 s 原则上等于送料步距，但对长方型侧刃和侧刃与导正销兼用的模具，其长度 s = 步距公称尺寸 + （0.05 ~ 0.10）mm，侧刃断面宽度 B 为 6 ~ 10 mm。侧刃制造公差一般取 0.02 mm。

⑥采用侧刃的条件如下。

a. 窄长工件。

b. 料厚较薄（$t < 0.5$ mm）。

c. 成形侧刃成形工件侧边外形。

d. 多工序级进模（多采用双侧刃结构）。

侧刃数量可以是一个，也可以两个。当条料冲到最后一个件时，单侧刃模具宽边已经冲完，条料上没有定位的台阶，不能有效定位，所以最后一个件可能是废件，如果有 n 个工位的话，就会有 $n – 1$ 个废品。两个侧刃可以在条料两侧并列布置，也可以对角布置，对角布置能够保证料尾的充分利用。

（3）导正销。

①作用原理：冲裁中，导正销先进入已冲孔中导正条料位置，保证孔与外形的位置，消除送料误差。

②应用：导正销主要用于级进模。

③种类如下。

固定式：导正销固定在落料凸模上，与凸模之间不能相对滑动，否则送料失误时易发生事故。其常见结构如图 3 – 15 所示，多用于工位数少的级进模中。其中，图 3 – 15（a）用于直径小于 6 mm 的导正孔；图 3 – 15（b）、图 3 – 15（c）用于小于 10 mm 的导正孔；图 3 – 15（d）用于 10 ~ 30 mm 的导正孔；图 3 – 15（e）用于 20 ~ 50 mm 的导正孔。为了便于装卸，直径较小的导正销也可采用图 3 – 15（f）所示结构，其更换十分方便。

若零件上没有导正销导正用的孔，则在条料两侧空位处设置工艺孔，导正销即可安装在凸模固定板上或弹压卸料板上，如图 3 – 16 所示。

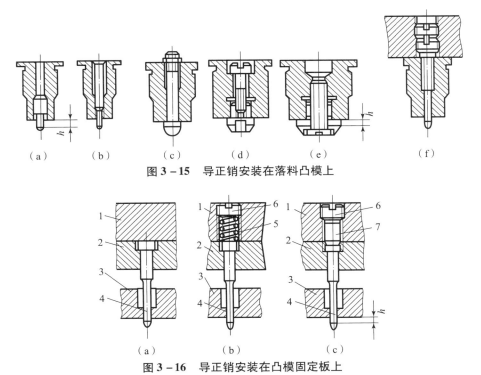

图 3 – 15　导正销安装在落料凸模上

图 3 – 16　导正销安装在凸模固定板上

1—上模座；2—凸模固定板；3—卸料板；4—导正销；5—弹簧；6—螺塞；7—顶销

设计要点：导正销由导入和定位两部分组成，导入部分一般用圆弧或圆锥过渡，定位部分为圆柱面。定位部分的直径根据孔的直径设计，考虑到冲孔后材料弹性变形收缩，导正销直径比冲孔凸模直径小 0.04 ~ 0.2 mm。此外，冲孔凸模、导正销及挡料销之间的相互位置关系如图 3 – 17 所示，且应满足以下计算式。

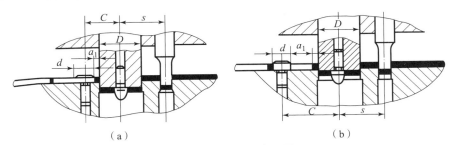

图 3 – 17　挡料销的位置

按图 3 – 17（a）方式定位时，$C = D/2 + a_1 + d/2 + 0.1$ mm。

按图 3 – 17（b）所示方式定位时，$C = 3D/2 + a_1 - d/2 - 0.1$ mm。

式中，尺寸 0.1 mm 是导正销往后拉或往前推的活动余量。当没有导正销时，0.1 mm 的余量不用考虑。

3. 毛坯定位——定位板和定位钉

单个毛坯或工序件的定位，一般用定位板和定位销来完成，可以采用外形定位的方式，也可以采用内孔定位的方式。

采用定位板确定外形位置定位的情况如图 3 – 18 所示。图 3 – 18（a）所示为利用工序件的两端定位，是异形落料件常用的定位方式；图 3 – 18（b）所示为端部定位，适用于较长工序件的定位。

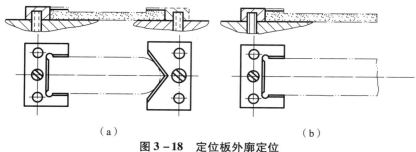

（a）　　　　　　　　　　　　　　　　　　（b）

图 3 – 18　定位板外廓定位

（a）两端定位；（b）端部定位

图 3 – 19 所示为采用定位板进行内孔定位。图 3 – 19（a）所示为圆形内孔定位；图 3 – 19（b）所示为异形内孔定位。

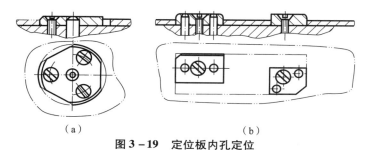

（a）　　　　　　　　　　　　　　　　（b）

图 3 – 19　定位板内孔定位

（a）圆形内孔定位；（b）异形内孔定位

图 3 – 20（a）所示为采用定位销外廓定位，四个定位销确定了工序件在模具中的位置；图 3 – 20（b）所示为采用定位销进行内孔定位，工件的内孔位置被定位销确定，常用于拉深件切边。

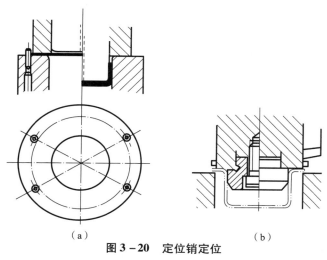

（a）　　　　　　　　　　　　　　　　（b）

图 3 – 20　定位销定位

（a）定位销外廓定位；（b）定位销内孔定位

3.3　冲裁方案的确定

3.3.1　冲裁工序的组合

冲裁工序可分为单工序冲裁、复合冲裁和级进冲裁。复合冲裁和级进冲裁比单工序冲裁生产效率高、加工的精度等级高。

确定冲裁方式时主要考虑的因素包括如下内容。

（1）生产批量。一般来说小批量或试制生产采用单工序冲裁，中批量和大批量生产采用复合冲裁或级进冲裁。生产批量与模具类型关系如表 3 - 7 所示。

表 3 - 7　生产批量与模具类型关系

生产性质	生产批量/万件	模具类型	设备类型
小批量或试制	1	简易模、组合模、单工序模	通用压力机
中批量	1 ~ 30	单工序模、复合模、级进模	通用压力机
大批量	30 ~ 150	复合模、多工位自动级进模、自动模	机械化高速压力机、自动化压力机
大量	>150	硬质合金模、多工位自动级进模	自动化压力机、专用压力机

（2）冲裁件尺寸和精度等级。复合冲裁所得到的冲裁件尺寸精度等级高，避免了多次单工序冲裁的定位误差，并且在冲裁过程中可以进行压料，冲裁件较平整。级进冲裁比复合冲裁的冲裁件尺寸精度等级低。

（3）冲裁件尺寸形状。当冲裁件的尺寸较小时，考虑到单工序送料不方便和生产效率低，常采用复合冲裁或级进冲裁。对于尺寸中等的冲裁件，由于制造多副单工序模的费用比复合模昂贵，因此，采用复合冲裁；当冲裁件上孔与孔之间或孔与边缘之间的距离过小时，不宜采用复合冲裁或单工序冲裁，宜采用级进冲裁。所以级进冲裁可以加工形状复杂、宽度很小的异形冲裁件，且可冲裁的材料厚度比复合冲裁时的材料厚度要厚，但级进冲裁受压力机台面尺寸与工序数的限制，冲裁件尺寸不宜太大。

（4）模具的制造、安装、调整及成本。对复杂形状的冲裁件来说，采用复合冲裁比采用级进冲裁更为适宜，因为模具制造、安装、调整较容易，且成本较低。

（5）操作方便与安全。复合冲裁出件或清除废料较困难，工作安全性较差，级进冲裁较安全。

单工序模、复合模、级进模是常见的 3 种冲压模具结构形式，在设计模具时，具体如何选用模具结构形式，可参考表 3 - 8。

表 3 - 8　普通冲裁模的对比关系

比较项目	模具种类			
	单工序模		级进模	复合模
	无导向的	有导向的		
冲压精度	低	一般	IT13 ~ IT10 级	IT10 ~ IT8 级
零件平整程度	差	一般	不平整、高质量件需校平	因压料较好，零件平整
零件最大尺寸和材料厚度	尺寸、厚度不受限制	中小型尺寸、厚度较厚	尺寸在 250 mm 以下，厚度在 0.1 ~ 6.0 mm 之间	尺寸在 300 mm 以下，厚度在 0.05 ~ 3.00 mm 之间
冲压生产率	低	较低	工序间自动送料，生产效率较高	冲件留在工作面上需清理，生产效率稍低
使用高速自动压力机的可能性	不能使用	可以使用	可在高速压力机上工作	操作时出件困难，不做推荐
多排冲压法的应用			广泛用于尺寸较小的冲件	很少采用
模具制造的工作量和成本	低	比无导向模略高	冲裁较简单的零件时低于复合模	冲裁复杂零件时低于级进模
安全性	不安全，需采取安全措施		比较安全	不安全，需采取安全措施

　　总之，设计人员应本着以下原则：对于精度不高、小批量及试制性生产，冲压件外形较大、厚度较厚的冲压件应考虑采用简易模或单工序模加工；而对于精度要求高、生产批量大的冲压件，应采用复合模加工；对于冲压件精度要求一般、冲压批量又大的冲压件，应采用级进模加工，同时实现自动化生产较为适宜。

3.3.2　冲裁顺序的安排

1. 级进冲裁的顺序安排

　　（1）先冲孔或冲缺口，最后落料或切断，将冲裁件与条料分离。首先冲出的孔可作为后续工序的定位孔。

　　（2）采用定距侧刃时，定距侧刃切边工序安排与首次冲孔同时进行，以便控制送料步距。采用两个定距侧刃时，可以安排成一前一后。

2. 多工序冲裁件用单工序冲裁时的顺序安排

　　（1）先落料使坯料与条料分离，再冲孔或冲缺口。后继工序的定位基准要一致，以避免定位误差和尺寸链换算。

（2）冲裁大小不同、相距较近的孔时，为减少孔的变形，应先冲大孔后冲小孔。

根据冲裁件的生产批量、尺寸精度的高低、尺寸大小、形状复杂程度、材料厚薄、冲压模具制造条件与冲压设备条件、操作方便与否等多方面因素，先拟定出多种可能的不同冲裁工艺方案进行全面分析和研究，再从中选择出技术可行、经济合理、满足产量和质量要求的最佳冲裁工艺方案。

3.3.3 多工序冲裁排样

有关单工序排样、冲裁力、冲压中心确定等知识详见第 2 章，本节不再重复赘述，只是针对级进模排样设计时易出现的步距尺寸确定问题进行阐述。

级进模的步距是指确定条料在模具中每送进一次所需要向前移动的固定距离，步距的精度直接影响零件的精度。从图 3 – 21 可以看出，步距基本尺寸 S 取决于零件的外形轮廓尺寸和两零件间的搭边宽度。

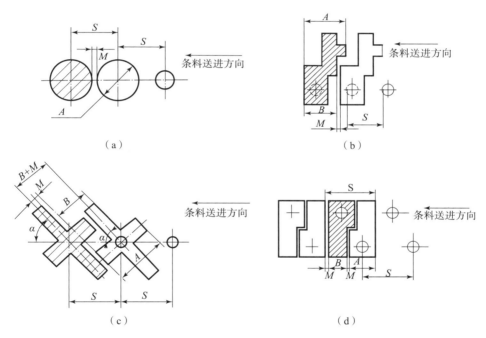

图 3 – 21 排样的步距基本尺寸
（a）单排列排样的步距基本尺寸；（b）外形交错排样的步距基本尺寸
（c）斜排样的步距基本尺寸；（d）双排或多排排样的步距基本尺寸

（1）单排列排样的步距基本尺寸（见图 3 – 21（a））为

$$S = A + M \tag{3 - 3}$$

式中 A——零件外形尺寸（mm）；

M——搭边宽度（mm）。

（2）外形交错排样的步距基本尺寸（见图 3 – 21（b））。

当两个零件外轮廓在沿送料方向排列相互交错时，如图 3 – 21（b）所示，这种情况下，并不是以整个外轮廓最大尺寸 A 送进条料的，而只要按某局部外形尺寸 B 送进即可，其步

距基本尺寸为 $S = B + M$。

（3）斜排样的步距基本尺寸（见图 3 – 21（c））。

在排样图中，如果斜排，则其步距基本尺寸为

$$S = (B + M)/\sin\alpha \tag{3-4}$$

式中 B——冲裁件沿送料方向有一倾斜夹角方位的某个局部外形轮廓尺寸（mm）；

α——零件中心线与送料方向的倾斜夹角（°）。

（4）双排或多排排样的步距基本尺寸（见图 3 – 21（d））。

如果沿送料方向在同一轴线上进行双排或多排排样，则步距基本尺寸为

$$S = A + B + 2M \tag{3-5}$$

3.4 结构零件的设计与选用

本节将对不与坯料直接接触的结构零件进行设计和选用。结构零件一般包括导向零件（导柱、导套）、固定零件（模座、固定板、垫板等）和其他一些标准件（螺钉、销钉、弹簧）。

3.4.1 模架的分类与选用

通常所说的模架是由上模座、下模座、导柱、导套 4 个部分组成，一般标准模架不包括模柄。模架是整副模具的骨架，它是级进模主要零件的载体，模具的全部零件都固定在它的上面。模架承受冲压过程的全部载荷。模架的上模座和下模座分别与冲压设备的滑块和工作台固定。上、下模间的精确位置，由导柱、导套的导向来实现。

根据模架导向机构的摩擦性质不同，模架分为滑动导向模架和滚动导向模架两大类。每类模架中，由于导柱的安装位置和导柱数量不同，又分为多种模架形式。冲压模具滑动导向模架有滑动导向对角导柱模架、滑动导向后侧导柱模架、滑动导向后侧导柱窄型模架、滑动导向中间导柱模架、滑动导向中间导柱圆形模架、滑动导向四角导柱模架，如图 3 – 22 所示。滑动导向模架的导柱、导套结构简单，加工、装配方便，应用最广泛，各类滑动导向模架的主要特点和应用场合如表 3 – 9 所示。

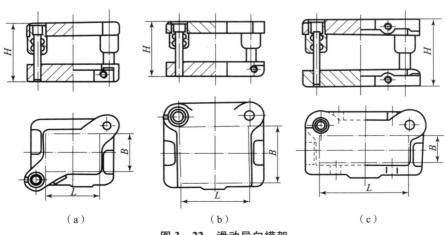

（a）   （b）   （c）

图 3 – 22 滑动导向模架

（a）对角导柱式；（b）后侧导柱式；（c）后侧导柱窄型

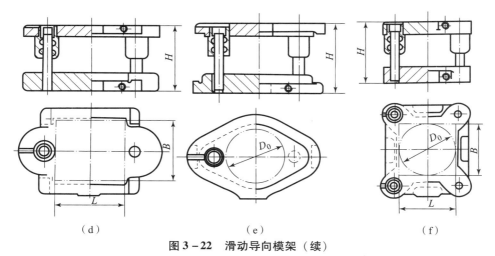

图 3 – 22　滑动导向模架（续）

（d）中间导柱式；（e）中间导柱圆形；（f）四角导柱式

表 3 – 9　滑动导向模架的主要形式、特点及应用

类别	模架形式	主要特点	应用场合
滑动导向模架	滑动导向对角导柱模架	在凹模面积的对角线上，装有一个前导柱和一个后导柱，其有效区在毛坯进给方向的导套间。受力平衡，上模座在导柱上运动平稳	适用纵向、横向送料，使用面宽，常用于级进模和复合模
	滑动导向后侧导柱模架	两导柱、导套分别装于上、下模座后侧，凹模面积是导套前的有效区域。可用于冲压较宽条料。送料及操作方便。由于导柱、导套装在一侧，会因偏心载荷产生力矩，上模座在导柱上运动不够平稳	可纵向、横向送料，主要适用于一般精度要求的冲压模具，不适于大型模具
	滑动导向中间导柱模架	在模架的左、右中心线上装有两个不同尺寸的导柱，其凹模面积是导套间的有效区域，具有导向精度高、上模座在导柱上运动平稳等特点	仅能纵向送料，常用于弯曲模和复合模
	滑动导向四角导柱模架	模架的 4 个角上分别装有导柱。模架受力平衡，导向精度高	用于大型冲件、精度很高的冲压模具，以及大批量生产的自动冲压生产线上的冲压模具

冲压模具滚动导向模架有滚动导向对角导柱模架、滚动导向中间导柱模架、滚动导向四的导柱模架、滚动导向后侧导柱模架。滚动导向模架在导套内镶有成行的滚珠，导柱通过滚珠与导套实现有微量过盈的无间隙配合，（一般过盈量为 0.01～0.02 mm），因此，这种滚动导向模架导向精度高、使用寿命长、运动平稳，主要用于高精度、高寿命的精密模具及薄材料冲裁模具，如图 3 – 23 所示。

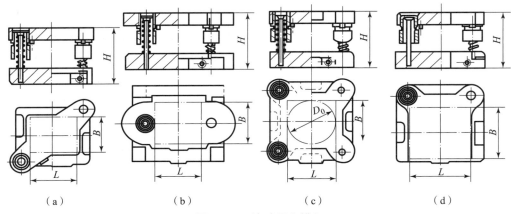

图3-23　滚动导向模架

　　模架的选择应从三方面入手：依据产品零件精度、模具工作零件配合精度高低确定模架精度；根据产品零件精度要求、形状、条料送料方向选择模架类型；根据凹模周界尺寸确定模架的大小规格。

　　滑动导向模架主要零件的结构和设计要点如下。

　　（1）模座。

　　材料：HT200铸铁、HT250铸铁或Q235钢、Q255钢。

　　精度要求：模座上、下表面的平行度应达到要求，上模座导套孔的轴线垂直于上模座的上表面，下模座导柱孔的轴线垂直于下模座的下表面，且垂直度公差等级一般为IT4级。上、下模座的导套、导柱安装孔中心距必须一致，精度一般要求在±0.02 mm以下。模座的上、下表面粗糙度为$Ra0.8 \sim 1.6$ μm，在保证平行度的前提下，横座的上、下表面粗糙度可允许降低为$Ra1.6 \sim 3.2$ μm。

　　通常，如果冲下的零件或废料需从下模座下面漏下，则应在冲压模具的下模座上开一个漏料孔。如果压力机的工作台面上没有漏料孔或漏料孔太小，或因顶件装置安装影响无法排料，则可在下模座底面开一条通槽，冲下的零件或废料可以从槽内排出，该槽称为排出槽。若冲压模具上有较多的冲孔，并且孔距离很近时，则可在下模座底面开一条公用的排出槽。

　　（2）导柱、导套。

　　导向零件是用来保证上模相对于下模的正确运动。模具中应用最广的导向零件是滑动导柱和导套。其结构形式如图3-24所示。

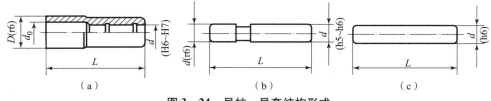

图3-24　导柱、导套结构形式

　　导套：如图3-24（a）所示，导套内孔开有油槽，导套与导柱的配合关系为间隙配合（H7/h6，H6/h5），导套与上模座之间的配合关系为过盈配合（H7/r6），由于过盈配合装配时孔有缩小的现象，因此，d_0在设计加工时比d大$0.5 \sim 1$ mm。

导柱：B 型导柱如图 3 - 24（b）所示，导柱两端基本尺寸相同，但公差不同，其中一端为与导套的间隙配合（H7/h6），另一端为与下模座的过盈配合（H7/r6）。

A 型导柱如图 3 - 24（c）所示，其只有一个尺寸，加工方便，但与上模座之间的过盈配合改为基轴制，配合关系为 R7/h6。

导柱、导套的装配关系：导柱直径一般在 16 ~ 60 mm 之间，长度在 90 ~ 320 mm 之间。选择导柱长度时，应考虑模具闭合高度的要求，即保证冲压模具在最低工作位置（闭合状态）。导柱的上端面与上模座上平面之间的距离应在 10 ~ 15 mm 之间，以保证凸、凹模经多次刃磨而使模具闭合高度变小后，导柱也不会影响模具正常工作；而下模座下平面与导柱压入端的端面之间的距离应在 2 ~ 3 mm 之间，以保证下模座在压力机工作台上的安装固定；导套的上端面与上模座上平面之间的距离应在 2 ~ 3 mm 之间，以便排气和出油，如图 3 - 25 所示。

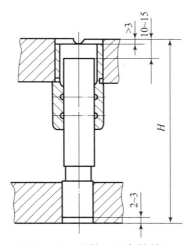

图 3 - 25　导柱、导套的装配

导柱、导套的材料及热处理：导柱、导套一般选用 20 钢制造。为了增强表面硬度和耐磨性，应进行表面渗碳处理，渗碳层厚度为 0.8 ~ 1.2 mm，渗碳后的淬火硬度为 58 ~ 62 HRC。

导柱的外表面和导套的内表面，淬硬后进行磨削，其表面粗糙度应不大于 $Ra0.8$ μm（一般为 $Ra0.1 ~ 0.3$ μm），其余部分为 $Ra1.6$ μm。

3.4.2　连接与紧固零件

模具的连接与固定零件有模柄、固定板、垫板、销钉、螺钉等。这些零件大多有国家标准，设计时可按国家标准选用。

1. 模柄

作用：将上模固定在压力机的滑块上。

要求：模具压力中心与模柄中心线重合。

应用：常用于 1 000 kN 以下的中、小型模具上。

类型及应用场合：

旋入式如图 3 - 26 （a） 所示，模柄通过螺纹与上模座连接，为防止松动，常用防转螺钉紧固。这种模柄装拆方便，但模柄轴线与上模座的垂直度较差，多用于有导柱的小型冲压模具。

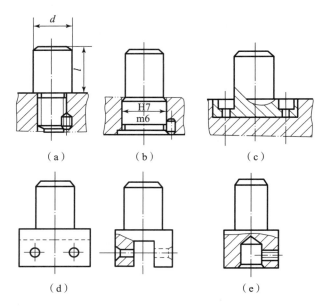

图 3 - 26　模柄的固定方式

（a） 旋入式；（b） 压入式；（c） 凸缘式；（d） 槽型模柄；（e） 通用模柄

压入式如图 3 - 26 （b） 所示，模柄与模座孔采用过渡配合 H7/m6，并加销钉防转。这种模柄可较好保证轴线与上模座的垂直度。适用于各种中、小型冲压模具，生产中最常用。

凸缘式如图 3 - 26 （c） 所示，用 3 ~ 4 个螺钉固定在上模座的沉孔内，模柄的凸缘与上模座的沉孔采用 H7/js6 过渡配合，多用于较大型的模具。

槽型模柄和通用模柄分别如图 3 - 26 （d）、图 3 - 26 （e） 所示，均用于直接固定凸模，也称带模座的模柄，它更换凸模方便，主要用于简单模。

模柄的选用：首先应根据模具的大小及零件精度等方面的要求，确定模柄的类型，然后根据所选压力机的模柄孔尺寸确定模柄的规格。选择模柄时应注意模柄安装直径 d 和长度 l 应与滑块模柄孔尺寸相适应。模柄直径可取与模柄孔相等，采用间隙配合 H11/d11，模柄长度应小于模柄孔深度 5 ~ 10 mm。

2. 固定板

固定板的作用是将凸模或凹模按一定相对位置压入固定后，作为一个整体安装在上模座或下模座的板件上。模具中最常见的是凸模固定板，固定板分为圆形固定板和矩形固定板两种，主要用于固定小型的凸模和凹模。

固定板的设计应注意以下几点。

（1）凸模固定板的厚度一般取凹模厚度的 0.6 ~ 0.8 倍，其平面尺寸可与凹模、卸料板外形尺寸相同，但还应考虑紧固螺钉及销钉的位置。

（2）固定板上的凸模安装孔与凸模采用过渡配合 H7/m6，凸模压装后端面要与固定板一起磨平。

（3）固定板的上、下表面应磨平，并与凸模安装孔的轴线垂直。固定板基面和压装配合面的表面粗糙度为 $Ra0.8 \sim 1.6 \ \mu m$，另一非基准面可适当降低要求。

（4）固定板材料一般采用 Q235 钢或 45 钢制造，无需热处理淬硬。

3. 垫板

垫板的作用是直接承受和扩散凸模传递的压力，以降低模座所受的单位压力，防止模座被局部压陷。模具中最为常见的是凸模垫板，它被装于凸模固定板与模座之间。模具是否加装垫板，要根据模座所受压力的大小进行判断，若模座所受单位压力大于模座材料的许用压应力，则需加垫板。

垫板外形尺寸可与固定板相同，其厚度一般取 $3 \sim 10$ mm。垫板材料为 45 钢，淬火硬度为 $43 \sim 48$ HRC。垫板上、下表面应磨平，表面粗糙度为 $Ra0.8 \sim 1.6 \ \mu m$，以保证平行度要求。为了便于模具装配，垫板上销钉通过孔直径可比销钉直径大 $0.3 \sim 0.5$ mm。螺钉通过孔也有同样的要求。

4. 螺钉与销钉

螺钉与销钉都是标准件，设计模具时按标准选用即可。螺钉用于固定模具零件，而销钉则起定位作用。模具中广泛应用的是内六角螺钉和圆柱销钉，其中 M6 ~ M12 的螺钉和 $\phi4 \sim \phi10$ mm 的销钉最为常用。

在模具设计中，选用螺钉、销钉应注意以下几点。

（1）螺钉要均匀布置，尽量置于被固定件的外形轮廓附近。当被固定件为圆形时，一般采用 3 ~ 4 个螺钉；当被固定件为矩形时，一般采用 4 ~ 6 个螺钉。销钉一般都用 2 个，且尽量远距离错开布置，以保证定位可靠。螺钉的大小应根据凹模厚度选用。

（2）螺钉之间、螺钉与销钉之间的距离，螺钉、销钉距刃口及外边缘的距离，均不应过小，以防降低强度。

（3）内六角螺钉通过孔及其螺钉装配尺寸应合理，具体数值可由相关资料查得。

（4）圆柱销孔形式及其装配尺寸可参考相关资料。连接件的销孔应配合加工，以保证位置精度，销钉孔与销钉采用 H7/m6 或 H7/n6 过渡配合。

（5）弹压卸料板上的卸料螺钉，用于连接卸料板，主要承受拉应力。根据卸料螺钉的头部形状，也可分为内六角和圆柱头两种。圆形卸料板常用 3 个卸料螺钉，矩形卸料板一般用 4 个或 6 个卸料螺钉。由于弹压卸料板在装配后应保持水平，因此，卸料螺钉的长度 L 应控制在一定的公差范围内，装配时要选用同一长度的螺钉，卸料螺钉孔的装配尺寸见相关资料。

3.5　冲压模具材料及热处理工艺

随着现代工艺的发展，在选择冲压模具材料时要着重考虑其要加工的数量，在加工数量比较少的情况下，要选择一些寿命比较长的加工材料，可以提高产品的质量。不同材料的材质有不同的冲压性能，从冲压模具的角度来说，材料的选择也在一定程度上决定了其冲压性能。因此，在工业的具体生产工作中，要不断提高模具材料的质量，以此来提高产品的质量，整个过程还要充分考虑模具的形状及各种参数。

3.5.1　冷冲压模具常用金属材料

针对目前的技术，模具材料可以根据其使用条件的不同分为3种：塑料模具钢、热作模具钢和冷作模具钢，这3种模具材料都有不同的使用范围，在具体的施工过程中冷作模具钢适用的范围更广，针对于此，本节主要分析冷作模具钢的具体制作过程和各种使用方式。冷作模具钢分为很多种，要根据具体的实际情况进行分析处理，再使用最合理的方式进行生产工作。在加工的过程中，模具材料会由于各种原因产生形变和损耗，因此，要选择一些抗磨损能比较强的材料进行生产，从而提高冷作模具钢的质量。

1. 碳素钢材料

我国幅员辽阔，碳素工具钢的产量比较大，使用的范围也比较广，因此，碳素钢在我国具有很好的应用，碳素钢材料也具有几个比较明显的特点。其一是可塑性好，可以根据实际应用的不同锻造成所需要的形状。其二是碳素钢材料具有很好的退火易软化的特点，退火之后可以用很快的速度进行软化，为下一个加工环节提供了很好的基础。其三是碳素钢具有很好的切割性，碳素钢的硬度相对来说比较小，可以很轻松地进行切割，从而得到想要的模具形状。其四是使用碳素钢投资成本较小，正是因为其物美价廉，所以才使碳素钢材料得到广泛使用。与此同时，碳素钢材料也存在一些弊端，其淬透性低，在具体的加工过程中需要用更多的水分来作为冷却剂，因此，会造成其有更多的加工误差。以上就是碳素钢的优缺点，碳素钢材料作为一个很好的模具材料，可以极大程度地减少资源浪费。

2. 高碳高铬模具钢材料

与碳素钢相比较，高碳高铬模具钢具有更好的淬硬性和耐磨性，这是它和碳素钢最明显的区别，其质地比较坚硬、耐磨性较好，而且不容易发生形变，是质量比较高的模具材料。高碳高铬模具钢承载能力相对于高速钢来说比较弱，需要在具体的加工环节中进行充分的改锻和镦拔，从而提高模具的质量，使其内部碳化物均匀分布，提高其材料性能。

3. 高速钢材料

现在的一些高速钢材料，基本上都是用添加钼元素的方法冶炼出来的，因此，高速钢材料具有极好的热塑性和强韧性。基于这种特点，高速钢材料得到了很大的发展空间，在模具的生产工作中也有极其重要的地位。

4. 超硬高速钢材料

高速钢材料进行一定的加工就可以得到超硬高速钢材料，之所以制造出这种超硬高速钢材料，就是为了满足难切削材料的需要，可以利用一些科技含量较高的加工技术对其进行加工，从而增大冲压材料的强度。随之而来也会带来一些负面影响，一味增加硬度容易造成其可塑性差，不易弯曲，韧性也不够高，加工起来比较耗时耗力。根据超硬高速钢材料的这些优缺点，要采用一定的方法来提高超硬高速钢材料的碳含量。

5. 基体钢材料

高速钢和超硬高速钢本身都存在一定的缺陷，想要在工业上解决这种问题就需要适当添加一些其他的元素，以改变高速钢和超硬高速钢的冲压性能。而通过这种加工方式生产出来的钢统称基体钢。基体钢的韧性比较居中，是高速钢和超硬高速钢的结合体，具备了两者共同的优点，并且在生产成本上，基体钢也比高速钢低很多，因此，基体钢的应用可以极大地推动模具材料的发展。

6. 硬质合金及钢结硬质合金材料

随着现代工艺的进步，出现了硬质合金及钢结硬质合金材料。从工业应用角度出发，如果只考虑硬度和耐用性，则硬质合金要比上述模具钢高出很多，但从模具材料的强度和韧性角度出发，硬质合金的质量就比模具钢要低一些。针对于此，应根据不同的实际情况进行选择，也可以不断加强硬质合金的质量，通过在加工过程中加入一些铁粉或者合金粉末来作为黏合剂，同时加入碳化钨和碳化钛作为硬质相，再经过一定的加工工艺方法就可以得到钢结硬质合金材料。

3.5.2　热处理工艺

随着现代科学技术的发展，结合我国目前工业的发展现状可以得出，我国的模具制造成本比较高，在一些比较精密的加工环节中尤为突出。要对模具钢进行再一步的深度加工，就需要使用热加工工艺，这种热加工处理技术可以一定程度上提高模具的质量，并且还可以增加其使用寿命，客观上可以带来更多的经济效益，适用的范围也相对较广。

1. 真空热处理工艺

在热处理工艺中，真空热处理加工工艺可以使模具钢具有比较好的表面性能，在加工过程中，材料整体的形变量也比较小，可以带来更广的使用范围。由于这种热处理工艺是在真空的状态下进行，因此，模具钢表面依旧会是一种活性状态，这种状态不会使模具钢的表面有脱气的现象，也会避免脱碳的情况，可以很好地提高其材料的力学性能。要想再提高材料的强度，可以提高炉内的真空程度。经过真空淬火处理过的模具钢具有较高的韧性，根据实际的测算，经过热处理的模具钢可以提高 40% 的使用寿命。

2. 深冷处理工艺

和真空热处理工艺相比，模具钢在经过深冷处理工艺之后可以提高其力学性能、强度和使用寿命。具体的加工过程，要安排在恰当的加工环节内。在经过深冷处理加工工艺后的模具钢可以很明显地提高其耐磨性和抗回火稳定性，这种技术得到了很广泛的应用，对模具材料的加工技艺也是一种提升。

3. 模具钢的降温淬火工艺

在具体的生产过程中，需要对模具钢进行降温淬火工艺处理，利用这种工艺对模具钢进行处理，可以有效减少模具钢内部的碳含量，从而可以根据实际的应用需求来改变材料的性能。经过淬火处理后的模具钢，可以明显地观察到其使用寿命的提高，耐磨性能也较以前有很大的提升，因此，要不断提高模具钢的降温淬火工艺水平，从而保障模具的质量。

4. 化学热处理工艺

在正常的模具加工过程中，一般都会用到化学热处理工艺，这种工艺可以不断提高模具钢的表面性能。针对目前技术的发展，大部分工厂所使用的技术一般都是高频渗氮和离子渗氮工艺。离子渗氮工艺可以极大地缩短渗氮的时间，同时还可以不断提高其表面渗层的加工质量。

第 4 章

精密冲裁模具设计

用普通冲裁所得到的工件，剪切面上有塌角、断裂面和毛刺，还带有明显的锥度，表面粗糙度为 $Ra6.3 \sim 12.5$ μm，同时制件尺寸精度较低，一般为 IT10 ~ IT11 级，在通常情况下，这已能满足零件的技术要求。但当要求冲裁件的剪切面作为工作表面或配合表面时，采用一般的冲裁工艺不能满足零件的技术要求，这时，必须采用提高冲裁件质量和精度的精密冲裁方法。

精密冲裁是通过改进模具来提高制件精度、改善断面质量的。其尺寸精度可达 IT8 ~ IT9 级，断面粗糙度 Ra 为 $0.4 \sim 1.6$ μm，断面垂直度可达 89°30′或更佳。精密冲裁主要有整修、光洁冲裁（负间隙冲裁、挤压冲裁）、往复冲裁、对向凹模冲裁、强力压板精冲等。

4.1　精密冲裁概况

4.1.1　精密冲裁的起源

精冲技术的起源，要追溯到自 1914 年以来工业生产的发展。1922 年生产出世界上第一个精冲零件，如图 4 – 1（c）所示。1923 年 3 月 9 日，德国人 F. Schiess 首先取得了精冲技术的专利权，专利题目：金属零件液压冲裁装置，专利号：371004，如图 4 – 1（a）、图 4.1（b）所示。

1924 年 F. Schiess 在瑞士 Lichtensteig 建立了世界上第一个精冲工厂。精冲技术从发明到现在 2024 已经 101 年了，这是一条漫长而曲折的历史发展道路，大致可分为以下几个时期。

（1）秘密期为 1923—1956 年，主要在钟表、打字机、纺织机械工业领域。

（2）普及期为 1957—1979 年，主要在机械、仪器仪表、照相机、电子、小五金、家电等工业领域。

（3）发展期为 1980 年至今，主要进入汽车、摩托车和计算机工业领域。

这段时间，ESSA，Feintool，Schmid，SMG，Osterwalder 等公司功不可没。特别是 Fritz Bösch 先生领导下的 Feintool 公司，在精冲工艺和模具的研发上，更是一路领先，对世界精冲事业作出了很大的贡献。

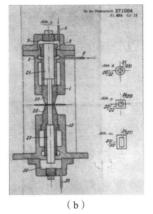

（a）　　　　　　　　　（b）　　　　　　　　　（c）

图 4-1　精密冲裁的诞生

（a）专利题目：金属零件液压冲裁装置；（b）专利号：371004；（c）世界上第一个精冲零件

4.1.2　精冲技术的发展

当前，精冲技术的发展主要表现在下述几个方面。

1. 工艺倾向

1）工件结构的工艺性

（1）目前的主流趋向为从简单平面件发展到复杂立体件，在满足产品功能要求的同时，寻求精冲件结构合理化。特别是铸、锻、粉末冶金及机加工件向精冲件转化（见图 4-2）。

图 4-2　精冲件

（2）精冲材料的工艺范围正不断扩大。

料厚：0.1~22 mm；特别是中厚板 6~12 mm。

力学性能：$\sigma_b \geqslant 900$ N/mm^2，甚至 $\sigma_b = 1\ 370$ N/mm^2。

种类：除常用精冲材料外，还可冲制钛合金钢、不锈钢，电磁钢，双金属材料等。

（3）精冲件结构参数的评定，应参照德国工程师协会标准 VDI—3345。

2）FFS（fineblanking-forming-stamping）复合成形工艺的出现

由平面零件向三维零件发展，与弯曲、拉深、翻边、沉孔、半冲孔、压扁等成形工艺相结合，产生连续复合成形工艺，从而使精冲工艺有了更广阔发展前景（见图4－3）。

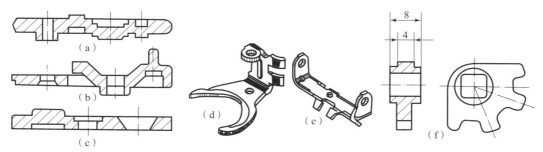

图4－3　精冲零件

3）冷锻、摆辗工艺与精冲相结合

冷锻、摆辗工艺与精冲相结合如图4－4所示。

图4－4　冷锻、摆辗工艺与精冲相结合

2. 模具倾向

1）模具结构

（1）固定凸模式模具（80%）较活动凸模式模具（20%）多3倍左右。

（2）广泛使用连续复合模（72%）和"纵向级进"复合成形模，实现工件多工位复合成形加工，以减少冲裁和提高效率。

（3）大力发展生产自动化、成组作业的模具，如传送模（见图4－5）。

（4）智能化模具：分析零件中具有风险的几何单元，使其成为在压力机不卸下模具

图4－5　传送模

时，能快速更换的元件和组件（见图4－6）。

（5）建立模具设计数据库、模具零件标准库和标准模架库。

（6）从模具设计 CAD 系统向 CAD/CAM/CAE 系统的集成发展。

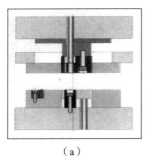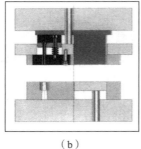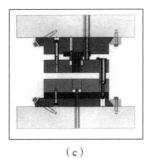

（a）　　　　　　　　　（b）　　　　　　　　　（c）

图4－6　可更换组件的模具

（a）可更换的风险元件；（b）可更换的小组装件；（c）可更换的模块组件

2）模具材料

模具材料影响模具寿命和生产率，因此，在选材时应充分考虑下列因素。

（1）模具工作零件的受力状态，包括压应力、拉应力、弯曲应力，以及 0.2 屈服极限、冲击刃性、耐磨性和稳定性。

（2）模具工作零件与被冲材料的硬度和厚度应相适应。例如，当 $s \leqslant 4$ mm，$\sigma_B = 500$ N/mm^2 时，凸模材料为 165CrMoV12 合金钢、X220CrVMo13.4（PV）合金钢；当 $s \geqslant 4$ mm，$\sigma_B \geqslant 500$ N/mm^2 时，凸模材料为 S6－5－2 高速钢、ASP23 高速钢、CPM9V 高速钢；当工件批量大，且 $s \leqslant 1$ mm，$\sigma_B > 700$ N/mm^2 时，凸凹模材料为 GT30 硬质合金。

（3）模具材料的热处理工艺。

3）模具制造

（1）采用高精度、高效设备和测试仪器：高精度电加工机床、坐标磨床、三坐标测量机等。

（2）采用真空热处理工艺。

（3）采用特殊处理工艺：镀 TIN 或 TIALN 和超低温处理（－200 ～ －180 ℃）

3. 设备倾向

1）结构型式

框架组合结构（二段式、三段式如图4－7所示）。

2）传动方式

以液压传动为主，较少使用机械传动，下传动多于上传动。目前除三动精冲机外，还有五动、七动精冲机，以满足不同的工艺要求。

3）设备性能

（1）向大吨位（400～800t）和 CNC 化、高速化方向发展。冲裁速度、探测速度均在 70 mm/s，闭合与回程速度均为 200 mm/s，行程次数为 70～100 n/min。

（2）噪声小、耗能低、安全可靠性。

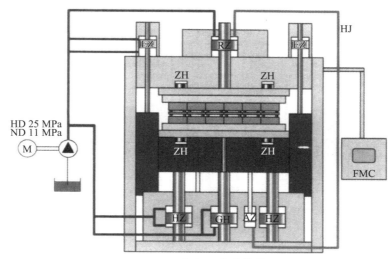

图 4 – 7　框架组合式模具

HD—高压泵；ND—低压蓄能器；EN—快速行程缸；RZ—齿圈缸；
ZH—辅助缸；HJ—油回路；GH—反压缸；HZ—主缸；AZ—平衡缸

4）成套机组

（1）开卷→校平→送料→润滑→冲裁→切废料→零件分选→组装→传输。

（2）精冲自动生产线上，在线检测功能可对不合格品作出及时的处理。

5）重视外围设备

外围设备包括校平机、去毛刺机等。

4. 使用倾向

1）使用条件

精冲技术应用的基本条件如下。

（1）具有适合精冲工艺特点的产品零件。

（2）具有相应的生产条件——精冲压模具、精冲机床、精冲材料和精冲润滑剂等。

（3）具有一定的生产批量。

（4）具有对精冲技术的认识能力。

（5）具有一支素质较高的技术队伍。

2）使用范围

从世界加工工艺领域的发展来看，不能也不可能回避精冲技术，因为它在零件加工经济性方面，展示了工艺流程的合理性。它在汽车、摩托车行业和电子行业应用日益广泛，因为这些行业生产规模大、批量大，需要精冲设备数量多。

5. 管理倾向

主要表现在设计、制造、生产、销售等方面程序化、计划化、定量化、信息化、协作化。现在推行一种新生管理模式——"中场企业"网络化制造，形成平面式的"虚拟企业"。这将是制造业的核心和主流。

6. 市场倾向

1）精冲工程

如图 4 - 8 所示，精冲不是单一的、孤立的工艺技术，而是与多方面有联系，并形成一个系统工程。它主要表现在以下几方面。

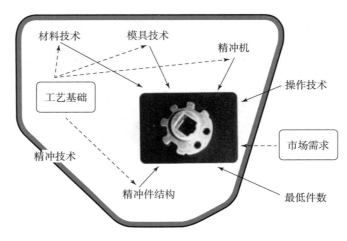

图 4 - 8　精冲工程

（1）精冲零件：结构形状、工艺性、尺寸精度和表面质量。

（2）精冲材料：材料的精冲性、成形性、化学成分、金相组织和热处理状态。

（3）精冲模具：结构的稳定性、特性参数的选择和制造质量。

（4）精冲机床：压力、速度和状态。

（5）精冲润滑：润滑系统、润滑剂成分及用量。

（6）生产技术：机床调整与操作、模具维修保养及后续工序。

（7）市场需求：涉及生产批量、交货时间和价格等。

2）精冲市场

（1）精冲技术市场。

精冲技术市场包括软、硬件市场。

（2）精冲产品市场。

如图 4 - 9 所示，供求双方面临着质量和成本的压力。因此，必须寻求和采用经济性、及时性和灵活性的加工方法，去获取市场份额。

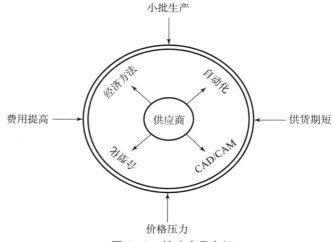

图 4 - 9　精冲产品市场

4.1.3　精冲的应用

精冲工艺技术的发展，使它进入了各个工业领域，得到广泛的应用（见图 4 - 10）。对于要求最小尺寸公差、最小表面粗糙度的功能零件，可以广泛使用精冲工艺技术；而对于有视觉要求、很精细的表面零件，也可使用精冲零件来代替。目前，精冲件的生产品种、尺寸形状、材料厚度和力学性能等，都有很大提高。从适应市场需求的角度来看，其生产均衡性、质量可靠性和加工经济性更加突出。

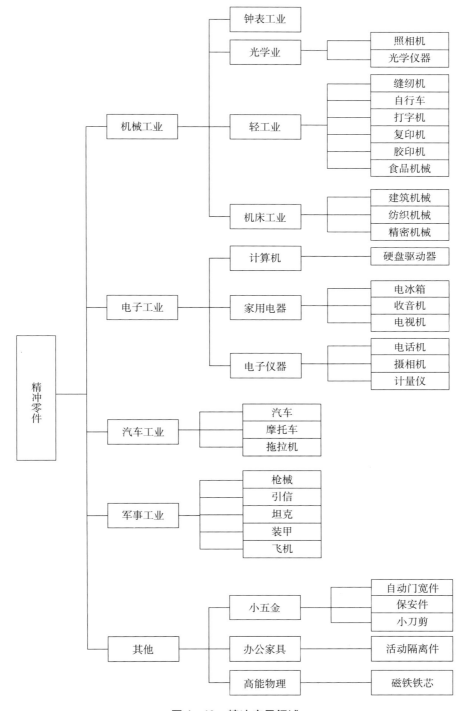

图 4 - 10　精冲应用领域

1. 汽车领域

1）汽车精冲件种类和数量

汽车工业是精冲工艺技术推广应用的重中之重，一辆轿车精冲零件拥有量为 40 ~ 200 件，它占轿车冲压件的 60% ~ 70%（见图 4 - 11 和图 4 - 12）。

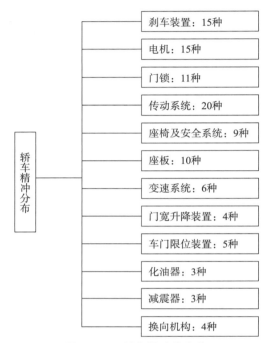

图 4 - 11　轿车精冲件分类

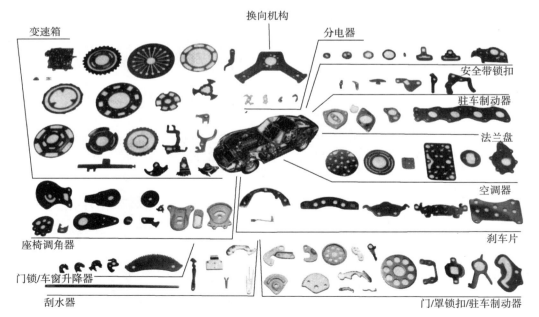

图 4 - 12　轿车的精冲件

2）汽车零件精冲工艺特点

（1）尺寸大型化：零件较大，中厚板较多。

（2）工艺复合化：很多零件采用连续复合成形工艺，即 FFS 工艺（见图 4 - 13）。

（3）结构轻型化：有些锻件、铸件、烧结件，可以通过改用精冲零件，来优化结构，同时可以采用高强度材料，来减轻质量（见图 4 - 14）。

图 4 - 13　三维零件

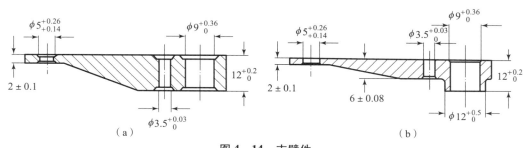

图 4 - 14　支臂件

（a）烧结件；（b）精冲件

（4）生产高效化：汽车零件批量大，采用自动化效益高。

3）精冲在汽车工业中的作用

（1）降低生产成本。如果原材料、能源和人工成本要增加，则一辆汽车生产成本的降低，只能通过降低单个构件的成本来达到。

（2）降低能耗。汽车的功重比，是影响能耗最重要的因素。而期望其较低的功重比、较好的轻型结构，必须精化结构件，从而获得较适宜的形状和能承受功能的结构件。而精冲件尺寸精度高、冲裁表面粗糙度低、垂直度和平面度好，这就大幅度减少后续加工工序（见图 4 - 15 和图 4 - 16）。

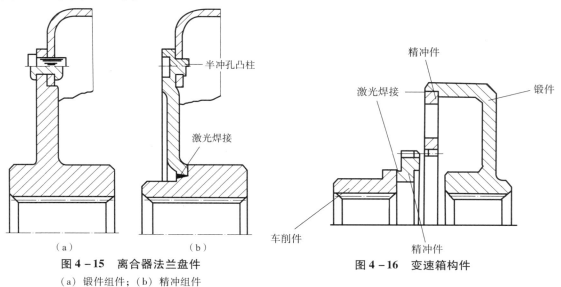

图 4 - 15　离合器法兰盘件

（a）锻件组件；（b）精冲组件

图 4 - 16　变速箱构件

（3）提高结构件的质量。由于精冲能制造复合成形结构件，因此，简化了零件结构，提高了零件质量。

（4）提高效率。精冲加工效率远高于其他加工方法加工效率。

（5）确保安全性和环保性。

为此，大力发展和推广应用精冲技术到汽车、摩托车等行业，是提高零部件及整车质量不可缺少的先进工艺方法之一。

4）汽车工业应用精冲技术的基本条件

精冲技术是一个系统工程，包含以下各个方面。

（1）精冲市场。中国汽车精冲市场很大，但发育不完全，原因在于以下几方面。

① 墨守传统加工方法，没有采用精冲工艺技术。

② 受国外进口全散装（completely knocked down，CKD）零件和半散装（semi knocked down，SKD）零件的影响，整车零件国产化速度太慢。

③ 管理上技术决策滞后，因此，中国精冲市场的突破口在汽车、摩托车市场，它们决定着精冲技术的发展。

以 2004 年为例，在汽车 507 万辆、摩托车 1718 万辆的基础上来估算精冲件约 6 亿件，这还不包括电子、机械、仪器仪表、家电和小五金等行业，而日本精冲件年产量达 9 亿件。

（2）精冲机。精冲机是实现精冲的基本条件之一。由于进口精冲机价格昂贵，很多企业望而却步。现在国内有几家企业在生产经济型精冲机，可能只有进口价的 1/20 ～ 1/10，这是一个福音。

同时，在一定条件下（薄件，小批量），也可采用液压模架生产精冲件。

（3）精冲模具。精冲模具设计已不是大问题，关键在制造。而制造模具的硬件投资大，模具制造精度要求高，模具使用寿命要求长，这是个薄弱环节。同时，模具材料及其热处理也是精冲的瓶颈。

（4）精冲材料。精冲工艺对材料的化学成分、力学性能及金相组织都有严格的要求。国内钢厂还不能完全满足需要，这是个瓶颈问题。

（5）精冲润滑剂。对不同的精冲材料，有不同的要求。但对于厚板、不锈钢板等一类材料的精冲，润滑剂是个大问题，而无氯润滑剂的研制与应用势在必行。

2. 市场份额

精冲在很多工业领域中都占有一定的市场。如图 4 - 17 所示为精冲市场中各主要制造业占有的份额。

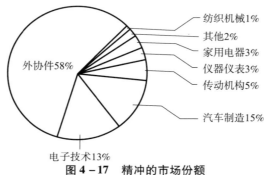

图 4 - 17   精冲的市场份额

图 4-17 中可明显看出外协件占的比重较大，这一方面是社会要求，另一方面外协专业厂技术先进、生产效率很高。若从精冲机在各行业应用分布来看，以 350 台为例，如图 4-18 所示，则汽车零件生产占了很大比例（42.6%），其次是精冲件生产厂。

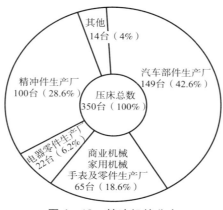

图 4-18　精冲机的分布

3. 精冲的经济性

精冲是一种先进的加工方法，原因在于以下几方面。

（1）可自动化加工。

（2）没有或很少后续加工。

（3）高生产率。

（4）稳定优质的产品。

（5）设备占地面积小。

（6）材料无中间传递。

精冲的经济性在于以下几方面。

（1）省去很多切削加工。

（2）生产批量大。

（3）设备生产率高且稳定。

（4）设备购费初高，但投资回收期短。

图 4-19、表 4-1 所示为扇形齿板精冲与传统加工方法的比较。

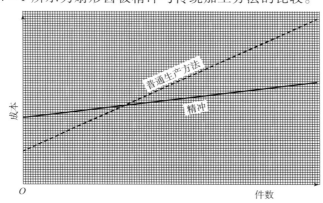

图 4-19　扇形齿板精冲与传统加工方法的比较

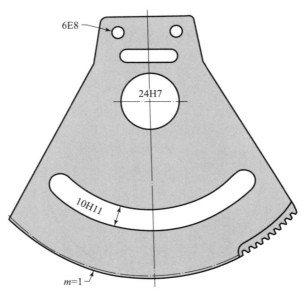

图 4 - 19　扇形齿板精冲与传统加工方法的比较（续）

表 4 - 1　扇形齿板精冲与传统加工方法的比较

普通加工	精　冲
1. 普通冲压	1. 精冲
2. 去毛刺	
3. 校平	
4. 铰孔　·24H7	
5. 铰二孔　6E7	
6. 铣长孔　10H11	
7. 去毛刺	
8. 铣齿	
9. 去毛刺	2. 去毛刺
10. 清洗工件	3. 清洗工件

精冲经济性示例：图 4 - 19 所示扇形齿板。

零件材料：St3 K40 卷料。

$$S = 4 \text{ mm}$$
$$\sigma_B = 400 \sim 500 \text{ N/mm}^2$$

零件尺寸：齿模数 $m = 1$。

$$齿数\ z = 42$$
$$大孔\ D = 24H7$$
$$二小孔\ d = 6E8$$

精冲机: Schmid HSR 160。

生产率: 40 件/min。

精冲模具: 每次刃磨可冲 20 000 件。

4.2 精密冲裁工艺

4.2.1 精冲分类

各种不同的精冲方法, 按其工艺方式, 主要分类如图 4 - 20 所示。

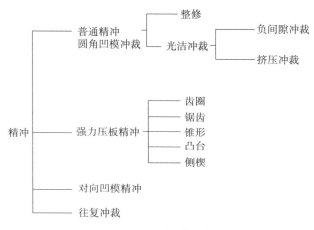

图 4 - 20 精冲分类

4.2.2 精冲工艺原理

1. 普冲与精冲的区别

常说的精冲, 不是一般意义上的精冲 (如整修、光洁冲裁和高速冲裁等), 而是强力压板精冲 (见图 4 - 21)。其中 P_R 为齿圈力, P_S 为冲裁力, P_G 为反压力。强力压板精冲的基本原理是在专用 (三向力) 压力机上, 借助特殊结构模具, 在强力作用下, 使材料产生塑性—剪切变形, 从而得到优质精冲件。普冲和精冲两种不同工艺方法的特点, 如表 4 - 2 所示。

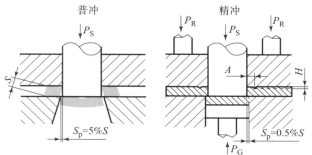

图 4 - 21 普通冲裁与精密冲裁的区别

表4-2   普冲和精冲两种不同工艺方法的特点

技术特征	普冲	精冲
材料分离形式	剪切变形（控制撕裂）	塑性—剪切变形（抑制撕裂）
尺寸精度	ISO11-13	ISO7-11
冲裁表面粗糙度 $Ra/\mu m$	>6.3	0.4~1.6
平面度	大	小（0.02 mm/10 mm）
垂直度	大	小（单面0.002 6 mm/1 mm）
塌角	（20%~35%）S	（10%~25%）S
毛刺	双向，大	单向，小
模具间隙	双边（5%~10%）S	单边0.5%S
模具刃口	锋利	倒角
冲压材料	无要求	塑性好（球化处理）
润滑	一般	特殊
压力机力态	普通（单向力）	特殊（三向力）
压力机工艺负载	变形功小	变形功为普冲的2~2.5倍
压力机环保	有噪声，振动大	噪声低，振动小
成本	低	高（回报周期短）

2. 精冲压模具工作原理

精冲机是实现精冲工艺的专用设备。如图4-22所示，精冲时精冲机上有3种力（P_S，P_R，P_G）作用于模具上。冲裁开始前通过齿圈力P_R，经剪切线外的导板6，使V形齿圈8压入材料并压紧在凹模上，从而在V形齿圈的内面产生横向侧压力，以阻止材料在剪切区内撕裂和在剪切区外金属的横向流动。同时反压力P_G又在剪切线内由顶件器4将材料压紧在凸模上，并在压紧状态下，在冲裁力P_S作用下进行冲裁。剪切区内的金属处于三向压应力状态，从而提高了材料的塑性。此时，材料就沿着凹模刃口形状，呈纯剪切的形式冲裁零件。

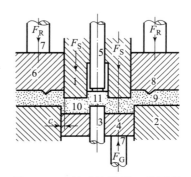

图4-22   精冲压模具工作原理

1—凸模；2—凹模；3—内形凸模；
4—顶件器；5—顶杆；6—导板；
7—压力杆；8—V形齿圈；9—精冲
材料；10—精冲零件；11—内形废料

冲裁结束后，P_R和P_G压力释放，模具开启，由退料力P_{RA}和顶件力P_{GA}分别将零件和废料顶出。并用压缩空气将其吹除（P_S为冲裁力，P_R为齿圈力，P_G为反压力，P_{RA}为卸料力，P_{GA}为顶件力，S_P为冲裁间隙）

4.2.3　精冲工作过程

精密冲裁过程如图 4 - 23 所示。

（1）模具开启，送入材料。

（2）模具闭合，在刃口（冲裁线）内外的材料利用齿圈力和反压力压紧。

（3）用冲裁力 P_S 冲裁材料，压紧力 P_R 和 P_G 全过程有效压紧。

（4）滑块行程结束，冲件在凹模内，内孔废料冲入落料凸模中。

（5）齿圈力 P_R 和反压力 P_G 卸除，模具开启。

（6）在施加齿圈力的位置，此时作用为：顶出内孔废料和卸除冲压搭边的卸料力 P_{RA}。

（7）在施加反压力的位置，此时作用为：从凹模中顶冲件的顶件力 P_{GA}。材料开始送出。

（8）吹卸或清除精冲件和内孔废料。材料送进完成。

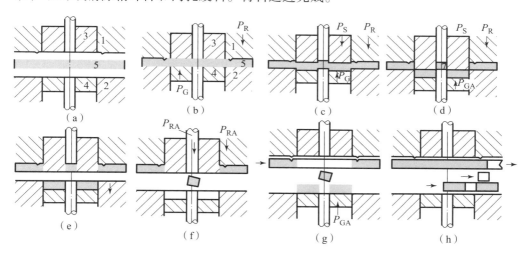

图 4 - 23　精密冲裁过程

1—压板；2—凹模；3—冲裁（落料）凸模；4—顶件器；5—精冲材料

4.2.4　精冲工艺分类

精冲工艺分类如表 4 - 3 所示。

表 4 - 3　精冲工艺分类

工艺名称	简图	方法要点	主要优缺点
整修		切去冲裁坯料的断裂面，整修模的单边间隙为 0.006 ~ 0.01 mm 或负间隙，整修余量的最佳值因材料而定。一般为材料的 4% ~ 7%	断面平滑，尺寸精度高，塌角和毛刺小。定位要求高，自动化比较困难，其生产效率低于精冲生产效率

续表

工艺名称	简图	方法要点	主要优缺点
挤光		锥面凹模挤光余量单边小于 0.04～0.06 mm，凸、凹模间隙一般取（0.1～0.2）t（t 为料厚）	质量低于整修和精冲，只适用于软材料，其生产效率低于精冲生产效率
负间隙冲裁		凸模尺寸大于凹模尺寸（0.05～0.30）t，凹模圆角半径为（0.05～0.10）t（t 为料厚）	工件表面粗糙度较低，适用于软的有色金属及合金软钢等
小间隙圆角刃口冲裁		间隙小于 0.02 mm，落料凹模刃口圆角半径与冲孔凸模圆角半径均为 0.1 t	能比较简便地得到平整的冲裁断面，塌角和毛刺较大
往复冲裁		第一步（压凸）：凸模压入深度（0.15～0.30）t（t 为料厚）；第二步：反向分离工件	上、下侧无毛刺，冲裁断面仍有毛刺和塌角，动作复杂
对向凹模冲裁		凸凹模：凸起高度（1.0～1.2）t；凸起平顶高度（0.3～0.4）t；凸起倾斜角 25°～30°；凸起压入深度（70%～80%）t（t 为料厚）。冲裁凸模与凸凹模之间间隙 0.01～0.03 mm；凸模与平凹模之间间隙 0.01～0.05 mm	能得到无毛刺、表面粗糙度低的断面，对材料的适应性强

续表

工艺名称	简图	方法要点	主要优缺点
精冲齿圈压板冲裁	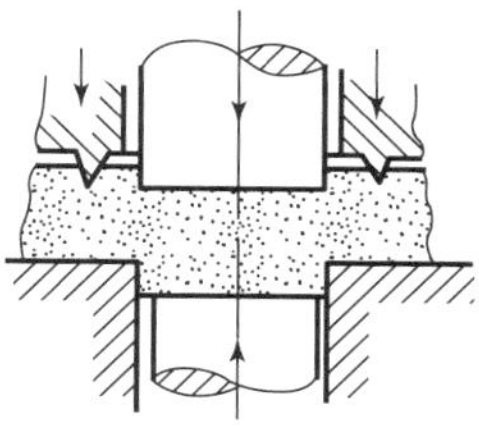 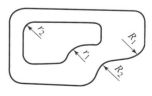	见 4.3.6 节	

4.2.5　精冲零件的工艺性

精冲零件的工艺性，主要指保证零件的技术和使用要求，并满足一定的批量生产，在制造上应最简单、最经济。影响它的主要因素包括精冲件材料和精冲零件结构的工艺性。

1. 精冲件材料的工艺性

精冲件材料必须具有良好的变形特性（屈服极限低、硬度较低、屈强比较大、断面延伸率高）、具有理想的金相组织结构、含碳量低等，以便在冲裁过程中不致发生撕裂现象。$\sigma_b = 400 \sim 500$ MPa 的低碳钢精冲效果最好。但含碳量在 0.35% ~ 0.70%，甚至更高的碳钢，以及铬、镍、钼含量低的合金钢，经退火处理后仍可获得良好的精冲效果。值得注意的是，材料的金相组织结构对精冲断面质量影响很大（特别对含碳量高的材料），最理想的组织是球化退火后均布的细粒碳化物（即球状渗碳体）。至于有色金属，如纯铜、黄铜（含铜量大于 62%）、软青铜、铝及其合金（抗拉强度低于 250 MPa）都能进行精冲。铁素体和奥氏体不锈钢（含碳量 ≤ 0.15%）也能获得较好的精冲效果。

2. 精冲零件结构的工艺性

精冲零件结构的工艺性，是指构成零件几何形状的结构单元，它包括最小圆角半径、孔径、壁厚、环宽、槽宽、冲齿模数等。

3. 精冲件的形状尺寸

1）圆角半径

精冲件应力求避免凸出尖角。因为过小的圆角半径会使工件剪切面上产生撕裂，也会使模具相应部分应力集中而严重磨损，如图 4 - 24 所示。

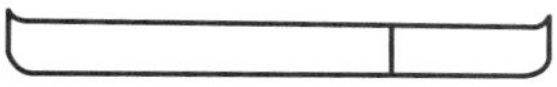

圆角半径大小一般取

$$R_1 = r_1, \quad R_2 = r_2, \quad R_2 = 0.6R_1, \quad r_2 = 0.6r_1, \quad r_2 = 0.6R_1$$

图 4 - 24　精冲件的圆角半径

抗拉强度 $\sigma_b = 441$ MPa 的材料在不同拐角处的最小圆角半径 R_{min} 如表 4 - 4 所示。

表 4 - 4　$\sigma_b = 441$ MPa 的材料在不同拐角处的最小圆角半径 R_{min}　　　　mm

料厚 t	拐角角度 α			
	30°	60°	90°	120°
1	0.4	0.20	0.10	0.05
2	0.9	0.45	0.23	0.15
3	1.5	0.75	0.35	0.25
4	2.0	1.00	0.50	0.35
5	2.6	1.30	0.70	0.50
6	3.2	1.60	0.85	0.65
8	4.6	2.50	1.30	1.00
10	7.0	4.00	2.00	1.50
12	10.0	6.00	3.00	2.20
14	15.0	9.00	4.50	3.00
15	18.0	11.00	6.00	4.00

注：强度高于此值的材料，其数值按比例增加。

2）孔径、槽宽及边距

精冲的最小孔径 d_{min}、孔边距 a_{min}、最小槽宽 e_{min} 等极限值都比通常情况下小。当冲孔凸模的许用压应力为 1 600 ~ 1 800 MPa，冲槽凸模的许用压应力为 1 200 ~ 1 400 MPa，齿形的许用压应力为 1 200 MPa 时，可以精冲的各种尺寸极限值如表 4 - 5 所示。

表 4 - 5　各种材料精冲时的尺寸极限值

材料强度 σ_b/MPa	a_{min}	b_{min}	a'_1	d_{min}
150	$(0.25 \sim 5.00)t$	$(0.3 \sim 0.4)t$	$(0.02 \sim 0.30)t$	$(0.3 \sim 0.4)t$
300	$(0.35 \sim 0.45)t$	$(0.40 \sim 0.45)t$	$(0.3 \sim 0.4)t$	$(0.45 \sim 0.55)t$
450	$(0.50 \sim 0.55)t$	$(0.55 \sim 0.65)t$	$(0.45 \sim 0.50)t$	$(0.65 \sim 0.70)t$
600	$(0.70 \sim 0.75)t$	$(0.7 \sim 0.8)t$	$(0.60 \sim 0.65)t$	$(0.85 \sim 0.96)t$

注：薄料取上限，厚料取下限。

表 4 – 6 所示为抗拉强度低于 441 MPa 的材料可精冲的最小槽宽 b_{min}、最小槽边距 s_{min}。对于扰抗强度高于 441 MPa 的材料，其数值按强度成正比增加。

表 4 – 6　b_{min} 数值　　　　　　　　　　　　　　　　　　　　　　mm

t	l												
	2	3	6	8	10	15	20	40	60	80	100	150	200
1.0	0.69	0.78	0.82	0.84	0.88	0.94	0.97						
1.5	0.62	0.72	0.75	0.78	0.82	0.87	0.90						
2.0	0.58	0.67	0.70	0.73	0.77	0.83	0.86	1.00					
3.0		0.62	0.65	0.68	0.71	0.76	0.79	0.92	0.98				
4.0		0.60	0.63	0.65	0.68	0.74	0.76	0.88	0.94	0.97	1.00		
5.0			0.62	0.64	0.67	0.73	0.75	0.86	0.92	0.95	0.97		
8.0				0.63	0.66	0.71	0.73	0.85	0.9	0.93	0.95	1.00	
10.0						0.68	0.71	0.80	0.85	0.87	0.88	0.93	0.96
12.0							0.7	0.79	0.84	0.86	0.87	0.92	0.95
15.0							0.69	0.78	0.83	0.85	0.86	0.90	0.93

注：$s_{min} = (1.1 \sim 1.2) b_{mim}$。

3）悬臂和凸耳

冲槽的原理也适用于上窄长的悬臂件，如图 4 – 25 所示。但因悬臂在精冲时使凸模产生较高的侧向压力，影响凸模寿命，故悬臂的最小宽度值可按表 4 – 6 中最小槽宽确定。冲凸耳时，可使工件上的凸耳增大30%~40%，这里主要是指短而宽的凸起，但凸出长度不超过平均宽度的 3 倍，故与冲齿形相似，其最小宽度的极限值可以按表 4 – 5 中齿厚 b_{min} 选取。

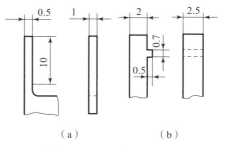

图 4 – 25　悬臂和凸耳

4）形状的过渡

精冲件的形状过渡应尽可能平缓。从图 4 – 26 所示的两个实例可以看出，将工件中窄长凸出部分的根部设置成一个加大的锥形，可以改善应力，且优于用较大半径作弧形过渡。图 4 – 26 的左下零件中，内形的转角处构成严重损坏危险，改善的办法是将工件外形轮廓做成圆形或者修正外轮廓。

5）精冲与其他工序复合

精冲和弯曲复合，如图 4-27 所示工件，弯角 $\alpha \leqslant 75°$，料厚 $t \leqslant 6$ mm。压印通常可以和精冲复合进行，但应优先考虑压印的字母或花纹放在落料模一边，以便通过顶件器压出，否则将会削弱凸模，并增加模具的制造和维修费用。压印深度一般不超过 $0.1t$，如图 4-28 所示。

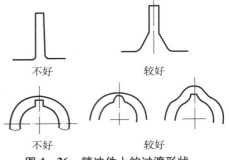

图 4-26　精冲件上的过渡形状

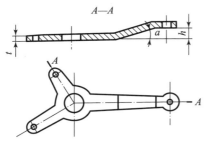

图 4-27　一次冲压加工的弯性精冲件

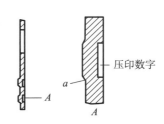

图 4-28　压印件

压沉头孔可和精冲一次复合进行。但应注意沉头孔是在落料凹模的一边，若沉头孔是在落料凸模的一边，则需先冲出沉头孔，然后以该孔定位来落料。表 4-7 所示为 90°沉头孔的最大深度 h_{max}，沉头孔的角度和深度改变时，应注意使压缩的体积不超过该表中相应数值。当在工件的凸模侧或两侧都有沉头孔时，需有预成形工序。

表 4-7　90°沉头孔的最大深度 h_{max}

	材料强度 σ_b/MPa	300	450	600
	h_{max}	0.4t	0.3t	0.2t

半冲孔：常见的半冲孔件如图 4-29 所示。图 4-29（a）中凹坑与外凸形状相同，最易成形。图 4-29（b）凹坑与外凸形状不同，只在不得已时才设计成这种形状，但外形轮廓的体积不得小于内形部的体积。如果制件需要冲出盲孔而另一面又

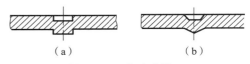

图 4-29　半冲孔件

（a）内、外形轮廓相同；（b）内、外形轮廓不同

不允许有凸台，则必须先压出类似图 4-30（a）的形状，然后再将凸出部分切削掉。如果凸台在工件的凸模侧，则半冲孔可和精冲一次复合完成；反之，则需要预成形工序。

6）精冲件的尺寸精度和几何精度

精冲件的质量与模具结构、模具精度、凸模和凹模的状况、材料的状态、料厚、润滑条件、设备精度、冲裁速度、压边力和顶件反力等因素有关，正常情况下，精冲件的尺寸精度和几何精度如表 4-8 所示。

表 4 - 8　精冲件的尺寸精度和几何精度

料厚 t/mm	公差等级 $\sigma_{ba} > 500$ MPa		公差等级 $\sigma_{ba} \leqslant 500$ MPa		孔间距/mm	100 mm 长度上的平面度/mm	剪切面倾斜值 δ/mm
	内形	外形	内形	外形			
0.5 ~ 1.0	IT6 ~ IT7	IT6	IT	IT7	+ 0.010	0.130 ~ 0.060	0 ~ 0.100
1.0 ~ 2.0	IT7	IT6	IT7 ~ IT8	IT7	+ 0.015	0.012 ~ 0.055	0 ~ 0.014
2.0 ~ 3.0	IT7	IT6	IT7 ~ IT8	IT7	+ 0.020	0.110 ~ 0.045	0.001 ~ 0.018
3.0 ~ 4.0	IT7	IT7	IT8	IT9	+ 0.030	0.100 ~ 0.040	0.003 ~ 0.022
4.0 ~ 5.0	IT7 ~ IT8	IT7	IT8	IT9	+ 0.030	0.090 ~ 0.040	0.005 ~ 0.026
5.0 ~ 6.0	IT8	IT9	IT8 ~ IT9	IT9	+ 0.030	0.085 ~ 0.035	0.007 ~ 0.030
6.0 ~ 7.0	IT8	IT9	IT8 ~ IT9	IT9	+ 0.030	0.080 ~ 0.035	0.009 ~ 0.034
7.0 ~ 8.0	IT8	IT9	IT9	IT9	+ 0.030	0.070 ~ 0.030	0.011 ~ 0.038
8.0 ~ 9.0	IT8	IT9	IT9	IT9 ~ IT10	+ 0.030	0.065 ~ 0.030	0.013 ~ 0.042
9.0 ~ 10.0	IT8 ~ IT9	IT9	IT9	IT10	+ 0.035	0.065 ~ 0.025	0.015 ~ 0.046

注：表中 δ 是指外形剪切面的倾斜值小于表中数值。

4.3　精密模具设计

4.3.1　精冲压模具与普通模结构比较

精冲压模具与普通模结构比较，有共性也有差异性，其区别在于以下几方面。

（1）精冲压模具有凸出的齿形压边圈，材料在压边圈和凹模、反压板和凸模的压紧下实现冲裁，工艺要求其压边力和反压力应远大于普通冲裁的卸料力、顶件力，以满足在变形区建立起三向不均匀压应力状态，因此，精冲压模具受力比普通冲压模具受力大，刚性要求更高。

（2）精冲凸模和凹模之间的间隙小，大约是料厚的 0.5%，而普通冲裁模的间隙约为料厚的 5% ~ 15%（甚至更大）。

（3）冲裁完毕模具开启时，反压板将零件从凹模内顶出，压边圈将废料从凸模上卸下，不必另外安装顶件和卸料装置。

（4）精冲压模具必须置于有三向作用力的精冲压力机上，且 3 个力可以独立调节；精冲压模具还需设计专门的润滑和排气系统。

4.3.2　精冲间隙

一般精冲的凸、凹模的双面间隙值为材料厚度的 1%，软材料取大值，硬材料取略小的数值，它与普通冲裁相比，要小得多（见图 4 - 30）。而精冲压模具的冲孔和落料的间隙值是不一样的，其值如表 4 - 9 所示。

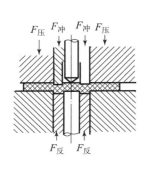 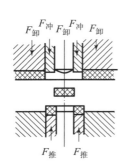 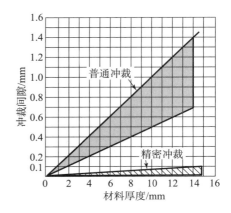

图 4 - 30　精冲间隙

表 4 - 9　凸、凹模间隙（双面）

材料厚度/mm	外形	内孔		
		$d < t$	$D = (1 \sim 5) t$	$d > 5t$
0.5	1%	2.5%	2.00%	1.0%
1.0	1%	2.5%	2.00%	1.0%
2.0	1%	2.5%	1.00%	0.5%
3.0	1%	2.0%	1.00%	0.5%
4.0	1%	1.7%	0.75%	0.5%
6.0	1%	1.7%	0.75%	0.5%
10.0	1%	1.5%	0.50%	0.5%
15.0	1%	1.0%	0.50%	0.5%

注：1. 本表适用于满足精冲要求的金相组织的碳钢，且沿整个剪切断面表面粗糙度很低，而且本表是在两次磨修间具有较高寿命的基础上制订的。
2. 外形上向内凹的轮廓及齿圈不沿轮廓分布的部分，按内孔确定间隙。

4.3.3　排样与搭边

由于精冲时在压力圈上有 V 形环，因此，搭边值较普通冲裁要大些，如果零件不考虑材料纤维方向，则排样时应尽量减少废料。对于形状复杂、带锯齿形的冲裁表面，应放在进料方向，以便精冲时搭边更充分（见图 4 - 31）。

搭边宽度 a 可由图 4 - 32 查得。例如，当料厚 $t = 4$ mm 时，$a = 6$ mm，$e = 8$ mm。

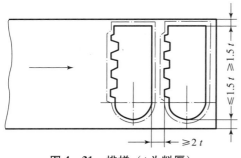

图 4 - 31　排样（t 为料厚）

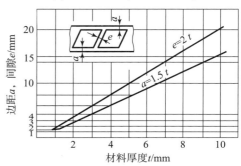

图 4 - 32　搭边尺寸

4.3.4 凸模和凹模的尺寸确定

精冲压模具刃口尺寸设计与普通冲裁模刃口设计基本相同，落料件仍以凹模为基准，冲孔件以凸模为基准，不同的是精冲后零件外形或内孔均有微量收缩，一般外形比凹模口稍小，内孔略小于冲孔冲头尺寸。在确定凸模和凹模的尺寸时，必须考虑这一特点。

落料 $D_{-\Delta}^{0}$ 为

$$D_{凹} = \left(D - \frac{3}{4}\Delta\right)_{0}^{+\delta_{凹}}$$

凸模刃口尺寸按凹模实际尺寸配制，保证双面间隙值。

冲孔 $d_{0}^{+\Delta}$ 为

$$d_{凸} = \left(d + \frac{3}{4}\Delta\right)_{+\delta_{凸}}^{0}$$

凹模刃口尺寸按凸模实际尺寸配制，保证双面间隙值。

式中　$D_{凹}$——凹模刃口尺寸（mm）；

　　　$d_{凸}$——凸模刃口尺寸（mm）；

　　　D，d——工件基本尺寸（mm）；

　　　Δ——工件公差（mm）；

　　　$\delta_{凸}$、$\delta_{凹}$——分别为凸、凹模制造公差（mm），按 IT5~IT6 级制造。

4.3.5 精冲压模具结构

1. 活动凸模式复合精冲压模具

图 4-33 所示为在精冲压力机上使用的活动凸模式复合精冲压模具。该模具的凹模 7 和齿圈压料板 9 分别固定在上、下模座 6，12 内，凸凹模 10 是活动的，由压力机滑块 14 通过凸凹模支座 11 和传力杆 17 驱动凸凹模 10 作上下运动。凸凹模 10 运动的导向是靠下模座 12 的内孔和齿圈压料板 9 的内孔。这种结构宜用于生产冲裁力不大的中、小型精冲件。

2. 固定凸模式复合精冲压模具

图 4-34 所示为在精冲压力机上使用的固定凸模式复合精冲压模具，其凸凹模 8 固定在上模座上（也可固定在下模上）。齿圈压料板 9 的压力由上柱塞 1 通过连接推杆 3 和 5、活动模板 7 传递；顶件块 11 的反压力由下柱塞 17 通过顶块 15 和顶杆 13 传递。

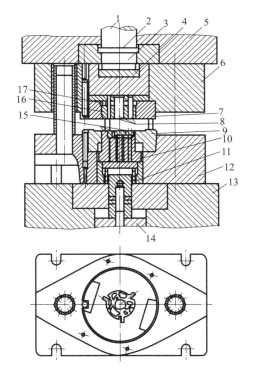

图 4-33　活动凸模式复合精冲压模具

1—活塞；2，3，4—垫板；5—上工作台；6—上模座；
7—凹模；8—冲孔凸模；9—齿圈压料板；10—凸凹模；
11—凸凹模支座；12—下模支座；13—下工作台；
14—压力机滑块；15—顶件器；16—顶件板；17—传力杆

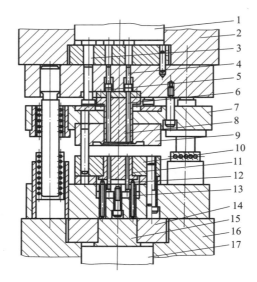

图 4 – 34   固定凸模式复合精冲压模具

1—上柱塞；2—上工作台；3，4，5—连接推杆；6—推杆；7—活动模板；8—凸凹模；9—齿圈压料板；10—凹模；
11—顶件块；12—冲孔凸模；13—顶杆；14—下垫板；15—顶块；16—下工作台；17—下柱塞；18、19—模座

这种模具结构刚性好、受力平稳，适用于生产尺寸较大、窄长、形状复杂、内孔多、板料厚或需要级进冲压的精冲零件。

3. 简易精冲压模具

图 4 – 35 所示为在普通压力机上使用的冲压小齿轮的简易精冲压模具。它的基本结构与倒装式的普通复合冲裁模相似。但整个模具的要求比普通冲裁模高，冲裁力直接来自压力机滑块，其齿圈压料板压料力和推板反压力是在模具上配备强力弹性元件（碟形弹簧）来得到的。

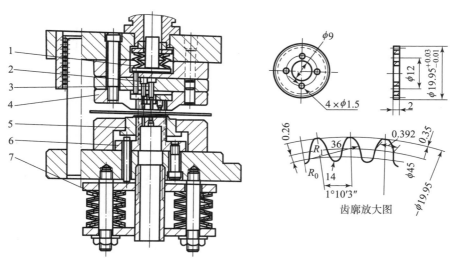

图 4 – 35   简易精冲压模具

1，7—碟形弹簧；2，3—冲孔凸模；4—凹模；5—齿圈压板；6—凸凹模

　　这种精冲压模具，结构简单，制造较容易，但不宜冲裁大型非对称性零件。弹性元件的压力随着压缩量的增大而增大，不能在模具工作行程中保持恒定压力，且不能按实际需要进行调节。该模具适用于生产批量不大、精度要求不高、板料厚度小于 4 mm 的小型精冲零件。

4.3.6　精冲压模具主要零件齿圈的设计

　　精冲压模具与普通冲压模具的最显著区别之一是采用了 V 形齿圈。齿圈是指在压板和凹模上，围绕零件冲裁外形一定距离设置的 V 形凸起。

1. 齿圈的作用

　　V 形齿圈主要是阻止剪切区以外的金属在剪切过程中随凸模流动，从而在剪切区内产生压应力。当压应力增大时，平均应力一般在压应力范围内移动，当达到剪切断裂极限前时，剪应力已达到剪切流动极限。因此，V 形齿圈压入材料时，在冲压过程中的具体作用如下。

　　（1）固定被加工板料，避免材料受弯曲或拉伸。

　　（2）抑制冲件以外的力，如与冲压方向相垂直的水平侧向力对冲件的影响。水平侧向力数值约为冲压力的 10%（铝材）~30%（钢材）。

　　（3）压应力的增大提高了被加工材料的塑性变形能力。

　　（4）减少变形时的塌角。

　　（5）兼起卸料板卸料的作用。

2. 齿圈的分布

　　（1）在塌角大的部分，V 形齿圈应和刃口的形状一致。

　　（2）在塌角较小的部分（如凹入的缺口和凸弯很大的部分），V 形齿圈与刃口形状可以不一致，如图 4-36 所示。

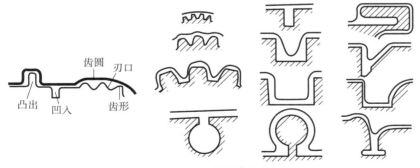

图 4-36　齿圈的分布

　　（3）冲小孔时，不会产生剪切区以外材料的流动，一般不需要 V 形齿圈；冲大孔时（直径在 30~40 mm 以上），建议在顶杆上加 V 形齿圈。

　　（4）如果料厚 $t < 3$ mm，则可使用平面压板。但它压边力小，易出现纵向翘曲而引起附加拉应力。

　　（5）如果料厚 ≤4.5 mm，则可在压板或凹模面上使用一个单齿圈；如果料厚 $t > 4.5$ mm，或材料强度高（$\sigma_b \geq 800$ MPa），或者对于齿轮和带锐角的零件，则通常使用两个 V 形齿圈，一个在齿圈压板上，另一个在凹模上，即双齿圈。

3. 齿圈的结构

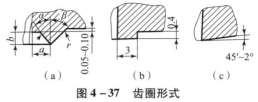

图 4 - 37　齿圈形式
（a）V 形环；（b）台阶形；（c）圆锥形

精冲齿圈常用 V 形凸起，如图 4 - 37（a）所示，也可使用图 4 - 37（b）所示的台阶形和图 4 - 39（c）所示的圆锥形（截面斜角为 45′~2°）压板来压边，它们不仅不留印痕，还节省材料、制造简单，而且也能达到 V 形凸起同样的效果，但静水压的效果不如 V 形凸起高，目前使用 V 形凸起的精冲齿圈仍占绝大多数。

1）齿圈结构参数

齿圈结构参数如图 4 - 38 所示。

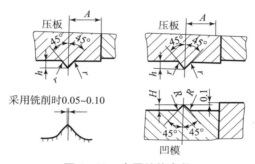

图 4 - 38　齿圈结构参数

齿形角 α 和 β 可以相等，也可以不相等，齿形角 α 一般选择 30°~45°，若不相等且 $\alpha < \beta$，则 $\beta = 35° \sim 45°$。

齿圈高度 h 与材料厚度、力学性能和齿圈位置等因素有关。材料越厚，强度越低，齿圈高度越大；反之齿圈高度越小。h 太小，不能起到对材料挤压作用，不利于精冲变形；h 太大，压边力增大，模具弹性变形值增大，影响模具寿命。

根据材料的力学性能，齿圈高度为

$$h = Kt \tag{4-1}$$

式中，t 为料厚（mm）；系数 K 可由图 4 - 39 确定。

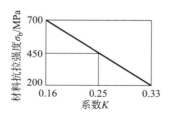

图 4 - 39　齿高系数 K

2）齿圈的尺寸

为了设计和制造方便，V 形齿圈已标准化，如图 4 - 40 所示。根据瑞士 Feintool 公司资料介绍：当 $t \leqslant 4$ mm 时，仅在压板或凹模上使用单面齿圈；当 $t > 4$ mm 时，则要在压板和凹模上同时使用双面齿圈，其值可查精冲手册。

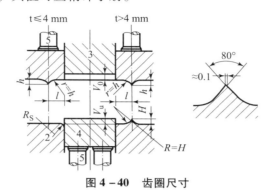

图 4 - 40　齿圈尺寸

t—料厚；V_0—凸模退回距离；V_n—D 顶板顶出距离；R_s—凹模圆角，$R_s = (0.1 \sim 0.2) \, t$；

1—压板；2—凹模；3—凸模；4—顶件板；5—传力杆

3）齿圈的保护

精冲时，齿圈与材料接触，为了防止齿圈与凹模相碰或双齿圈的互撞而造成破坏，在齿圈压板或凹模上设计高出齿顶的保护面（见图 4 - 41），其齿圈高度必须小于料厚，以免冲裁时发生干涉，即 $H < t$。

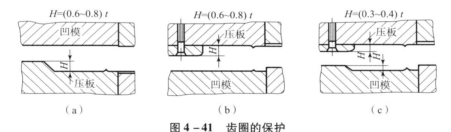

图 4 - 41　齿圈的保护

（a）单齿圈保护面（压板侧）；（b）双齿圈保护面（压板侧）；（c）双齿圈保护面（两侧）

当齿圈在一侧时　　　　　　　　$H = (0.6 \sim 0.8) t$　　　　　　　　　（4 - 2）

当齿圈在两侧时　　　　　　　　$H = (0.3 \sim 0.4) t$　　　　　　　　　（4 - 3）

在设计保护面时，还应考虑其位置的正确性，特别是受力状态，以防止弯曲或损坏。而且，当两侧都有保护面时，齿圈高度必须一致，避免工作时产生倾斜力。如图 4 - 42 所示，图 4 - 42（a）中两图位置选择合理，图 4 - 42（b）中两图齿圈保护位置工作时将产生变形。

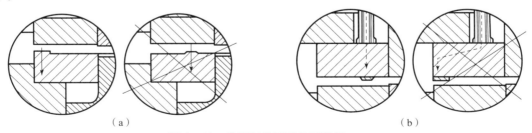

图 4 - 42　齿圈保护面的位置选择

（a）单齿圈保护面；（b）双齿圈保护面

第 5 章

弯曲模具设计要点研究

　　弯曲是使材料产生塑性变形，形成有一定角度或一定曲率形状零件的冲压工序，它是冲压加工的基本工序之一，如飞机的机翼、汽车大梁、自行车车把、门窗铰链等都是弯曲成形的。生活中还有好多弯曲成形的实例，如图 5-1 所示。

图 5-1　弯曲成形的实例

5.1　弯曲工艺分析及改进措施

　　弯曲成形常常在机械压力机、摩擦压力机、液压机上进行。此外，也可在弯板机、弯管机、拉弯机等专用设备上进行，如图 5-2 所示。本章主要介绍常用的板材在压力机上的压弯。

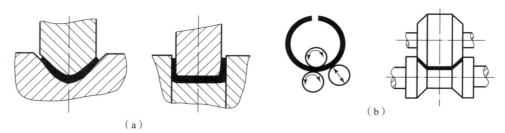

（a）　　　　　　　　　　　　　　　　　（b）

图 5-2　弯曲零件的成形方法

（a）模具压弯；（b）滚弯

 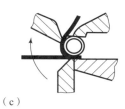 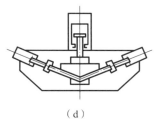

（c） （d）

图 5-2 弯曲零件的成形方法（续）

（c）折弯；（d）拉弯

弯曲件的工艺性是指弯曲件的形状、尺寸、材料的选用及技术要求等是否满足弯曲加工的工艺要求。具有良好冲压工艺性的弯曲件，不仅能提高工件质量、减少废品率，而且能简化工艺和模具结构、降低材料消耗。

1. 弯曲件的圆角半径

板料弯曲的最小半径是有限制的，如果弯曲半径过小，弯曲时外层材料拉伸变形量过大，而使拉应力达到或超过抗拉强度 σ_b，则板料外层将出现裂纹，致使工件报废，因此，板料弯曲存在一个最小圆角半径允许值，称为最小弯曲半径 r_{min}，相应地 r_{min}/t 称为最小相对弯曲半径，板料弯曲圆角半径不应小于此值，最小弯曲半径值按表 5-1 选用。

表 5-1 最小弯曲半径 r_{min} 的数值

材料	退火或正火		冷作硬化	
	弯曲线位置			
	垂直于纤维方向	平行于纤维方向	垂直于纤维方向	平行于纤维方向
08 钢、10 钢	0.1t	0.40t	0.40t	0.8t
15 钢、20 钢	0.1t	0.50t	0.50t	1.0t
25 钢、30 钢	0.2t	0.60t	0.60t	1.2t
35 钢、40 钢	0.3t	0.80t	0.80t	1.5t
45 钢、50 钢	0.5t	1.00t	1.00t	1.7t
55 钢、60 钢	0.7t	1.30t	1.30t	2.0t
65 锰、T7 钢	1.0t	2.00t	2.00t	5.0t
不锈钢	1.0t	2.00t	3.00t	4.0t
软杜拉铝	1.0t	1.50t	1.50t	2.5t
硬杜拉铝	2.0t	3.00t	3.00t	4.0t
磷铜	—	—	1.00t	3.0t
平硬黄铜	0.1t	0.35t	0.50t	1.2t
软黄铜	0.1t	0.35t	0.35t	0.8t
纯铜	0.1t	0.35t	1.00t	2.0t

续表

材料	退火或正火		冷作硬化	
	弯曲线位置			
	垂直于 纤维方向	平行于 纤维方向	垂直于 纤维方向	平行于 纤维方向
铝	$0.1t$	$0.35t$	$0.50t$	$1.0t$
MB4 镁合金 MB8 镁合金	加热到 300 ~ 400 ℃		冷作状态	
	$2.0t$	$3.00t$	$6.00t$	$8.0t$
	$1.5t$	$2.00t$	$5.00t$	$6.0t$
TB2（TB4） （BT5）钛合金	加热到 300 ~ 400 ℃		冷作状态	
	$1.5t$	$2.00t$	$3.00t$	$4.0t$
	$3.0t$	$4.00t$	$5.00t$	$6.0t$
钼合金 $t \leqslant 2$ mm	加热到 300 ~ 400 ℃		冷作状态	
	$2.0t$	$3.00t$	$4.00t$	$5.0t$

注：1. 当弯曲线与纤维方向成一定角度时，可采用垂直和平行纤维方向两者的中间数值。
2. 在冲裁或剪裁后没有退火的毛坯应作为硬化的金属选用。
3. 弯曲时应使有毛刺的一边处于弯角的内侧。
4. 括号中钛合金牌号为旧标准。
5. 本表用于材料厚度 $t \leqslant 10$ mm，弯曲角大于 90°，剪切断面良好的情况。

2. 弯曲件的结构工艺性

弯曲件的工艺性是指弯曲件对冲压工艺的适应性。对弯曲件的结构工艺性进行分析是判定弯曲成形难易程度、制订冲压工艺方案及进行模具设计的依据。弯曲件的工艺性主要表现在以下几方面。

1）直边高度

最小弯曲高度：在进行直角弯曲时，如果弯曲的直立部分过小，则将产生不规则变形，或称稳定性不好，如图 5 - 3（b）所示。为避免这种情况，应当如图 5 - 3（a）所示，使直立部分的高度 $h > 2t$，当 $h < 2t$ 时，应在弯曲部位加工出槽，使其便于弯曲，或者加大此处的弯边高度 h，弯曲后截去加高的部分。

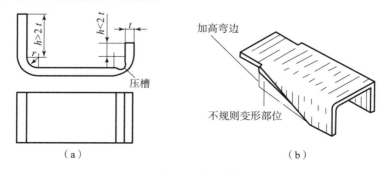

（a）　　　　　　　　　　　　　　（b）

图 5 - 3　弯边高度

2）孔边距

带孔的板料在弯曲时，如果孔位于变形区内，则弯曲时孔的形状会发生改变。因此，孔必须位于变形区之外，如图 5 - 4（a）所示。一般孔边到弯曲半径 r 中心的距离按料厚确定：当 $t <$ 2 mm 时，$l \geq t$；当 $t \geq 2$ mm 时，$l > 2t$。若孔边至弯曲半径 r 中心的距离过小，

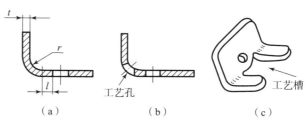

图 5 - 4　弯曲件孔边距离

为了防止弯曲时孔发生变形，则可以在弯曲线上冲工艺孔（见图 5 - 4（b））或工艺槽（见图 5 - 4（c））。如果对零件孔的精度要求较高，则应弯曲后再冲孔。

3）工艺孔、槽

在局部弯曲某一段边缘时，为了防止在交接处由于应力集中而产生撕裂，可预先冲一个卸荷孔或槽，如图 5 - 5（c）、图 5 - 5（d）所示，或将弯曲线位移一定距离，如图 5 - 5（a）、图 5 - 5（b）所示。

需要多次弯曲才能成形的零件，如图 5 - 6 所示，可以在位置 D 增加工艺孔，作为压弯工序的定位基准，这样虽然经过多次弯曲工序，但仍能保证其对称性和尺寸要求。

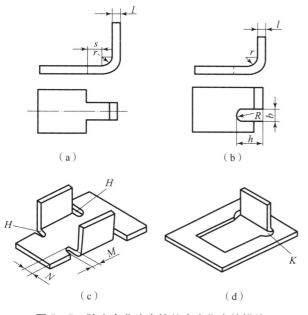

图 5 - 5　防止弯曲边交接处应力集中的措施

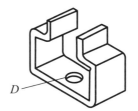

图 5 - 6　定位工艺孔

4）弯曲件的对称性

弯曲件的形状与尺寸尽量对称。图 5 - 7 所示零件的圆角应该是 $r_1 = r_2$，$r_3 = r_4$。图 5 - 8 所示零件由于弯曲线两边的宽度尺寸相差较大，弯曲时会出现工件被拉向一边的现象，不容易保证尺寸精度。如果零件结构允许的话，则可加设定位工艺孔防止偏移，或采用对称弯曲后剖切得到不对称的零件。

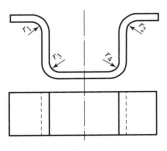

图 5 - 7　弯曲件的对称性

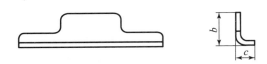

图 5 - 8　对称性不良的弯曲件

5）弯曲件的尺寸公差

一般弯曲件的尺寸公差等级在 IT13 级以下，角度公差一般大于 15′，否则应增加整形工序。

6）添加连接带和定位工艺孔

在变形区附近有缺口的弯曲件，如果在坯料上先将缺口冲出，则弯曲时会出现叉口，严重的情况下将无法成形。此时，应在缺口处留连接带，待弯曲成形后再将连接带切除，如图 5 - 9（a）、图 5 - 9（b）所示。为了保证坯料在弯曲模内准确定位或防止在弯曲过程中坯料的偏移，最好能够在坯料上预先增加工艺孔，如图 5 - 9（b）、图 5 - 9（c）所示。

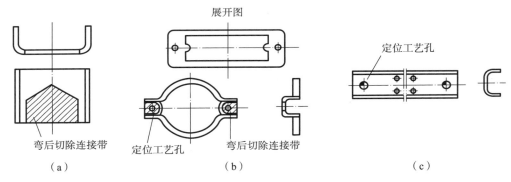

图 5 - 9　添加连接带和定位工艺孔的连接件

7）弯曲件的尺寸标注

尺寸标注对弯曲件的生产工艺有很大影响。如图 5 - 10 所示，弯曲件孔的位置尺寸标注有 3 种形式。对于第一种标注形式（见图 5 - 10（a）），孔的位置精度不受坯料展开长度和回弹的影响，会大大简化工艺和模具设计，因此，在标注尺寸时，若遇到不要求弯曲件有一定的装配关系，应尽量考虑冲压工艺的方便性。

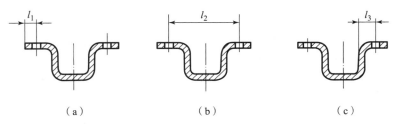

图 5 - 10　弯曲件尺寸标注形式对弯曲工艺的影响

5.2　弯曲件常见缺陷分析及消除措施

弯曲件的常见缺陷主要涉及弯裂、弯曲回弹、偏移、翘曲、畸变等。图 5-11 所示为弯裂的弯曲件。生产上如果出现废次品，则应及时分析产生废次品的原因，并有针对性地采取相应措施加以消除。

图 5-11　弯裂的弯曲件

5.2.1　弯裂

1. 弯曲变形程度与最小相对弯曲半径

1）弯曲变形程度

在弯曲变形过程中，弯曲件的外层受拉应力。当料厚一定时，弯曲半径越小，拉应力就越大。当弯曲半径小到一定程度时，弯曲件的外层由于受过大的拉应力作用而出现开裂。因此，常用板料的相对弯曲半径 r/t 来表示板料弯曲变形程度的大小。

2）最小相对弯曲半径

通常将不致使材料弯曲时发生开裂的最小弯曲半径的极限值称为该材料的最小弯曲半径。各种不同材料的弯曲件都有各自的最小弯曲半径。一般情况下，不宜使制件的圆角半径等于最小弯曲半径，应尽量将圆角半径取大一些。只有当产品结构上有要求时，才采用最小弯曲半径。

如图 5-12 所示，设弯曲件中性层的曲率半径为 ρ，弯曲带中心角为 φ，则最外层金属的伸长率 $\delta_{外}$ 为

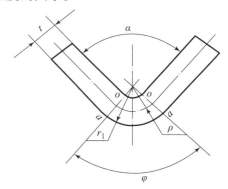

图 5-12　弯曲时的变形情况

$$\delta_{外} = \frac{\widehat{aa} - \widehat{oo}}{\widehat{oo}} = \frac{(r_1 - \rho)\varphi}{\rho\varphi} = \frac{r_1 - \rho}{\rho} \qquad (5-1)$$

设中性层位置在半径为 $\rho = r + t/2$ 处，且弯曲后料厚保持不变，则 $r_1 = r + t$，且有

$$\delta_{\text{外}} = \frac{(r+t)-(r+t/2)}{r+t/2} = \frac{t/2}{r+t/2} = \frac{1}{2\dfrac{r}{t}+1} \tag{5-2}$$

如将 $\delta_{\text{外}}$ 以材料的伸长率 $[\delta]$ 代入式（5-3），则 r/t 转化为 $r_{\min}/t$，且有

$$\frac{r_{\min}}{t} = \frac{1-[\delta]}{2[\delta]} \tag{5-3}$$

从式（5-3）可以看出，对于一定厚度的材料，弯曲半径越小，外层材料的伸长率越大。当外边缘材料的伸长率达到并超过材料的延伸率后，就会导致弯裂。在自由弯曲保证坯料最外层纤维不发生破裂的前提下，所能获得的弯曲件内表面最小圆角半径与弯曲材料厚度的比值 $r_{\min}/t$，称为最小相对弯曲半径。

3）最小弯曲半径的影响因素

（1）材料的塑性和热处理状态。

材料的塑性越好，其伸长率 $[\delta]$ 值越大，由式（5-3）可以看出，其伸长率 $[\delta]$ 越大，其最小相对弯曲半径越小；经退火的坯料塑性好，$r_{\min}$ 可小些；经冷作硬化的坯料塑性降低，$r_{\min}$ 应增大。

（2）坯料的边缘及表面状态。

下料时坯料边缘的冷作硬化、毛刺及坯料表面带有划伤等缺陷，弯曲时易于受到拉伸应力而破裂，使最小相对弯曲半径增大。为了防止弯裂，可将坯料上的大毛刺去除，小毛刺尽量处于弯曲圆角的内侧。

（3）弯曲方向。

材料经过轧制后得到纤维状组织，使板料呈现各向异性。沿纤维方向的力学性能较好，不易拉裂。因此，当弯曲线与纤维组织方向垂直时，$r_{\min}$ 数值最小，平行时最大。为了获得较小的弯曲半径，应使弯曲线和纤维方向垂直；在双弯曲时，应使弯曲线与纤维方向成一定的角度，如图5-13所示。

（4）弯曲角 α。

弯曲角 α 越大，最小弯曲半径 $r_{\min}$ 越小。这是因为在弯曲过程中，坯料的变形并不是仅局限在圆角变形区。由于材料的相互牵连，其变形影

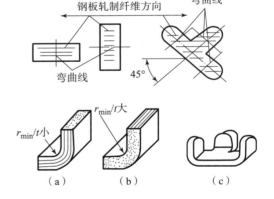

图 5-13　弯曲方向与纤维方向

响到圆角附近的直边，实际上扩大了弯曲变形区范围，分散了集中在圆角部分的弯曲应变，对圆角外层纤维濒于拉裂的极限状态有所缓解，使最小相对弯曲半径减小。α 越大，圆角中段变形程度的降低越多，所以许用的最小相对弯曲半径 $r_{\min}/t$ 可以越小。

4）最小弯曲半径的确定

由于上述各种因素的综合影响十分复杂，所以最小相对弯曲半径的数值一般用试验方法确定，其具体数值可由表5-1查得。

5）防止弯裂的措施

在一般的情况下，不宜采用最小弯曲半径。当零件的弯曲半径小于查表5-1所得的数值时，为提高弯曲极限变形程度，防止弯裂，常采用的措施有退火、加热弯曲、消除冲裁毛

刺、两次弯曲（先加大弯曲半径，退火后再按工件要求的小半径弯曲）、校正弯曲及对较厚材料的开槽弯曲（见图 5 - 14）等。

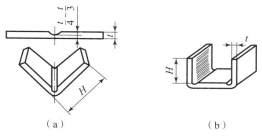

图 5 - 14　压槽后再进行弯曲

5.2.2　板料的弯曲回弹

在材料变形，工件不受外力作用时，由于弹性恢复，使弯曲件的角度、弯曲半径与模具的形状尺寸不一致，这种现象称为回弹。回弹是弯曲件的常见现象，但也是弯曲件生产中不易解决的一个棘手问题。

1）回弹的表现形式

（1）弯曲半径增大。

卸载前坯料的内半径 r（与凸模的半径吻合），在卸载后增加到 r_0，其增量为 $\Delta r = r_0 - r$（见图 5 - 15）。

（2）弯曲角增大。

卸载前坯料的弯曲角度为 α（与凸模顶角吻合），卸载后增大到 α_0，其增量为 $\Delta \alpha = \alpha_0 - \alpha$（见图 5 - 15）。

2）影响回弹的主要因素

（1）材料的力学性能。

图 5 - 15　弯曲件的回弹

材料的屈服点 σ_s 越高，弹性模量 E 越小，加工硬化越严重，弯曲弹性回弹越大；相反，在两种材料弹性模量相同而屈服极限不同的情况下，在弯曲变形程度相同的条件下，卸载后，屈服极限较高的软钢的回弹大于屈服极限较低的退火软钢的回弹，如图 5 - 16 所示。

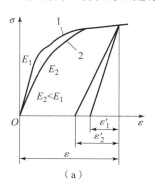
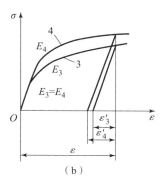

图 5 - 16　材料的力学性能对回弹值的影响

1，3—退火软钢；2—软锰黄铜；4—经冷变形硬化的软钢

（2）相对弯曲半径 r/t。

r/t 越小，回弹越小，当 $0.2 < r/t < 0.3$ 时，回弹角可能为零，甚至达到负值。

（3）模具间隙。

U 形模的凸、凹模单边间隙大，材料处于松动状态，回弹值就大；反之，材料被挤压，回弹就小。

（4）弯曲工件形状。

一般而言，弯曲件越复杂，一次弯曲成形角的数量越多，回弹量就越小。U 形工件弯曲比 V 形工件弯曲回弹小。

（5）弯曲方式及弯曲模。

在无底凹模内做自由弯曲时，回弹最大；在有底凹模内做校正弯曲时，回弹较小。

3）回弹值的确定

先根据经验数值和简单的计算初步确定模具工作部分尺寸，然后在试模时进行修正。

（1）小变形程度（$5 \leqslant r/t \leqslant 8$）自由弯曲时的回弹值，凸模工作部分的圆角半径和角度可按式（5-4）、式（5-5）进行计算，即

$$r_t = \frac{r}{1 + 3 \dfrac{\sigma_s}{E} \dfrac{r}{t}} \tag{5-4}$$

$$\alpha_t = \frac{r}{r_t} \alpha \tag{5-5}$$

式中　r——工件的圆角半径（mm）；

　　　　r_t——凸模的圆角半径（mm）；

　　　　α——工件的圆角半径 r 所对弧长的中心角（°）；

　　　　α_t——凸模的圆角半径 r_t 所对弧长的中心角（°）；

　　　　σ_s——弯曲材料的屈服极限（MPa）；

　　　　t——弯曲材料的厚度（mm）；

　　　　E——材料的弹性模量（MPa）。

（2）大变形程度（$r/t < 5$）自由弯曲时的回弹值。

卸载后弯曲件圆角半径的变化是很小的，可以不予考虑，而仅考虑弯曲中心角的回弹变化。

当弯曲件弯曲中心角不为 90°时，其回弹角可用式（5-6）计算，即

$$\Delta\alpha = \frac{\alpha}{90} \Delta\alpha_{90} \tag{5-6}$$

式中　$\Delta\alpha$——弯曲件的弯曲中心角为 α 时的回弹角（°）；

　　　　α——弯曲件的弯曲中心角（°）；

　　　　$\Delta\alpha_{90}$——弯曲件的弯曲中心角为 90°时的回弹角（°），见表 5-2。

表 5-2　单角自由弯曲 90°时的平均回弹角

材料	r/t	材料厚度 t/mm		
		< 0.8	0.8 ~ 2	> 2
$\sigma_b = 350$ MPa 黄铜 $\sigma_b = 350$ MPa 铝和锌	< 1	4.0°	2.0°	0°
	1 ~ 5	5.0°	3.0°	1.0°
	> 5	6.0°	4.0°	2.0°
中硬钢 $\sigma_b = 400 \sim 500$ MPa 硬黄铜 $\sigma_b = 350 \sim 400$ MPa 硬青铜	< 1	5.0°	2.0°	0°
	1 ~ 5	6.0°	3.0°	1.0°
	> 5	8.0°	5.0°	3.0°

续表

材料	r/t	材料厚度 t/mm		
		< 0.8	0.8 ~ 2	> 2
硬钢 $\sigma_{\text{b}} > 550\ \text{MPa}$	< 1	7.0°	4.0°	2.0°
	1 ~ 5	9.0°	5.0°	3.0°
	> 5	12.0°	7.0°	6.0°
LY12 硬铝	< 1	2.0°	3.0°	5.5°
	1 ~ 5	4.0°	6.0°	8.5°
	> 5	6.5°	10.0°	14.0°

4）减少回弹的措施

（1）材料选择：应尽可能选用弹性模数大、屈服极限小、力学性能比较稳定的材料。

（2）改进弯曲件的结构设计。

设计弯曲件时改进一些结构，加强弯曲件的刚度以减小回弹，如图 5-17 所示。例如，可在变形区压加强肋或压成形边翼，增加弯曲件的刚性，使弯曲件回弹困难。

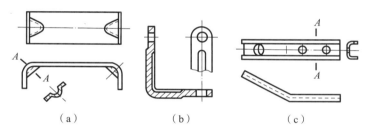

（a）　　　　　　　（b）　　　　　　　（c）

图 5-17　改进零件的结构设计

（3）从工艺上采取措施。

①采用热处理工艺：对一些硬材料和已经冷作硬化的材料，弯曲前先进行退火处理，降低其硬度，以减少弯曲时的回弹，待弯曲后再淬硬。在条件允许的情况下，甚至可以使用加热弯曲。

②增加校正工序：运用校正弯曲工序，对弯曲件施加较大的校正压力，可以改变其变形区的应力应变状态，以减少回弹量。

③采用拉弯工艺：对于相对弯曲半径很大的弯曲件，由于变形区大部分处于弹性变形状态，弯曲回弹量很大，这时可以采用拉弯工艺。

采用拉弯工艺的特点是在弯曲的同时，使坯料承受一定的拉应力，拉应力的数值应使弯曲变形区内各点的合成应力稍大于材料的屈服极限 σ_{s}，使整个断面都处于塑性拉伸变形状态，如图 5-18 所示，内、外区应力应变方向取得一致，故可大幅度减小零件的回弹。

（4）从模具结构采取措施。

①补偿法。

利用弯曲件不同部位回弹方向相反的特点，按预先估算或试验所得的回弹量，修正凸模和凹模工作部分的尺寸和几何形状，以相反方向的回弹来补偿工件的回弹量，如图 5-19 所示。

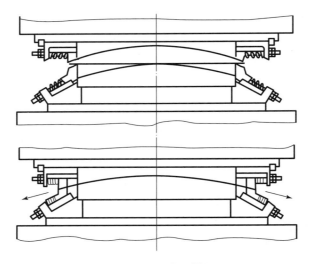

图 5 – 18　拉弯用模具

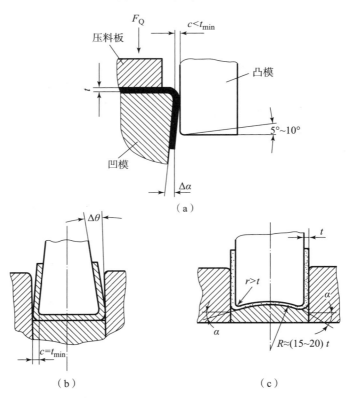

图 5 – 19　用补偿法修正模具结构

②校正法。

如图 5 – 20 所示，可以通过改变凸模结构，使校正力集中在弯曲变形区，加大变形区应力应变状态的改变程度，即迫使材料内外侧同为切向压应力、切向拉应变。

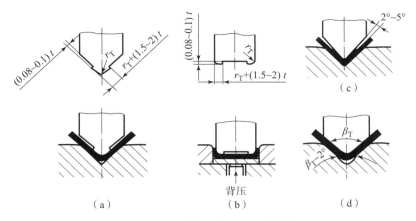

图 5 - 20　用校正法修正模具结构

③纵向加压法。

在弯曲过程完成后，如图 5 - 21 所示，利用模具的凸肩在弯曲件的端部纵向加压，使弯曲变形区横断面上都受到压应力，卸载时工件内外侧的回弹趋势相反，使回弹大幅度降低。利用这种方法可获得较精确的弯边尺寸，但对毛坯精度要求较高。

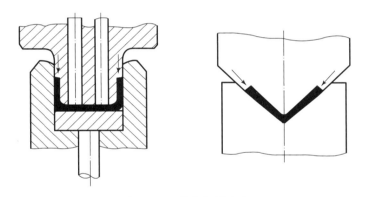

图 5 - 21　纵向加压弯曲

④采用聚氨酯弯曲模。

如图 5 - 22 所示，利用聚氨酯凹模代替刚性金属凹模进行弯曲。弯曲时金属板料随着凸模逐渐进入聚氨酯凹模，激增的弯曲力将会改变圆角变形区材料的应力应变状态，达到类似校正弯曲的效果，从而减少回弹。

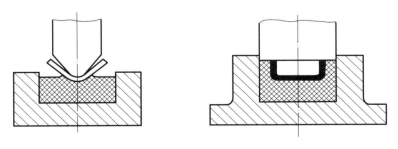

图 5 - 22　聚氨酯弯曲模

5.2.3　管材的弯曲回弹

各种不同类型的金属管材基本上都是以中空结构为主，普遍运用在航天航空、车辆制造、石油化工及建筑领域，可以充分满足一些轻量化和高性能的机械制造要求。金属管材弯曲成形技术作为管材塑型加工中的一个重要环节，可以有效地满足机械化产品的高强度、低能耗的制造要求，在最近几年的发展过程中，金属管材的弯曲成形技术已经慢慢发展成为一个重要的机械化技术类型，而管材弯曲回弹的问题一直没有得到有效解决，下面将针对这一问题展开分析。

1. 管材弯曲成形回弹产生的影响

在金属管材的弯曲成形过程当中，由于金属材料本身的性质影响，在弯曲成形操作当中，经常会产生金属回弹方面的问题，金属回弹问题直接对零件的尺寸精准度产生影响，造成金属管材实际弯曲角度和规定角度之间存在明显的差值。如果金属的回弹量远远超过了标准设定范围，那么所生产出来的管材零件无法符合使用要求，对机械制造过程当中的密封性及稳定性都会产生严重的影响。金属管材弯曲成形之后的回弹问题，对金属弯曲成形质量形成严重的影响，造成管材机械加工期间的生产效率低下和生产成本投入较高等方面的问题，这也是当前金属管材弯曲成形加工急需解决的问题。

2. 金属管材弯曲成形方法分类

管材在弯曲成形的类型上存在很多种，依照基础管材在弯曲过程中是否存在模具支撑，可以将弯曲类型设定为有模弯曲和无模弯曲。金属管材的有模弯曲主要是指通过一些固定的刚性模具，直接将管材进行弯曲和形变固定，这种弯曲变形的特点表现为弯曲的速度较快，同时具有较高的重复性。有效提高管材弯曲成形的精准程度，通常情况下需要有效调整刚性模具在工作环节上的形状设置，以及通过尺寸补偿等方法，有效防止弯曲回弹。无模弯曲主要是指管材在发生形变之后，不会直接在模具当中进行弯曲操作，管材的具体形态通过相应的操作工具和弯曲的运动方向来决定，并依照管材在弯曲过程当中的性质来进行适当的加热操作。

根据金属管材弯曲成形的温度设定，可以将其分为热弯曲和冷弯曲两种不同的类型。根据不同的管材弯曲方式，可以将其分为拉弯、压弯、推弯、绕弯、滚弯与挤弯等。根据管材在弯曲过程有无填充材料，可以将其分为有填充弯曲方式和无填充弯曲方式。在实际的操作过程当中，金属管材的弯曲成形操作在选择弯曲的方法上，需要依照管材整体的结构性能及实际的运用要求来进行确定。

3. 金属管材定曲率弯曲成形回弹研究

大部分的管材弯曲成形，是通过冷却弯曲来进行加工的，基本上都是使用绕弯式弯曲方法，绕弯式弯曲方法也是金属管材弯曲成形最常用的方式之一。在管材的弯曲成形操作当中，管材外壁弯曲部分很容易产生变薄或者是破裂等问题，而内弯曲环节的内部则会造成材料堆积，导致管材壁增厚和产生形变等。在外力条件去除之后，很容易产生回弹，这一问题一直是管材弯曲成形工作当中没有彻底解决的问题，同时也是当前国内外塑型管材加工当中研究的热点话题。

当前我国工程技术人员的工作主要是对一些大口径的管材进行弯曲程度和材料形变研究，有效确定管材弯曲率，以及在加工过程当中的相关技术，其中还涉及管材的空间弯曲。在每一次管材弯曲过程中，在某一个拐点上形成相应的力学性质，通过对管材弯曲部分的力学性质的研究，对管材拐点和负载作用下产生的塑性变形和弹性变形程度进行深度的研究和探讨。在管材外部去除外部负载力之后，管道的塑形便会完全保留下来，而管材所产生的弹性变形会完全消失，弯曲变形由于侧向弹性收缩的影响，会造成管道外部的形状与尺寸产生变化，造成管道实际的大小和模具的尺寸不一致。在现阶段的研究过程当中，对于金属管材的弯曲率及弯曲完成之后的回弹问题，采用理论与实验相结合的方式来进行全面的分析，已经取得了明显的效果。

4. 金属管材空间变曲率弯曲成形回弹研究

由于管材的设计性能及使用领域的不同，在金属管材的弯曲形态上也越来越复杂。例如，在我国航空航天及车辆制造等领域，对管材弯曲、机械构件的运用越来越复杂，因此，在空间结构上，并不是每一次管材弯曲都需要在一个平面上来进行操作，而是针对一些机械器件的使用部位，对管材空间弯曲率进行准确的控制，保证管材轴线弯曲率符合运用的要求。通过试验的操作方式，可以实现管材弯曲成形产生回弹问题的有效研究，通过实际操作的方式，不单可以充分验证管材在弯曲过程中产生的数据参数，同时还可以对管材弯曲之后的形态进行模拟；通过对金属材料的性质和相关参数的有效研究，可以发现金属弯曲之后回弹的规律和效果，通过这种试验的方式可以有效提高金属回弹研究的效果。

5.2.4　弯曲时的偏移

1. 偏移现象的产生

板料在弯曲过程中沿凹模圆角滑移时，会受到凹模圆角处摩擦阻力的作用。当坯料各边所受到的摩擦阻力不相等时，有可能使坯料在弯曲过程中沿零件的长度方向产生移动，使零件两直边的高度不符合零件技术要求，这种现象称为偏移。产生偏移的原因很多。图 5－23（a）、图 5－23（b）所示为由于零件坯料形状不对称造成的偏移；图 5－23（c）所示为由于零件结构不对称造成的偏移；图 5－23（d）、图 5－23（e）所示为由于弯曲模结构不合理造成的偏移。此外，凸、凹模圆角不对称及间隙不对称等，也会导致弯曲时产生偏移现象。

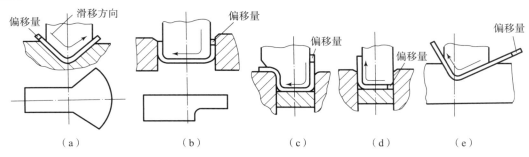

　（a）　　　　　（b）　　　　　（c）　　　　　（d）　　　　　（e）

图 5－23　弯曲时的偏移现象

2. 消除偏移的措施

（1）利用压料装置，使坯料在压紧状态下逐渐弯曲成形，从而防止坯料的滑动，并且能够得到较为平整的零件，如图 5 – 24（a）、图 5 – 24（b）所示。

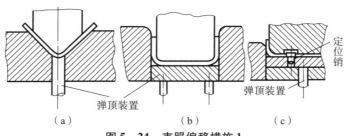

图 5 – 24　克服偏移措施 1

（2）利用坯料上的孔或先冲出来的工艺孔，采用定位销插入孔内再弯曲。从而使得坯料无法移动，如图 5 – 24（c）所示

（3）将不对称的弯曲件组合成对称弯曲件后弯曲，然后再切开，使坯料弯曲时受力均匀，不容易产生偏移，如图 5 – 25 所示。

（4）模具制造准确，间隙调整一致

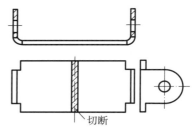

图 5 – 25　克服偏移措施 2

3. 弯曲后的翘曲与剖面畸变

1）弯曲后的翘曲

细而长的板料弯曲件，弯曲后纵向产生翘曲变形，如图 5 – 26 所示。这是因为沿折弯线方向零件的刚度小，塑性弯曲时，外区宽度方向的压应变和内区的拉应变得以实现，使得折弯线翘曲。当板弯件短而粗时，沿工件纵向刚度大，横向应变被抑制，翘曲则不明显。

2）剖面畸变

窄板弯曲如前所述，对于管材、型材弯曲后的剖面畸变如图 5 – 27 所示。这种现象是由径向压应力 σ_r 引起的。另外，在薄壁管的弯曲中，还会出现内侧面因受压应力 σ_θ 的作用而失稳起皱的现象，因此，弯曲时应在管中加填料或芯棒。

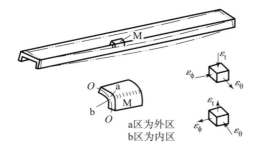

图 5 – 26　弯曲后的翘曲

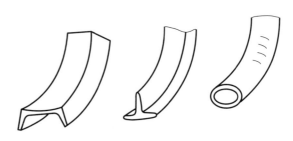

图 5 – 27　管材、型材弯曲后的剖面畸变

常见弯曲缺陷及消除措施如表 5 – 3 所示。

表 5 − 3　常见弯曲缺陷及消除措施

废次品类型	简　图	产生原因	消除方法
裂纹		凸模弯曲半径过小； 毛坯毛刺的一面处于弯曲外侧； 板材的塑性较低； 落料时毛坯硬化层过大	适当增大凸模圆角半径； 将毛刺一面处于弯曲内侧； 用经退火或塑性较好的材料； 弯曲线与纤维线方向垂直或呈 45°方向
翘曲		由于变形区应变状态引起横向应变（沿弯曲线方向），在中性层外侧是压应变，中性层内侧是拉应变，因此横向形成翘曲	采用校正性弯曲，增加单位面积压力； 根据翘曲量修正凸模与凹模
直臂高度不稳		高度 h 尺寸太小； 凹模圆角不对称； 弯曲过程中毛坯偏移	高度 h 尺寸不能小于最小弯曲高度； 修正凹模侧角； 采用弹性压料装置或工艺孔定位
表面擦伤		金属的微粒附在模具工作部分的表面上； 凹模的圆角半径过小； 凸、凹模的间隙过小	清除模具工作部分表面脏物，降低凸、凹模表面粗糙度； 适当增大凹模圆角半径； 采用合理的凸、凹模间隙
偏移		当弯曲不对称形状工件时，毛坯向凹模内滑动，两边受到的摩擦阻力不相等，故发生尺寸偏差	采用弹性压料顶板的模具； 毛坯在模具中定位要准确，在可能情况下，采用成双弯曲后再切开
孔变形		孔边离弯曲线太近，在中性层内侧为压缩变形，而外侧为拉伸变形，故孔发生了变形	保证从孔边到弯曲半径 r 中心的距离大于一定值，在弯曲部位设置工艺孔，以减小弯曲变形的影响
弯曲角度变化		塑性弯曲变形伴随着弹性变形，当弯曲工件从模具中取出后，便产生弹性恢复，从而使弯曲角度发生了变化	以预定的回弹角来修正凸凹模的角度，达到补偿的目的； 采用校正性弯曲代替自由弯曲

5.3　弯曲工艺方案的确定

弯曲件工艺性分析结束后，应根据分析结果制订零件的生产工艺路线。在制订工艺方案时，要罗列出所有可能的加工方法，然后根据零件的形状、精度要求及生产现场条件，选择最合理的生产工艺路线。

5.3.1 弯曲件工序安排的一般原则

弯曲件的工序安排应根据工件形状的复杂程度、精度要求的高低、生产批量的大小及材料的力学性能等因素进行考虑。如果弯曲工序安排合理，则可以减少工序，简化模具结构，提高工件的质量和产量；反之，若弯曲工序安排不当，则将导致工件质量低劣和废品率高。弯曲件工序安排的一般原则如下。

（1）尽量使毛坯或半成品的定位可靠、卸件方便，必要时可增设工艺孔定位。

（2）应避免材料在弯曲过程中变薄或弯曲变形区发生畸变。

（3）便于试模后修正工作部位的几何形状和减少回弹。

（4）对形状和尺寸要求精确的弯曲件，应利用过弯曲和校正弯曲来控制回弹。

（5）对孔位精度要求高或邻近弯曲变形区的孔，应安排在弯曲成形后冲出。

（6）不便抓取的小零件或是形状特殊不易定位的零件，一般应选用级进模，在安排工序时，不要先落料分离，而应在完成冲孔、冲外形、预弯和弯曲后，再落料分离（见图5-28），这样不仅便于操作、有利于保证安全，而且也能提高生产效率。

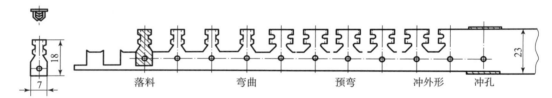

图5-28   电线接头的连续冲压工艺过程

（7）对多角弯曲件，因变形会影响弯曲件的形状精度，故一般应先弯外角，后弯内角，前次弯曲要给后次弯曲留出可靠的定位，并保证后次弯曲不破坏前次已弯曲的形状。制件上的高精度尺寸应安排在后面工序来完成。

（8）对过小的内弯半径，为防止弯曲件出现裂口，可适当增加弯曲工序次数，通过逐次递减凸模圆角半径，以减小弯曲变形程度，确保弯曲件质量。

（9）在弯曲变形有缺口的弯曲件时，为防止弯曲时出现叉口现象，应在缺口处添加工艺连接带，待弯成后，再将多余的连接带切除，如图5-29所示。

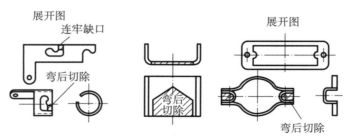

图5-29   添加工艺连接带的实例

（10）弯曲件本身带有单面几何形状时，若单件弯曲毛坯容易发生偏移，则可以采用成双弯曲成形，弯曲后再切开（见图 5 - 30）。

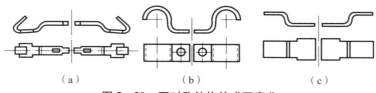

图 5 - 30 不对称结构的成双弯曲

（11）在考虑排样方案时，应使弯曲线与板料轧制方向垂直（尤其当内弯半径小时），若工件具有多个不同的弯曲线，则最好使各弯曲线和轧纹方向均保持一定角度。

（12）对某些尺寸小、材料薄、形状较复杂的弹性接触件，最好采用一次复合弯曲成形较为有利，如采用多次弯曲，则定位不易准确，操作不方便，同时材料经过多次弯曲也易失去弹性。

（13）经济上要合理。批量小、精度低的弯曲件，可用几个单工序模来完成；反之，要用结构比较复杂的复合模或级进模来完成。

5.3.2 弯曲件工序安排示例

（1）对于形状简单的弯曲件，如 V 形件、U 形件、Z 形件等，可以采用一次弯曲成形，如图 5 - 31 所示。

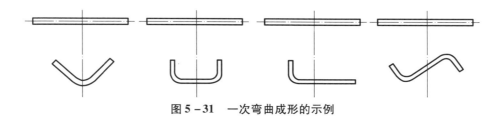

图 5 - 31 一次弯曲成形的示例

（2）对于形状较复杂的弯曲件，一般需要采用两次或多次弯曲成形，如图 5 - 32、图 5 - 33 所示。

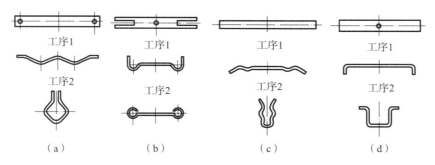

图 5 - 32 两次弯曲成形的示例

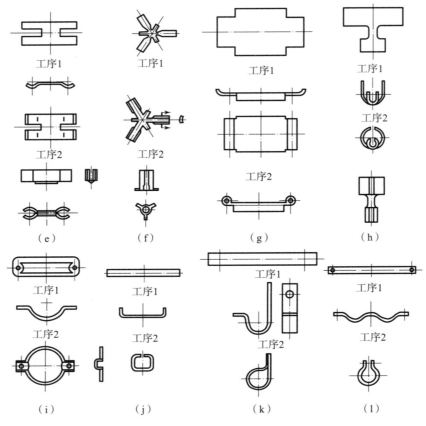

图 5 – 32　两次弯曲成形的示例（续）

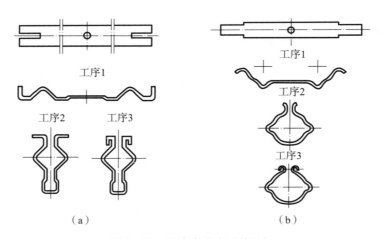

图 5 – 33　三次弯曲成形的示例

（3）对于批量大、尺寸较小的弯曲件，为了提高生产效率，可以采用多工序的冲裁、弯曲、切断等连续冲压工艺成形，或在多滑块自动弯曲机上弯曲成形。

5.4　弯曲模具优化设计研究

弯曲模的结构与冲裁模很相似，分上、下两部分，由工作零件（凸模、凹模）、定位零件、卸料装置及导向件、紧固件组成。结构设计时应根据弯曲件的材料性能、形状特征等进行综合分析而定。

5.4.1　弯曲模设计注意事项

弯曲模的结构主要取决于弯曲件的形状及弯曲工序的安排。最简单的弯曲模只有一个垂直运动；复杂的弯曲模具除了垂直运动外，还有一个甚至多个水平动作。弯曲模设计注意事项如表 5 - 4 所示。

表 5 - 4　弯曲模设计注意事项

因素	注意事项
模具结构的复杂程度	模具结构是否与冲件批量相适应
模架	对称模具的模架要明显不对称，以防止上、下模装错位置
对称弯曲件	对称弯曲件的凸模圆角和凹模圆角应分别制作成两侧相等
	小型的一侧弯曲件，有时可以采用成双弯曲成形，以防止冲件滑动，冲件在弯后切开
毛坯位置	落料断面带毛刺的一侧，应位于弯曲内侧
弯曲件卸下	U 形弯曲件校正力大时，也会贴住凸模，需要卸料装置
校正弯曲	校正力集中在弯曲件圆角处效果更好，为此对于带顶板的 U 形弯曲模，其凹模内侧近底部处应做出圆弧，圆弧尺寸与弯曲件相适应
安全操作	放入和取出工件必须方便、安全
便于修模	弹性材料的回弹只能通过试模得到准确数值，因此，模具结构要使凸、凹模便于拆卸、修改
提高弯曲件的精度	提高弯曲件精度的工艺措施有减少回弹、防止裂纹的功效

5.4.2　各弯曲模的成形方式

1）V 形件弯曲模

V 形件形状简单，能一次弯曲成形。图 5 - 34（a）所示为简单的 V 形件弯曲模，其特点是结构简单、通用性好，但弯曲时坯料容易偏移，影响零件精度。图 5 - 34（b）、图 5 - 34（c）、图 5 - 34（d）所示分别为带有定位尖、顶杆、V 形顶板的模具结构，可以防止坯料滑动，提高零件精度。

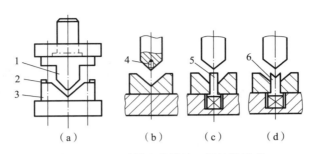

图 5 – 34 V 形件弯曲模的一般结构形式

1—凸模；2—定位板；3—凹模；4—定位尖；5—顶杆；6—V 形顶板

这类形状的弯曲件可以用两种方法弯曲：一种是沿着工件弯曲角的角平分线方向弯曲，称为 V 形弯曲（见图 5 – 35）；另一种是垂直于工件一条边的方向弯曲，称为 L 形弯曲（见图 5 – 36）

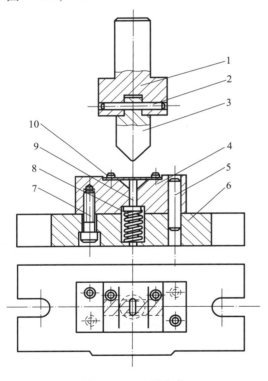

图 5 – 35 V 形弯曲

1—下模座；2，5—销钉；3—凹模；4—凸模；
6—上模座；7—顶杆；8—弹簧；9，11—螺钉；
10—可调定位板

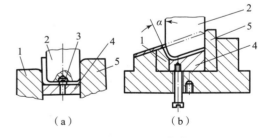

图 5 – 36 L 形弯曲

1—凹模；2—凸模；3—定位钉；
4—压料板；5—靠板

对于精度要求较高、形状复杂、定位较困难的 V 形件，可以采用折板式弯曲模（见图 5 – 37）。两块活动凹模 4 通过转轴 5 铰接，定位板 3（或定位销）固定在活动凹模 4 上。弯曲前顶杆 7 将转轴顶到最高位置，使两块活动凹模 4 成一平面。在弯曲过程中坯料始终与活动凹模 4 和定位板 5 接触，以防止弯曲过程中坯料的偏移。这种结构特别适用于有精确孔

位的小零件、坯料不易放平稳的带窄条的零件及没有足够
压料面的零件。

2）U 形件弯曲模

U 形弯曲模在一次弯曲过程中可以形成两个弯曲角，
根据弯曲件的要求，常用的 U 形弯曲模有图 5 – 38 所示的
几种结构形式。图 5 – 38（a）所示为开底凹模，用于底部
不要求平整的制件；图 5 – 38（b）用于底部要求平整的弯
曲件；图 5 – 38（c）用于料厚公差较大而外侧尺寸要求较
高的弯曲件，其凸模为活动结构，可随料厚自动调整凸模
横向尺寸；图 5 – 38（d）用于料厚公差较大，而内侧尺寸
要求较高的弯曲件，凹模两侧为活动结构，可随料厚自动
调整凹模横向尺寸；图 5 – 38（e）为 U 形精弯模，两侧的
凹模活动镶块用转轴分别与顶板铰接，弯曲前顶杆将顶板顶
出凹模面，同时顶板与凹模活动镶块成一平面，镶块上有定

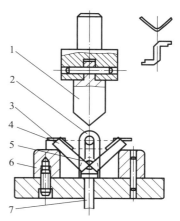

图 5 – 37　V 形件精弯模
1—凸模；2—支架；3—定位板；
4—活动凹模；5—转轴；
6—支承板；7—弯曲前顶杆

位销供工序件定位，弯曲时工序件与凹模镶块一起运动，这样就保证了两侧孔的同轴度；
图 5 – 38（f）为弯曲件两侧壁厚变薄的弯曲模。

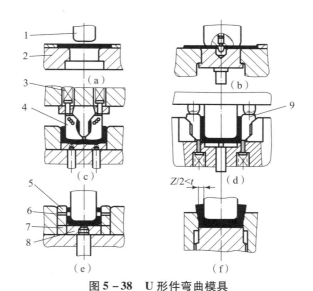

图 5 – 38　U 形件弯曲模具
1—凸模；2—凹模；3—弹簧；4—凸模活动镶块；5，9—凹模活动镶块；
6—定位销；7—转轴；8—顶板

对于弯曲角小于 90°的 U 形件，压弯时凸模首先将坯料弯曲成 U 形（见图 5 – 39），当
凸模继续下压时，两侧的转动凹模使坯料最后压弯成弯曲角小于 90°的 U 形件。凸模上升，
弹簧使转动凹模复位，工件则由垂直图面方向从凸模上卸下。另一种方法是采用斜楔弯曲
模，如图 5 – 40 所示。毛坯在凸模与成形顶板的共同作用下被压成 U 形。随着上模继续向
下移动，装在上模的两斜楔推动滑块向中间移动，滑块的成形面将 U 形件两侧向里压在凸
模上，完成弯曲小于 90°的 U 形件。

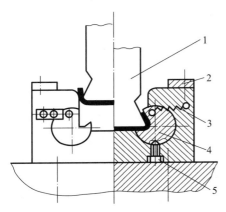

图 5 – 39　弯曲角小于 90°的曲弯模

1—凸模；2—定位板；3—弹簧；
4—转动凹模；5—限位钉

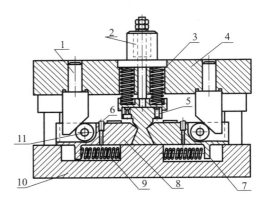

图 5 – 40　斜楔弯曲模

1—斜楔；2—凸模支杆；3—弹簧；4—上模座；
5—凸模；6—定位销；7，8—活动凹模；9—弹
簧；10—下模座；11—滚柱

3）Z 形件弯曲模

由于 Z 形件两端直边弯曲方向相反，因此，Z 形弯曲模需要有两个方向的弯曲动作。图 5 – 41（a）所示结构简单，但由于没有压料装置，压弯时坯料容易滑动，只适用于要求不高的零件。5 – 41（b）所示为有顶板和定位销的 Z 形件弯曲模，能有效防止坯料的偏移。反侧压块的作用是克服上、下模之间水平方向的错移力，同时也为顶板导向，防止其窜动。

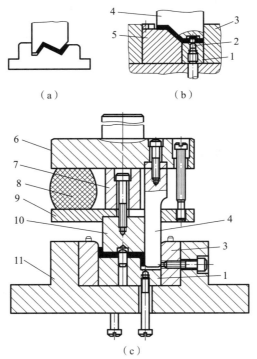

图 5 – 41　Z 形件弯曲模

1—顶板；2—定位销；3—侧压块；4—凸模；5—凹模；6—上模座；
7—压块；8—橡皮；9—凸模固定板；10—活动凸模；11—下模座

图 5－41（c）所示的 Z 形件弯曲模，在冲压前活动凸模 10 在橡皮 8 的作用下与凸模 4 下端面齐平。冲压时活动凸模 10 与顶板 1 将坯料压紧，由于橡皮 8 产生的弹压力大于顶板 1 下方缓冲器所产生的弹顶力，推动顶板 1 下移使坯料左端弯曲。当顶板 1 接触下模座 11 后，橡皮 8 压缩，则凸模 4 相对于活动凸模 10 下移将坯料右端弯曲成形。当压块 7 与上模座 6 相碰时，整个工件得到校正。

4）四角形件弯曲模

像四角形弯曲件，有 4 个角要弯曲。这类四角形零件可以一次弯曲成形，也可以两次弯曲成形。

（1）四角形弯曲件一次弯曲成形。

图 5－42 所示为四角形件一次弯曲成形模。从图 5－42（a）可以看出，在弯曲过程中由于凸模肩部妨碍了坯料的转动，加大了坯料通过凹模圆角的摩擦力，使弯曲件侧壁容易擦伤和变薄，成形后弯

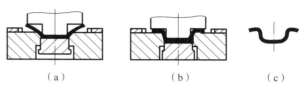

图 5－42　四角形件一次弯曲成形模

曲件两肩部与底面不易平行（见图 5－42（c））。特别是当材料厚、弯曲件直壁高、圆角半径小时，这一现象更为严重。

（2）四角形弯曲件二次弯曲成形

图 5－43 所示为四角形件两次弯曲成形模。由于采用两副模具弯曲，从而避免了上述现象，提高了弯曲件质量。但从图 5－43（b）可以看出，只有弯曲件高度 $H > (12 \sim 15)\ t$ 时，才能使凹模保持足够的强度。

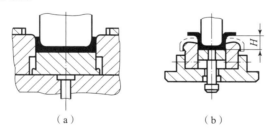

图 5－43　四角形件两次弯曲成形模

图 5－44 所示为倒装式四角形件两次弯曲成形模。第一次弯两个外角，中间两角预弯成 45°，第二次弯曲加整形中间两角，采用这种结构弯曲件尺寸精度较高、回弹容易控制。

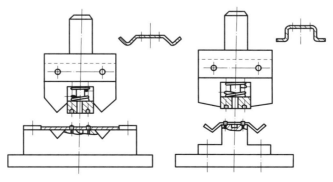

图 5－44　倒装式四角形件两次弯曲成形模

（3）摆块式四角形件弯曲模弯曲前毛坯靠活动凸模 2 的上端面和两侧挡板定位，弯曲时凸模在弹顶装置弹力的作用下与下行的凹模 1 一起压紧中间坯料，弯出两个内角。然后凹模 1 进一步下压，带动活动凸模 2 下移，迫使两侧摆块 3 向外转动至水平，完成两个外角的弯曲（见图 5 - 45）。

5）圆形件弯曲模

圆形件的尺寸大小不同，其弯曲方法也不同，一般按直径分为小圆形件和大圆形件两种。

（1）直径 $d < 5$ mm 的小圆形件：弯曲小圆形件的方法是先弯成 U 形，再将 U 形弯成圆形。用两副简单模弯圆的方法如图 5 - 46 所示，由于零件小，分两次弯曲操作不便，故可将两道工序合并。

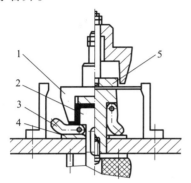

图 5 - 45　摆块式四角形件弯曲模
1—凹模；2—活动凸模；3—摆块；4—垫板；5—推板

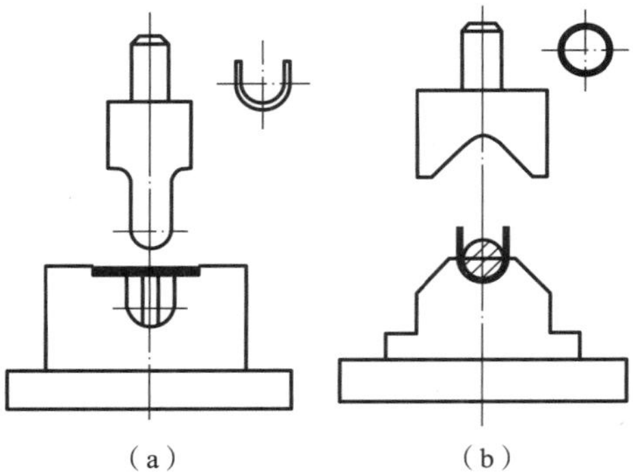

图 5 - 46　小圆两次弯曲模

图 5 - 47 所示的小圆一次弯曲模，适用于软材料和中小直径圆形件的弯曲。

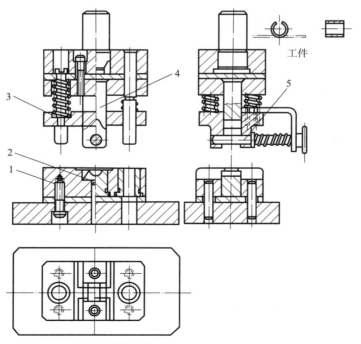

图 5 - 47　小圆一次弯曲模
1—凹模固定板；2—下凹模；3—压料板；4—上凹模；5—芯轴凸模

坯料以凹模固定板 1 上的定位槽定位。当上模下行时，芯轴凸模 5 与下凹模 2 首先将坯料弯成 U 形。上模继续下行，芯轴凸模 5 带动压料板 3 压缩弹簧，由上凹模 4 将零件最后弯曲成形。上模回程后，零件留在芯轴凸模 5 上。拔出芯轴凸模 5，零件自动落下。该结构中，上模弹簧的压力必须大于首先将坯料压成 U 形时的压力，才能弯曲成圆形。一般圆形件弯曲后，必须用手工将零件从芯轴凸模上取下，操作比较麻烦。

（2）直径 $d < 20$ mm 大圆形件。

图 5-48 所示为用三道工序弯曲大圆的方法，这种方法生产率低，适合材料厚度较大的制件。图 5-49 所示为用两道工序弯曲大圆的方法，先预弯成 3 个 120° 的波浪形，然后再用第二副模具弯成圆形，零件顺凸模 1 轴线方向取下。

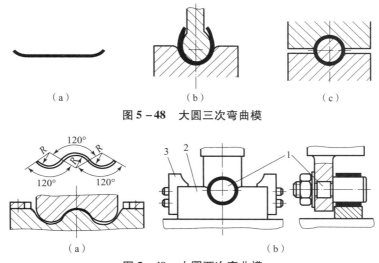

（a）　　　　　　　　（b）　　　　　　　　（c）

图 5-48　大圆三次弯曲模

（a）　　　　　　　　　　　　　　（b）

图 5-49　大圆两次弯曲模

1—凸模；2—凹模；3—定位板

图 5-50 所示为带摆动凹模的一次弯曲成形模。凸模 2 下行先将坯料压成 U 形，凸模 2 继续下行，摆动凹模 3 将 U 形弯成圆形。零件可顺凸模 2 轴线方向推开支撑取下。这种模具生产效率较高，但由于回弹在零件接缝处留有缝隙和少量直边，零件精度差，模具结构也较复杂。

6）铰链件弯曲模

如图 5-51 所示为常见的铰链件弯曲模。预弯模如图 5-51（a）所示。卷圆通常采用推圆法。图 5-51（b）所示为立式卷圆模，结构简单；图 5-51（c）所示为卧式卷圆模，有压料装置，不仅操作方便，零件质量也好。

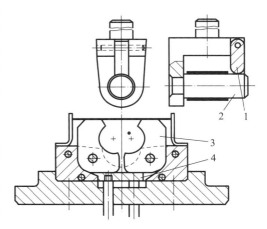

图 5-50　带摆动凹模的一次弯曲成形模

1—支撑；2—凸模；3—摆动凹模；4—顶板

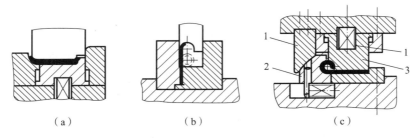

（a）　　　　　　　　（b）　　　　　　　　（c）

图 5-51　铰链件弯曲模

1—斜楔；2—弹簧；3—凸模；4—凹模

5.4.3　较厚板弯曲模优化设计

在弯曲中厚板（10 mm 以上）时，变形抗力大，不可避免地出现弹性变形，致使工件的弯曲角度和圆弧半径难以准确控制。由于影响回弹的因素错综复杂，因此，用经验公式理论计算指导实际生产不是很理想。

1. 单角弯曲时工艺方案的选择及模具设计

圆角半径相对较小的单角弯曲，在回弹时圆角半径变化不明显，对工件的质量影响不大，重点需要克服的是角度回弹。由于板料较厚，若采用校正弯曲，则校正力非常大，目前多数企业不具备大吨位的压力机，因此，采用自由弯曲。在模具设计时，采用回弹补偿法，即预先估算或试验所得的回弹量，在模具工作部分相应的形状和尺寸中予以"扣除"。这样的模具结构较为简单，而且工件质量比较稳定。其缺点是模具调试时，往往需要多次返修。图 5-52 所示的可调式单角弯曲模适用于大批量生产。

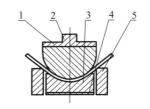

图 5-52　可调式单角弯曲模

1—凸模座；2—凸模式；3—凹模垫块式；4—调整块；5—凹模

圆角半径较大的单角弯曲，回弹角和回弹半径的变化均较大，采用固定式弯曲模很难估算回弹补偿角，因此，在模具设计时要考虑调整的方便。在实际生产中图 5-52 所示的模具结构较为适用。厚板单角冷压弯曲时，由于影响角度回弹的因素很多，如材料的力学性能、相对弯曲半径 R/S 及校正力的大小等，而这些因素又相互影响，导致理论分析计算比较复杂且精度不够，因此，实际生产中常以经验数据和工艺试制为主。

2. 多角弯曲时工艺方案的选择及模具设计

厚板大圆弧多角弯曲时，各个角部回弹趋势不同，相互影响，工件的几何尺寸较难控制。如果工件允许加热，则采用热压成形，产品质量容易得到保证。但若工件尺寸较大或材质有特殊要求，则热压弯曲受到限制。

在工件尺寸质量要求不高、操作条件允许的前提下，可以考虑采用逐个单角弯曲的方式进行，这种工艺要求预先准确计算出工件的展开尺寸，并在坯料上划好各个弯角处的压延中心线位置标记，然后在单角弯曲模具上靠划线定位完成压弯。

如果生产批量大，则需要设计整体压形模具。在模具设计时要对弯曲成形的回弹趋势有一个大致的估算，尽量做到调整方便。图 5-53 所示为帽形弯曲模结构简图，需用底边的弹性变形来补偿侧边的回弹。工件出模后，底边弹平，促使两侧边向内转，以抵消两侧边向外的回弹。图 5-53 中所注的角即为回弹补偿角。值得注意的是，底边变形的自由弯曲挠度 f 不能超过板料的屈服极限，否则将产生无法恢复的变形。这种模具结构充分利用回弹来控制弯曲成形，在压力机吨位不足的情况下，采用该结构较为合适。

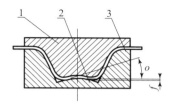

图 5-53　帽形弯曲模
1—凸模式；2—补偿垫块；
3—凹模

5.4.4　金属异型材弯曲模设计

目前弯曲现有技术对金属异型材的加工方法工艺复杂，小批量生产时成本高，在加工复杂金属型材时受模具限制有时根本无法成形。采用开槽弯曲成形方法加工金属异型材，步骤简便，工艺直观，不需制作复杂模具，使用现有的通用板材加工机械设备，如板料开槽机和板料折弯机，即可制作加工金属异型材。

用开槽弯曲成形方法加工金属异型材，主要包括两道工序：一是开槽，二是弯曲。

开槽就是用板料开槽机在金属异型材的展开板材上的特定位置，加工 V，U 或 Y 等形状的槽，并控制开槽角度、开槽深度及槽间的宽度。

以 V 形开槽为例，当金属异型材外观为阳角弯曲时，V 形角度主要有两种：一种 V 形开槽角度为 100°，用于弯制的角度为 90°～179°；另一种 V 形开槽角度为 140°，用于弯制的角度为 45°～90°。

金属异型材外观为阴角弯曲时，V 形开槽的 V 形角度只有一种，一般为 100°，用于弯制 30°～179°之间的任意角度，且 V 形开槽在弯曲阴角的背面。

弯制装饰性金属异型材时，V 形开槽的深度主要有两种：一种是开槽的深度为板厚的 $\frac{1}{2}$ 左右，另一种是开槽的深度为板厚的 $\frac{2}{3}$ 左右。由于金属板料开槽后剩余的被弯曲材料厚度不同，在弯曲时所需的弯曲力也不同，因此，当被弯曲的弯角处 V 形槽的深度为板厚的 $\frac{2}{3}$ 时，剩下的 $\frac{1}{3}$ 板厚，所需弯曲力小于剩余 $\frac{1}{2}$ 板厚的弯曲力，在弯制此弯角时不会影响到其他已成形的弯角。

弯制结构性金属异型材时，V 形开槽的深度也有两种：一种是开槽的深度为板厚的 $\frac{1}{3}$ 左右，另一种是开槽的深度为板厚的 $\frac{1}{2}$ 左右。在金属异型材展开的板料上，控制 V 形槽之间的宽度形式主要也有两种：一种为等距离宽度，即槽与槽之间的间隔宽度距离是相同的，这样可以弯制两端等截面形状的金属异型材；另一种为不等距离宽度，即槽与槽之间的间隔宽度距离是不相同的，这样可以弯制两端不等截面形状的金属异型材，即大小头截面形状的金属异型材。

5.5 弯曲坯料展开研究

在进行弯曲工艺和弯曲模具设计时要计算出弯曲件毛坯的展开尺寸，计算的依据是中性层在弯曲变形前后长度不变，即中性层的长度就是弯曲件的展开尺寸，也就是所要求的毛坯长度。弯曲件展开尺寸的准确性直接关系到所弯工件的尺寸精度。

5.5.1 中性层和中形层位置的确定

根据中性层的定义，弯曲件的坯料长度应等于中性层的展开长度。因此，确定中性层位置是计算弯曲件弯曲部分长度的前提。坯料在塑性弯曲时，中性层发生了内移，相对弯曲半径越小，中性层内移量越大。中性层位置以曲率半径 ρ 表示（见图 5 - 54），通常用经验公式确定，即

$$\rho_0 = r + xt \qquad (5-7)$$

式中 r——弯曲件的内弯曲半径；

　　　t——材料厚度；

　　　x——中性层位移系数，如表 5 - 5 所示。

图 5 - 54 弯曲中性层的位置

表 5 - 5 中性层位移系数

r/t	0.1	0.2	0.3	0.4	0.5	0.6	0.7	0.8	1.0	1.2
x	0.21	0.22	0.23	0.24	0.25	0.26	0.28	0.30	0.32	0.33
r/t	1.3	1.5	2.0	2.5	3.0	4.0	5.0	6.0	7.0	≥8.0
x	0.34	0.36	0.38	0.39	0.40	0.42	0.44	0.46	0.48	0.50

5.5.2 各类弯曲件展开尺寸

1）有圆角半径（$r > 0.5t$）的弯曲

一般将 $r > 0.5t$ 的弯曲称为有圆角半径的弯曲。由于变薄不严重，按中性层展开的原理，坯料总长度应等于弯曲件直线部分和圆弧部分长度的和，如图 5 - 55 所示，即

$$L = l_1 + l_2 + \frac{\pi \rho_0 \alpha}{180} = l_1 + l_2 + \frac{\pi \alpha (r + xt)}{180} \qquad (5-8)$$

式中 L——坯料展开总长度；

　　　α——弯曲中心角（°）。

2）圆角半径很小（$r < 0.5t$）的弯曲

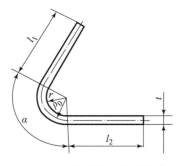

图 5 - 55 有圆角半径的弯曲

对于 $r < 0.5t$ 的弯曲件，由于弯曲变形时不仅零件的变形圆角区严重变薄，而且与其相邻的直边部分也会变薄，故应按变形前后体积不变条件确定坯料长度。通常采用表 5 - 6 中所列经验公式计算。

表 5 - 6　经验公式

简图	计算公式	简图	计算公式
（见图）	$L = l_1 + l_2 + 0.4t$	（见图）	$L = l_1 + l_2 + l_3 + 0.6t$ （一次同时弯曲两个角）
（见图）	$L = l_1 + l_2 - 0.4t$	（见图）	$L = l_1 + 2l_2 + 2l_3 + t$ （一次同时弯曲 4 角） $L = l_1 + 2l_2 + 2l_3 + 1.2t$ （分为两次弯曲 4 个角）

3）铰链式弯曲件

对于 r 在 $(0.6 \sim 3.5)t$ 之间的铰链件，如图 5 - 56 所示，通常采用推圆的方法成形，在卷圆过程中坯料增厚，中性层外移，其坯料长度 L 为

$$L = l + 1.5\pi(r + x_1 t) + r \approx l + 5.7r + 4.7x_1 t \qquad (5-9)$$

式中　l——直线段长度；

　　　r——铰链内半径；

　　　x_1——铰链件弯曲时中性层的位移系数，如表 5 -7 所示。

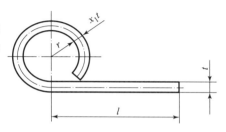

图 5 - 56　铰链式弯曲件

表 5 -7　铰链件弯曲时中性层位移系数 x_1

r/t	$0.5 \sim 0.6$	$0.6 \sim 0.8$	$0.8 \sim 1.0$	$1.0 \sim 1.2$	$1.2 \sim 1.5$
x_1	0.76	0.73	0.70	0.67	0.64
r/t	$1.5 \sim 1.8$	$1.8 \sim 2.0$	$2.0 \sim 2.2$	>2.2	
x_1	0.61	0.58	0.54	0.50	

特别提示

用上述公式计算时，很多因素没有考虑，因此，可能产生较大的误差，所以只能用于形状比较简单、尺寸精度要求不高的弯曲件。对于形状比较复杂或精度要求较高的弯曲件，在利用上述公式初步计算坯料长度后，还需反复试弯，不断修正，才能最后确定坯料的形状和尺寸。故在生产中宜先制造弯曲模，后制造落料模。

5.6　弯曲模工作零件设计

1. 凸模圆角半径

当零件的相对弯曲半径 r/t 较小时，凸模圆角半径 r_t 取零件的弯曲半径，但不应小于最小弯曲半径。若弯曲件的圆角半径小于最小弯曲半径，则首次弯曲可完成较大的圆角半径，

然后采用整形工序进行整形,使其满足弯曲件圆角的要求。

当 $r/t > 10$ 且精度要求较高时,应考虑回弹,凸模圆角半径 r_t 应根据回弹值加以修改。

2. 凹模圆角半径

图 5-57 所示为弯曲凸、凹模的结构尺寸。凹模圆角半径 r_a 的大小对弯曲变形力和制件质量均有较大影响,同时还关系到凹模壁厚的确定。凹模圆角半径 r_a 过小,会擦伤零件表面,影响冲压模具的寿命。凹模圆角半径 r_a 过大,会影响坯料定位的准确性。凹模两边的圆角半径应一致,否则在弯曲时坯料会发生偏移。r_a 值通常根据材料厚度取为

$$t \leqslant 2 \text{ mm}, \quad r_a = (3 \sim 6)t \qquad (5-10)$$

$$2 \text{ mm} < t \leqslant 4 \text{ mm}, \quad r_a = (2 \sim 3)t \qquad (5-11)$$

$$t > 4 \text{ mm}, \quad r_a = 2t \qquad (5-12)$$

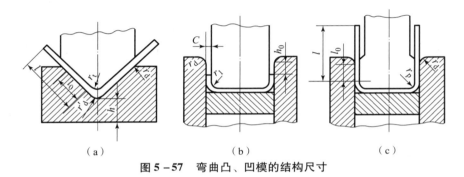

图 5-57　弯曲凸、凹模的结构尺寸

3. 凹模深度

弯曲凹模的深度 l_0 要适当。若凹模深度过小,则坯料两端未受压部分太多,零件回弹大且不平直,影响其质量;若凹模深度过大,则浪费模具钢材,且需压力机有较大的工作行程。

V 形件弯曲模:凹模深度 l_0 及底部最小厚度 h 如表 5-8 所示。

表 5-8　V 形件弯曲模的凹模深度 l_0 及底部最小厚度 h　　　　　　　　　　mm

弯曲件边长 l	材料厚度 t					
	≤2		2~4		>4	
	h	l_0	h	l_0	h	l_0
10~25	20	10~15	22	15	—	—
25~50	22	15~20	27	25	32	30
50~75	27	20~25	32	30	37	35
75~100	32	25~30	37	35	42	40
100~150	37	30~35	42	40	47	50

U 形件弯曲模:对于弯边高度不大或要求两边平直的 U 形件,凹模深度应大于零件的高度,如图 5-57 (b) 所示,其中 h_0 值如表 5-9 所示;对于弯边高度较大,而平直度要

求不高的 U 形件，可采用图 5 - 57 （c）所示的凹模形式，凹模深度 l_0 值如表 5 - 10 所示。

表 5 - 9　U 形件弯曲模的凹模底部最小厚度 h_0　　　　mm

板料厚度 t	≤1	1 ~ 2	2 ~ 3	3 ~ 4	4 ~ 5	5 ~ 6	6 ~ 7	7 ~ 8	8 ~ 10
h_0	3	4	5	6	8	10	15	20	25

表 5 - 10　U 形件弯曲模的凹模深度 l_0　　　　mm

弯曲件边长 l	材料厚度 t				
	< 1	1 ~ 2	2 ~ 4	4 ~ 6	6 ~ 10
< 50	15	20	25	30	35
50 ~ 75	20	25	30	35	40
75 ~ 100	25	30	35	40	40
100 ~ 150	30	35	40	50	50
150 ~ 200	40	45	55	65	65

4. 凸、凹模间隙

V 形件弯曲模的凸、凹模间隙是靠调整压力机的装模高度来控制的，设计时可以不考虑。对于 U 形件弯曲模，则应选择合适的间隙。间隙过小，会使零件弯边厚度变薄，降低凹模的寿命，增大弯曲力；间隙过大，则回弹大，降低零件的精度。U 形件弯曲模的凸、凹模单边间隙一般为

$$C = t_{max} + nt = t + \Delta + nt \tag{5 - 13}$$

式中　C——弯曲模凸、凹模单边间隙；

　　　t——零件材料厚度（基本尺寸）；

　　　Δ——材料厚度的上偏差；

　　　n——间隙系数，如表 5 - 11 所示。

表 5 - 11　U 形件弯曲模的凸、凹模间隙系数 n

弯曲件高度 H/mm	板料厚度 t/mm								
	弯曲件宽度 B≤2H				弯曲件宽度 B>2H				
	< 0.5	0.6 ~ 2.0	2.1 ~ 4.0	4.1 ~ 5.0	< 0.5	0.6 ~ 2.0	2.1 ~ 4.0	5.2 ~ 7.6	7.6 ~ 12.0
10	0.05	0.05	0.04	—	0.10	0.10	0.08	—	—
20	0.05	0.05	0.04	0.03	0.10	0.10	0.08	0.06	0.06
35	0.07	0.05	0.04	0.03	0.15	0.10	0.08	0.06	0.06
50	0.10	0.07	0.05	0.04	0.20	0.15	0.10	0.06	0.06
70	0.10	0.07	0.05	0.05	0.20	0.15	0.10	0.06	0.08
100	—	0.07	0.05	0.05	—	0.15	0.10	0.10	0.08
150	—	0.10	0.07	0.05	—	0.20	0.15	0.10	0.10
200	—	0.10	0.07	0.07	—	0.20	0.15	0.15	0.10

当零件精度要求较高时，其间隙值应适当减小，取 $C = t$。

5. U 形件弯曲凸、凹模横向尺寸及公差

确定 U 形件弯曲凸、凹模横向尺寸及公差的原则：零件标注外形尺寸时（见图 5 - 58（b）），应以凹模为基准件，间隙取在凸模上。零件标注内形尺寸时（见图 5 - 58（c）），应以凸模为基准件，间隙取在凹模上。凸、凹模的尺寸和公差应根据零件的尺寸、公差、回弹情况及模具磨损规律而定。

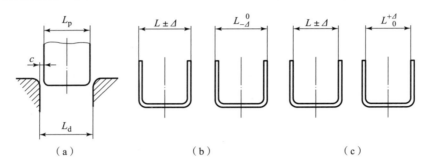

图 5 - 58　弯曲件尺寸标注

当零件标注外形尺寸时，则

$$L_d = (L_{max} - 0.75\Delta)^{+\delta_d}_0 \tag{5 - 14}$$

$$L_p = (L_d - 2Z)^0_{-\delta_p} \tag{5 - 15}$$

当零件标注内形尺寸时，则

$$L_p = (L_{min} + 0.75\Delta)^0_{-\delta_p} \tag{5 - 16}$$

$$L_d = (L_p + 2Z)^{+\delta_d}_0 \tag{5 - 17}$$

式中　L_p，L_d——凸、凹模横向尺寸；

　　　L_{max}——弯曲件横向的最大极限尺寸；

　　　L_{min}——弯曲件横向的最小极限尺寸；

　　　Δ——弯曲件横向尺寸公差；

　　　δ_p，δ_d——凸、凹模制造公差，可采用 IT7 ~ IT9 级精度，一般凸模的精度比凹模的精度可高一级。

第 6 章

拉深工艺与模具设计研究

拉深是利用拉深模具将冲裁好的平板坯料制成各种开口空心件或其他形状空心件的一种加工方法。拉深模具在实际中的应用较为普遍，日常生活中的很多零件都是通过拉深工艺实现的，如图 6 – 1 所示的水杯和餐具。

图 6 – 1　水杯和餐具

用拉深工艺可以加工圆筒形、阶梯形、球形、锥形、抛物线形等旋转体零件，也可以加工盒形零件等非旋转体零件，如图 6 – 2 和图 6 – 3 所示。若将拉深与其他成形工艺（如胀形、翻边等）复合，则可加工出形状非常复杂的零件，如汽车覆盖件等。因此，拉深的应用非常广泛，是冷冲压的基本成形工序之一。

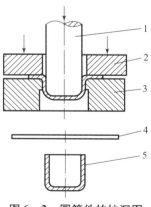

图 6 – 2　圆筒件的拉深图

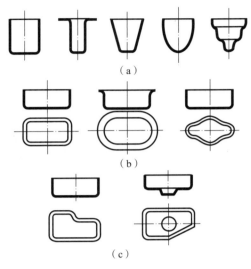

图 6-3　拉深件示意图

（a）旋转体零件；（b）对称盒形件；（c）不对称复杂零件

6.1　无凸缘圆筒形件首次拉深研究

6.1.1　无凸缘圆筒形零件的拉深变形性分析

　　圆形平板毛坯在拉深凸、凹模作用下，逐渐压成开口圆筒形零件，其变形过程如图 6-4 所示。图 6-4（a）所示为一平板毛坯在凸模、凹模作用下，开始进行拉深。图 6-4（b）所示为随着凸模的下压，材料被拉入凹模，形成了筒底、凸模圆角、筒壁、凹模圆角及尚未拉入凹模的凸缘部分等五个区域。图 6-4（c）所示为凸模继续下压，使全部凸缘的材料拉入凹模形成筒壁所得到的开口圆筒形零件。

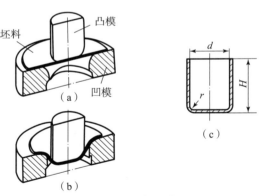

图 6-4　拉深变形过程

　　为了进一步说明金属的流动过程，拉深前将毛坯画上等距同心圆和分度相等的辐射线所组成的扇形网格（见图 6-5）。拉深后观察这些网格的变化发现：拉深件底部的网格基本保持不变，而筒壁的网格则发生了很大的变化。原来的同心圆变成了筒壁上的水平圆筒线，而且其间距也增大了，越靠近筒壁增大越多；原来分度相等的辐射线变成等距的竖线，即每一扇形面积内的材料都各自在其范围内沿着半径方向流动。每一梯形块在流动时，周围方向被压缩，半径方向被拉长，最后变成筒壁部分。

　　从凸缘上取出一扇形单元体来分析（见图 6-6），小单元体在切向受到压应力 σ_3 作用，而在径向受到拉应力 σ_1 的作用，扇形网格变成了矩形网格，从而使得各处的厚度变得不均匀。如图 6 – 7 所示，筒壁上部变厚，越靠筒口越厚，最厚增加达 25%（即增至 1.25t，t 为料厚）；筒底稍许变薄，在凸模圆角处最薄，最薄处约为原来厚度的 87%，减薄了 13%。由于产生了较大的塑性变形，引起了冷作硬化，零件口部材料变形程度大，冷作硬化严重，硬度也高。由上向下越接近底部硬化越小，硬度越低，这也是危险断面靠近底部的原因。

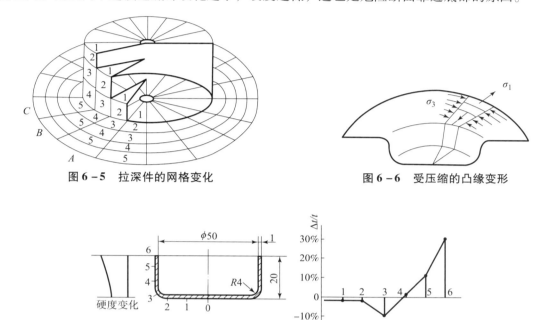

图 6 – 5 拉深件的网格变化   图 6 – 6 受压缩的凸缘变形

图 6 – 7 拉深件壁厚和硬度的变化

拉深零件的工艺性是指拉深零件采用拉深成形工艺成形的难易程度。良好的工艺性应是坯料消耗少，工序数目少，模具结构简单、加工容易，产品质量稳定、废品少和操作简单方便等。

6.1.2 首次拉深极限研究

在拉深工艺设计中，必须明确工件是用一道拉深工序拉成，还是需要几道拉深工序才能拉成。这个问题关系到拉深工作的经济性和拉深件的质量。因此，在决定拉深工序次数时，既要使材料的应力不超过材料的强度极限，又要充分利用材料的塑性，使其达到最大可能的变形程度。

1. 拉深系数

拉深系数：用于表示拉深变形程度的工艺指数。对圆筒形件而言，其值为拉深后制件直径与拉深前毛坯直径的比值，记为 $m = d/D$。多次拉深时，其值则为拉深后筒部外径与拉深前筒部外径的比值，如图 6 – 8 所示。

首次拉深时，$m_1 = d_1/D$。

以后各次拉深

$$m_2 = d_2/d_1$$

……

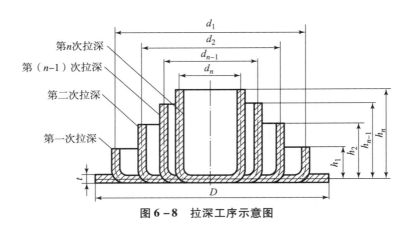

图 6 − 8 拉深工序示意图

$$m_n = d_n / d_{n-1}$$
$$m_{总} = d/D = m_1 m_2 m_3 \cdots m_n \qquad\qquad (6-1)$$

式中　　m——拉深系数；

$\qquad\quad d$——拉深后制件直径；

$\qquad\quad D$——拉深前毛坯直径；

$\qquad\quad m_1，m_2，m_3，\cdots，m_n$——各次的拉深系数；

$\qquad\quad d_1，d_2，d_3，\cdots，d_{n-1}，d_n$——各次拉深制件的直径；

$\qquad\quad m_{总}$——需多次拉深成形制件的总拉深系数。

拉深系数是拉深工艺的重要参数，它表示拉深变形过程中坯料的变形程度，m 值越小，拉深时坯料的变形程度越大。在工艺计算中，只要知道每次拉深工序的拉深系数值，就可以计算出各次拉深工序的半成品件的尺寸，并确定出该拉深件的工序次数。从降低生产成本出发，拉深次数越少越好，即采用较小的拉深系数。但根据上述力学分析可知，拉深系数的减少有一个限度，这个限度称为极限拉深系数，超过这一限度，变形区的危险断面会产生破裂。因此，每次拉深选择拉深件不破裂的最小拉深系数，才能保证拉深工艺的顺利实现。

2. 影响拉深系数的因素

影响拉深系数的因素如表 6 − 1 所示。

表 6 − 1　影响拉深系数的主要因素

序号	因　　素	对拉深系数 m 的影响
1	材料内部组织及力学性能	一般来说，板料塑性好，组织均匀，晶粒大小适当，屈强比小，塑性应变比值大时，板材拉深性能好，可以采用较小的 m 值
2	材料的相对厚度 t/D	材料相对厚度是 m 值的一个重要影响因素。若 t/D 大，则 m 可小，反之，m 要大，因为越薄的材料拉深，越易失去稳定面起皱
3	拉深道次	在拉深之后，材料将产生冷作硬化，塑性降低，故第一次拉深 m 值最小，以后各道依次增加，只有增加退火工序，才可再取较小的拉伸系数

续表

序号	因　素	对拉深系数 m 的影响
4	拉深方式（用或不用压边圈）	有压边圈时，因不易起皱，故 m 可取得小些；不用压边圈时，m 可取得大些
5	凹模和凸模圆角半径（r_d 和 r_p）	凹模圆角半径较大时，m 可小，因拉深时，圆角处弯曲力小，且金属容易流动，摩擦阻力小，但当 r_d 太小时，毛坯在压边圈下的压边面积减少，容易起皱。凸模圆角半径较大时，m 可小，而 r_p 过小，易使危险断面变薄严重，导致破裂
6	润滑条件及模具情况	模具表面光滑，间隙正常，润滑良好，均可改善金属流动条件，有助于拉深系数的减少
7	拉深速度 v	一般情况下，拉深速度对拉深系数影响不大，但对于复杂大型拉深件，由于其变形复杂且不均匀，若拉深速度过高，则其局部变形加剧，不易向邻近部位扩展，从而破裂。另外，对速度敏感的金属（如钛合金、不锈钢、耐热钢），在拉深速度大时，拉深系数应适当加大

　　总之，只要是有利于降低变形区变形阻力及增加危险断面强度的因素，都有利于变形区的塑性变形，所以能降低拉深系数。在生产中采用的拉深系数如表 6 − 2、表 6 − 3 所示，其他金属材料的拉深系数如表 6 − 4 所示。

表 6 − 2　圆筒形件用压边圈拉深时的拉深系数

材料相对厚度 $\frac{t}{D} \times 100$	各次拉深系数			
	m_1	m_2	m_3	m_4
1.50 ~ 2.00	0.46 ~ 0.50	0.70 ~ 0.72	0.72 ~ 0.74	0.74 ~ 0.76
1.00 ~ 1.50	0.50 ~ 0.53	0.72 ~ 0.74	0.74 ~ 0.76	0.76 ~ 0.78
0.50 ~ 1.00	0.50 ~ 0.53	0.74 ~ 0.76	0.76 ~ 0.78	0.78 ~ 0.80
0.20 ~ 0.50	0.56 ~ 0.58	0.76 ~ 0.78	0.78 ~ 0.80	0.80 ~ 0.82
0.06 ~ 0.20	0.58 ~ 0.60	0.78 ~ 0.80	0.80 ~ 0.82	0.82 ~ 0.84

注：此表适用于 08，10 钢及 15Mn 等材料。

表 6 − 3　圆筒形件不用压边圈拉深时的拉深系数

材料相对厚度 $\frac{t}{D} \times 100$	各次拉深系数					
	m_1	m_2	m_3	m_4	m_5	m_6
0.4	0.90	0.92	–	–	–	–
0.6	0.85	0.90	–	–	–	–
0.8	0.80	0.88		–		–

续表

材料相对厚度 $\dfrac{t}{D} \times 100$	各次拉深系数					
	m_1	m_2	m_3	m_4	m_5	m_6
1.0	0.75	0.85	0.90	—	—	—
1.5	0.65	0.80	0.84	0.87	0.90	—
2.0	0.60	0.75	0.80	0.84	0.87	0.90
2.5	0.55	0.75	0.80	0.84	0.87	0.90
3.0	0.53	0.75	0.80	0.84	0.87	0.90
3.0 以上	0.50	0.70	0.75	0.75	0.78	0.85
注：此表适用于 08，10 钢及 15Mn 等材料。						

表 6-4　其他金属材料的拉深系数

材料名称	牌　　号	第 1 次拉深 m_1	以后各次拉深 m_n
铝和铝合金	8A06 - O，1036 - O，3A21 - O	0.52 ~ 0.55	0.70 ~ 0.75
硬铝	2A12 - O，2A11 - O	0.56 ~ 0.58	0.75 ~ 0.80
黄铜	H62	0.52 ~ 0.54	0.70 ~ 0.72
	H68	0.50 ~ 0.52	0.68 ~ 0.72
纯铜		0.50 ~ 0.55	0.72 ~ 0.80
无氧铜		0.50 ~ 0.58	0.75 ~ 0.82
镍、镁镍、硅镍		0.48 ~ 0.53	0.70 ~ 0.75
康铜（铜镍合金）	T2，T3，T4	0.50 ~ 0.56	0.74 ~ 0.84
白铁皮		0.58 ~ 0.65	0.80 ~ 0.85
酸洗铜板		0.54 ~ 0.58	0.75 ~ 0.78
不锈钢	Cr13	0.52 ~ 0.56	0.75 ~ 0.78
	Cr18Ni	0.50 ~ 0.52	0.70 ~ 0.75
	1Cr18Ni9Ti	0.52 ~ 0.55	0.78 ~ 0.81
	0Cr18Ni11Nb，0Cr23Ni13	0.52 ~ 0.55	0.78 ~ 0.80
镍铬合金	Cr20Ni80Ti	0.54 ~ 0.59	0.78 ~ 0.84
合金结构钢		0.62 ~ 0.70	0.80 ~ 0.84
可伐合金		0.65 ~ 0.67	0.85 ~ 0.90
钼铱合金	30CrMnSiA	0.72 ~ 0.82	0.91 ~ 0.97
钽		0.65 ~ 0.67	0.84 ~ 0.87
铌		0.65 ~ 0.67	0.84 ~ 0.87

续表

材料名称	牌　　号	第 1 次拉深 m_1	以后各次拉深 m_n
钛及钛合金	TA2，TA3	0.58 ~ 0.60	0.80 ~ 0.85
	TA5	0.60 ~ 0.65	0.80 ~ 0.85
锌		0.65 ~ 0.70	0.85 ~ 0.90

注：1. 凹模圆角半径 $r_d < 6t$ 时拉深系数取大值；凹模圆角半径 $r_d \geqslant (7 \sim 8)t$ 时拉深系数取小值。

2. 材料相对厚度 $\dfrac{t}{D} \times 100 \geqslant 0.62$ 时拉深系数取小值；材料相对厚度 $\dfrac{t}{D} \times 100 < 0.62$ 时拉深系数取大值。

3. 材料为退火状态。

6.1.3　无凸缘圆筒形件拉深次数的确定

1. 拉深次数的确定

拉深次数通常只能概括进行估计，最后需通过工艺计算来确定。初步确定圆筒件拉深次数的方法有以下几种。

1）计算法

拉深次数由所采用的拉深系数按式（6 - 2）计算，即

$$n = 1 + \frac{\lg d_n - \lg(m_1 D)}{\lg m_n} \tag{6 - 2}$$

式中　n——拉深次数；

　　　d_n——工件直径（mm）；

　　　D——毛坯直径（mm）；

　　　m_1——第一次拉深系数；

　　　m_n——第二次以后各次的平均拉深系数。

由式（6 - 2）计算所得的拉深次数 n，通常不会是整数，此时须注意不得按照四舍五入法取值，而应取较大整数值。采用较大整数值，使实际选用的各次拉深系数 m_1，m_2，m_3 等比初步估计的数值略大些，这样符合安全而不破裂的要求。在校正拉深系数时，应遵照以下原则：变形程度应逐渐减小，即后续拉深的拉深系数应逐渐取大些。

2）查表法

根据拉深件的相对高度 $\dfrac{h}{d}$ 的和材料相对厚度 $\dfrac{t}{D} \times 100$，可由表 6 - 5 直接查出拉深次数。

表 6 - 5　无凸缘圆筒形拉深件的最大相对高度 h/d

拉深次数 n	材料相对厚度 $\dfrac{t}{D} \times 100$					
	1.50 ~ 2.00	1.00 ~ 1.50	0.60 ~ 1.00	0.30 ~ 0.60	0.15 ~ 0.30	0.08 ~ 0.15
1	0.77 ~ 0.94	0.65 ~ 0.84	0.57 ~ 0.70	0.50 ~ 0.62	0.45 ~ 0.52	0.38 ~ 0.46
2	1.54 ~ 1.88	1.32 ~ 1.60	1.10 ~ 1.36	0.94 ~ 1.13	0.83 ~ 0.96	0.70 ~ 0.90
3	2.70 ~ 3.50	2.20 ~ 2.80	1.80 ~ 2.30	1.50 ~ 1.90	1.30 ~ 1.60	1.10 ~ 1.30

续表

拉深次数 n	材料相对厚度 $\dfrac{t}{D} \times 100$					
	1.50 ~ 2.00	1.00 ~ 1.50	0.60 ~ 1.00	0.30 ~ 0.60	0.15 ~ 0.30	0.08 ~ 0.15
4	6.30 ~ 6.60	3.50 ~ 6.30	2.90 ~ 3.60	2.40 ~ 2.90	2.00 ~ 2.40	1.50 ~ 2.00
5	6.60 ~ 8.90	6.10 ~ 6.60	6.10 ~ 6.20	3.30 ~ 6.10	2.70 ~ 3.30	2.00 ~ 2.70

注：1. h 为拉深件的高度，d 为拉深件的直径。

2. 大的 $\dfrac{h}{d}$ 比值适用于在第一道工序内大的凹模圆角半径 $\left(\text{从}\dfrac{t}{D} \times 100 = 1.50 \sim 2.00 \text{ 时的 } r_d = 8t \text{ 到}\right.$ $\dfrac{t}{D} \times 100 = 0.08 \sim 0.15 \text{ 时的 } r_d = 15t\left.\right)$；小的比值适用于小的凹模圆角半径 $r_d = (4 \sim 8)\ t$；

3. 表中拉深次数适用于 08 钢及 10 钢的拉深件。

3）推算法

圆筒形件的拉深次数，也可根据 t/D 值查出 m_1，m_2，$m_3 \cdots$，然后从第一道工序开始依次求半成品直径，即

$$d_1 = m_1 D$$
$$d_2 = m_2 d_1$$
$$\cdots$$
$$d_n = m_n D_{n-1}$$

直到计算得出的直径不大于工件要求的直径为止。这样不仅可以求出拉深次数，还可知道中间工序的尺寸。

4）查图法

拉深次数及各次半成品尺寸也可由查图法求得（见图 6－9）。其查法如下。

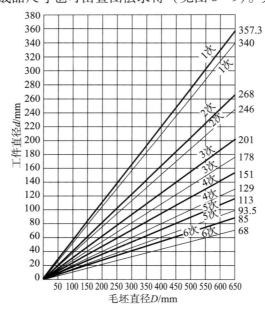

图 6－9   确定拉深次数及半成品尺寸线图

先在图中横坐标上找到相当于毛坯直径 D 的点，从此点作一垂线。再从纵坐标上找到相当于工件直径 d 的点，并由此点作水平线，与垂线相交。根据交点，便可决定拉深次数，如交点位于两斜线之间，则应取较大的次数。

2. 圆筒拉深件的拉深高度计算

工序次数和各道工序半成品直径确定后，便应确定底部圆角半径（即拉深凸模圆角半径），最后可根据圆筒形件不同的底部形状，按表 6－6 所列计算式算出各道拉深工序的拉深高度。

表 6－6　圆筒形拉深件的拉深高度计算式

工件形状		拉深工序	计算式	备注
平底圆筒形件		1	$h_1 = 0.25(Dk_1 - d_1)$	D 为毛坯直径（mm）；d_1，d_2 为第 1，2 工序拉深的工件直径（mm）；k_1，k_2 为第 1，2 工序拉深的拉深比（$k_1 = 1/m_1$，$k_2 = 1/m_2$）；m_1，m_2 为第 1，2 工序拉深的拉深系数；r_1，r_2 为第 1，2 工序拉深件底部拉深半径（mm）；h_1，h_2 为第 1，2 工序拉深的拉深高度（mm）
		2	$h_2 = h_2k_2 + 0.25(d_1k_1 - d_2)$	
圆角底圆筒形件		1	$h_1 = 0.25(Dk_1 - d_1) + 0.43\dfrac{r_1}{d_1}(d_1 + 0.32r_1)$	
		2	$h_2 = h_2k_2 + 0.25(d_1k_1 - d_2)$ $h_2 = 0.25(Dk_1k_2 - d_2) + 0.43\dfrac{r_2}{d_2}(d_2 + 0.32r_2)$ $h_2 = h_1k_2 + 0.25(d_1 - d_2) - 0.43\dfrac{r}{d_2}(d_2 + 0.32r_2)$	
圆锥底圆筒形件		1	$h_1 = 0.25(Dk_1 - d_1) + 0.57\dfrac{a_1}{d_1}(d_1 + 0.86a_1)$	
		2	$h_2 = 0.25(Dk_1k_2 - d_2) + 0.57\dfrac{a_2}{d_2}(d_2 + 0.86a_2)$ $a_1 = a_2 = a$ $h_2 = h_1k_1 + 0.25(d_1k_2 - d_2) - 0.57\dfrac{a}{d_2}(d_2 \neq d_2)$	
球面底圆筒形件		1	$h_1 = 0.25Dk_1$	
		2	$h_1 = 0.25Dk_1k_2 = h_1k_2$	

6.2　拉深零件的工艺性分析

在设计拉深零件时，应根据材料拉深时的变形特点和规律，提出满足工艺性的要求。

1. 对拉深材料的要求

拉深的材料应具有良好的塑性、低屈强比、大的厚度方向性系数和小的板平面方向性。

2. 对拉深零件形状和尺寸的要求

（1）设计拉深件时应尽量减少其高度，使其能用一次或两次拉深工序来完成。对于各种形状的拉深件，用一次工序可制成的条件如下。

①圆筒件一次拉成的高度如表 6 - 7 所示。

表 6 - 7　圆筒件一次拉深的极限高度

材料名称	铝	硬铝	黄铜	软钢
相对拉深高度	0.73 ~ 0.75	0.60 ~ 0.65	0.75 ~ 0.80	0.68 ~ 0.72

②盒形件一次制成的条件：当盒形件角部的圆角半径 $r = (0.05 \sim 0.20)B$（B 为盒形件的短边宽度）时，拉深件高度 $h < (0.3 \sim 0.8)B$。

③凸缘件一次制成的条件：零件的圆筒形部分直径与毛坯的比值 $d/D \geqslant 0.4$。

（2）尽量避免半敞开及非对称的空心件，应考虑设计成对称（组合）的拉深，然后剖开，如图 6 - 10 所示。

（3）有凸缘的拉深件，最好满足 $d_凸 \geqslant d + 12t$，在凸缘面上有下凹的拉深件，如果下凹的轴线与拉深一致，则可以拉出；如果下凹的轴线与拉深方向垂直，则只能在最后压出，如图 6 - 11 所示。

图 6 - 10　组合拉深后剖切

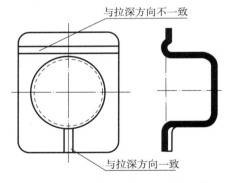

图 6 - 11　凸缘面上有下凹的拉深件

（4）为拉深顺利，凸缘圆角半径应满足 $r_d \geqslant 2t$，当 $r_d < 0.5$ mm 时，应增加整形工序。底部圆角半径 $r_p \geqslant t$，不满足时，增加整形，每整一次，r_p 减少 1/2。盒形件的四壁间的圆角半径应满足 $r \geqslant 3t$，尽可能使 $r \geqslant h/5$，如图 6 - 12 所示。

（5）一般拉深件允许壁厚变化

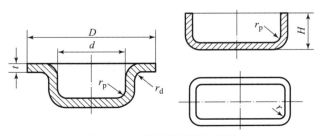

图 6 - 12　拉深件的圆角半径

范围为 $(0.6 \sim 1.2)t$，若不允许存在壁厚不均的现象，则需注明。

3. 对拉深件精度的要求

（1）在设计拉深件时，应注明必须保证外形或内形尺寸，不能同时标注内、外形尺寸，如图 6 – 13 所示；带台阶的拉深件，其高度方向的尺寸标注一般应以底部为基准，如图 6 – 14 所示。

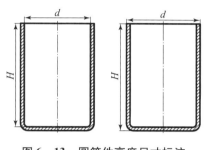

图 6 – 13 圆筒件高度尺寸标注

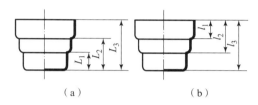

图 6 – 14 带台阶拉深件高度尺寸标注

（2）一般情况下不要对拉深件的尺寸公差要求过严。其断面尺寸公差等级一般都在 IT12 级以下。如果公差等级要求高，则需增加整形工序。

（3）多次拉深的零件对外表面或凸缘的表面，允许有拉深过程中所产生的印痕和口部的回弹变形，但必须保证精度在公差允许的范围内。

6.3 拉深件展开尺寸的确定

拉深件毛坯形状的确定和尺寸计算是否正确，不仅直接影响生产过程，而且对冲压件生产有很大的经济意义，因为在冲压零件的总成本中，材料费用一般占到 60% 以上。

6.3.1 拉深件毛坯尺寸的计算原则

1. 面积相等原则

由于拉深前后材料的体积不变，工件的平均厚度与毛坯厚度差别不大，厚度变化可以忽略不计，因此，拉深件毛坯尺寸可以按照拉深前毛坯与拉深后工件的表面积不变的原则来计算。

2. 形状相似原则

拉深毛坯的形状一般与拉深件的横截面形状相似。即零件的横截面是圆形、椭圆形时，其拉深前毛坯展开形状也基本上是圆形或椭圆形。对于异形件拉深，其毛坯的周边轮廓必须采用光滑曲线连接，应无急剧的转折和尖角。

在计算毛坯尺寸前，还应考虑到，由于板料的方向性，材质的不均匀性和凸、凹模之间的间隙不均匀等原因，拉深后的工件顶端一般都不平齐，通常都要有修边工序，以切去不平齐部分。所以，在计算毛坯尺寸之前，需在拉深件边缘（无凸缘拉深件为高度方向，有凸缘拉深件为半径方向）上加一段修边余量。修边余量值，可参考表 6 – 8 和表 6 – 9 选取，或根据生产实践经验确定。

表 6 - 8　无凸缘零件切边余量 Δh　　　　　mm

拉深件高度	拉深件相对高度 h/d 或 h/B				附　图
	0.5~0.8	0.8~1.6	1.6~2.5	2.5~4.0	
≤10	1.0	1.2	1.5	2.0	
10~20	1.2	1.6	2.0	2.5	
20~50	2.0	2.5	2.5	4.0	
50~100	3.0	3.8	3.8	6.0	
100~150	4.0	5.0	5.0	8.0	
150~200	5.0	6.3	6.3	10.0	
200~250	6.0	7.5	7.5	11.0	
>250	7.0	8.5	8.5	12.0	

表 6 - 9　有凸缘零件切边余量 ΔR　　　　　mm

凸缘直径 d_1 或 B_1	拉深件相对高度 h/d 或 h/B				附　图
	<1.5	1.5~2.0	2.0~2.5	2.5~3.0	
<25	1.8	1.6	1.4	1.2	
25~50	2.5	2.0	1.8	1.6	
50~10	3.5	3.0	2.5	2.2	
100~150	6.3	3.6	3.0	2.5	
150~200	6.0	6.2	3.5	2.7	
200~250	6.5	6.6	3.8	2.8	
>250	6.0	6.0	6.0	3.0	

6.3.2　简单旋转体拉深件毛坯尺寸的确定

首先将拉深件划分成若干个简单的几何形状（见图 6 - 15），以其中间层进行计算。

注意：厚度小于 1 mm 的拉深件，可根据工件外壁尺寸计算。

叠加各段中间层面积，求出制件中间层面积，即

$$S = S_1 + S_2 + S_3 = \sum S_i \qquad (6-3)$$

毛坯表面积为

$$S_0 = \frac{\pi}{4} D^2 \qquad (6-4)$$

根据毛坯表面积等于工件表面积，求得毛坯直径 D，其计算式为

$$D = \sqrt{\frac{4}{\pi} \sum S_i} \qquad (6-5)$$

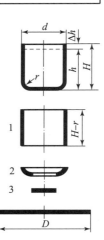

图 6 - 15　毛坯
尺寸确定

常用旋转体拉深件坯料直径的计算式如表 6 - 10 所示。

表 6 - 10　常用旋转体拉深件坯料直径计算式

序号	零件形状	坯料直径 D
1		$\sqrt{d_1^2 + 4d_2h + 6.28rd_1 + 8r^2}$ 或 $\sqrt{d_2^2 + 2d_2H - 1.72rd_2 - 0.56r^2}$
2		当 $r \neq R$ 时 $\sqrt{d_1^2 + 6.28rd_1 + 8r^2 + 4d_2h + 6.28Rd_2 + 4.56R^2 + d_4^2 - d_3^2}$ 当 $r = R$ 时 $\sqrt{d_4^2 + 4d_2H - 3.44rd_2}$
3		$\sqrt{d_1^2 + 2r(r\pi d_1 + 4r)}$
4		$\sqrt{2d^2} = 1.414d$
5		$\sqrt{8rh}$ 或 $\sqrt{s + 4h}$
6		$\sqrt{d_1^2 + 2l(d_1 + d_2)}$

6.3.3　复杂旋转体拉深件毛坯尺寸的确定

该类拉深件的毛坯尺寸,可用久里金法则求出其表面积:任何形状的母线绕轴旋转一周

所得到的旋转体的表面积，等于该母线的长度与其重心绕该轴线旋转所得周长的乘积。如图 6 – 16 所示，旋转体表面积为

$$S = 2\pi R_x L \qquad (6-6)$$

由于拉深前后面积相等，所以坯料直径可按式（6 – 7）与式（6 – 8）求出，即

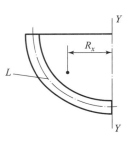

$$\frac{\pi D^2}{4} = 2\pi R_x L \qquad (6-7)$$

$$D = \sqrt{8 R_x L} \qquad (6-8)$$

图 6 – 16　旋转体表面积计算图示

式中　S——旋转体表面积；

　　　R_x——旋转体母线重心到旋转轴线的距离（称为旋转半径）；

　　　L——旋转体母线长度；

　　　D——坯料直径。

由式（6 – 8）可知，只要知道旋转体母线长度及其重心的旋转半径，就可以求出坯料的直径。

6.3.4　盒形件毛坯尺寸的确定

盒形件属于非轴对称零件，它包括方形盒件、矩形盒件和椭圆形盒件等，以下是盒形件的拉深变形特点。

从几何形状特点看，矩形盒状零件可划分成 2 个长度为（$B-2r$）和 2 个长度为（$b-2r$）的直边加上 4 个半径为 r 的 1/4 圆筒部分（见图 6 – 17）。若将圆角部分和直边部分分开考虑，则圆角部分的变形相当于直径为 $2r$、高为 h 的圆筒件的拉深，直边部分的变形相当于弯曲。但实际上圆角部分和直边部分是联系在一起的整体，因此，盒形件的拉深又不完全等同于简单的弯曲和拉深，有其特有的变形特点。

盒形件拉深时首先遭到破坏的地方是圆角部分。又因圆角部分材料在拉深时容许直边流动，所以盒形件与相应的圆筒件比较，危险断面处受力小。拉深时采用小的拉深系数就不容易起皱。

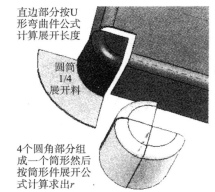

直边部分按U形弯曲件公式计算展开长度

圆筒 1/4 展开料

4个圆角部分组成一个筒形然后按筒形件展开公式计算求出r

图 6 – 17　盒形件的圆角部分与直边部分

盒形件拉深时，由于直边部分和圆角部分实际上是联系在一起的整体，因此，两部分的变形相互影响，影响的结果是直边部分除了产生弯曲变形外，还产生了径向伸长、切向压缩的拉深变形。两部分相互影响的程度随盒形件形状的不同而不同，即随相对圆角半径 r/b 和相对高度 h/b 的不同而不同。r/b 越小，圆角部分的材料向直边部分流得越多，直边部分对圆角部分的影响越大，使得圆角部分的变形与相应圆筒件的差别就大。当 $r/b = 0.5$ 时，直边不复存在，盒形件成为圆筒件，盒形件的变形与圆筒件一样。

1. 低矩形盒件毛坯尺寸与形状的确定（$H \leqslant 0.3B$）

H 为矩形盒件的拉深高度；B 为矩形盒件的短边长度。

所谓低盒形件是指可一次拉深成形，或虽两次拉深，但第二次仅用来整形（胀形性质）的零件。低盒形件变形时只有少量材料转移到直边相邻部位。拉深时直边部分可以认为是简单的弯曲变形，按弯曲展开；圆角部分只有拉深变形，按圆筒拉深展开；再用光滑曲线进行修正即得毛坯，该类零件常用如图 6 - 18 所示的作图法。计算步骤如下。

（1）按弯曲计算直边部分的展开长度 l_0

$$l_0 = H + 0.57r_p \quad （无凸缘） \quad (6-9)$$

式中　$H = H_0 + \Delta H$（不修边时，不加 ΔH）

　　　l_0——直边部分的长度；

　　　r_p——矩形盒件底部与直壁间的圆角半径；

　　　H_0——矩形盒件高度；

　　　ΔH——修边余量（见表 6 - 11）。

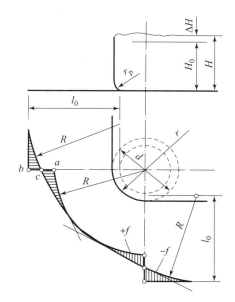

表 6 - 11　矩形盒件切边余量 ΔH

图 6 - 18　低矩形盒件毛坯作图法

拉深次数	1	2	3	4
修边余量 ΔH	$0.03 \sim 0.05H$	$0.04 \sim 0.06H$	$0.05 \sim 0.08H$	$0.08 \sim 0.1H$

（2）把圆角部分看成是直径为 $d = 2r$，高为 H 的圆筒件，则展开的毛坯半径为

$$R = \sqrt{r^2 + 2rH - 0.86r_p(r + 0.16r_p)} \quad （无凸缘） \quad (6-10)$$

当 $r = r_p$ 时，有

$$R = \sqrt{2rH} \quad (6-11)$$

式中　R——坯料圆角半径；

　　　r_p——矩形盒件底部与直壁间的圆角半径；

　　　r——底部圆角半径；

　　　H——矩形盒件的拉深高度。

（3）通过作图用光滑曲线连接直边和圆角部分，即得毛坯的形状和尺寸。具体作图步骤如下。

由 ab 线段中点 c 向圆弧 R 做切线，再以 R 为半径做圆弧与直线及切线相切，相切后毛坯补充的面积 $+f$ 与切除的面积 $-f$ 近似相等。

2. 高矩形盒件毛坯

该类零件的变形特点是在多次拉深过程中，直边与圆角的变形相互渗透，其圆角部分将有大量材料转移到直边部分。毛坯仍根据工件表面积与毛坯表面积相等的原则计算。

（1）当零件为方形盒件且高度比较大（见图 6 - 19），需要多道工序时，可采用圆形毛坯，其直径为

$$D = 1.13\sqrt{B^2 + 4B(H - 0.43r_p) - 1.72(H + 0.5r) - 4r_p(0.11r_p - 0.18r)} \quad (6-12)$$

（2）高度和圆角半径较大的盒形件（$H/B \geqslant 0.7 \sim 0.8$），毛坯的形状可做成长圆形或椭圆形。如图 6-20 所示，将毛坯尺寸看成是由两个宽度为 B 的半方形盒件和中间为（$A-B$）的直边部分连接而成，毛坯的形状就是两个半圆弧和中间两平行边所组成的长圆形。

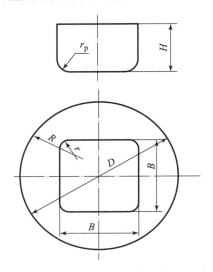

图 6-19　方形盒件毛坯的形状与尺寸

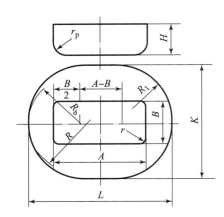

图 6-20　高矩形盒件的毛坯形状与尺寸

①长圆形圆弧半径为

$$R_b = D/2 \tag{6-13}$$

式中，D 为尺寸为 $B \times B$ 的方盒坯料直径，按式（6-12）计算。

②长圆形长度为

$$L = 2R_b + (A-B) = D + (A-B) \tag{6-14}$$

③长圆形宽度为

$$K = \frac{D(B-2r) + [B + 2(H - 0.43r_p)](A-B)}{A-2r} \tag{6-15}$$

然后用 $R = K/2$ 过毛坯长度两端做弧，既与 R_b 弧相切，又与两长边的展开直线相切，则毛坯的外形为一长圆形。

6.4　有凸缘圆筒形件工艺研究

有凸缘圆筒形件的拉深变形原理与一般圆筒形件是相同的，但由于带有凸缘，其拉深方法跟计算方法与一般圆筒形件有一定的差别。

6.4.1　有凸缘圆筒形件一次成形拉深极限

有凸缘圆筒形件的拉深过程和无凸缘圆筒形件相比，其区别仅在于前者将毛坯拉深至达到了零件所要求的凸缘直径 d_t 时拉深结束；而不是将凸缘变形区的材料全部拉入凹模内，如图 6-21 所示。所以，从变形区的应力和应变状态看两者是相同的。

拉深有凸缘圆筒形件时，在同样大小的首次拉深系数 $m_1 = d/D$ 的情况下，采用相同的毛坯直径 D 和相同的零件直径 d，可以拉深出不同凸缘直径 d_{t1}，d_{t2} 和不同高度 h_1，h_2 的制件（见图 6-22）。因此，$m_1 = d/D$ 并不能表达在拉深有凸缘圆筒形件时的各种不同的 d_t 和

h 的实际变形程度。从图 6 – 22 中可知，其 d_t 值愈小，h 值愈高，拉深变形程度也愈大。

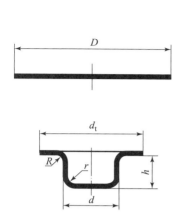

图 6 – 21　有凸缘圆形件与坯料图

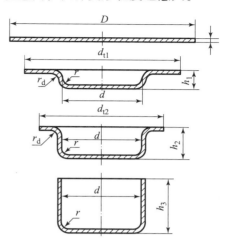

图 6 – 22　拉深时凸缘尺寸的变化

根据凸缘的相对直径 d_t/d 比值的不同，有凸缘圆筒形件可分为窄凸缘圆筒形件（$d_t/d =$ 1.1 ~ 1.4）和宽凸缘圆筒形件（$d_t/d > 1.4$）。窄凸缘件拉深时的工艺计算完全按一般圆筒形零件的计算方法，若 h/d 大于一次拉深的许用值，则只在倒数第二道才拉出凸缘或者拉成锥形凸缘，最后校正成水平凸缘，如图 6 – 23 所示。若 h/d 较小，则第一次可拉成锥形凸缘，然后校正成水平凸缘。

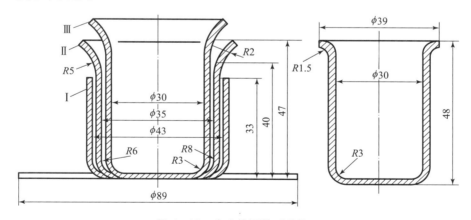

图 6 – 23　窄凸缘圆筒形件拉深

下面着重对宽凸缘圆筒形件的拉深进行分析，主要介绍其与直壁圆筒形件的不同点。

当 $R = r$ 时，宽凸缘圆筒形件毛坯直径的计算式为（见表 6 – 10）

$$D = \sqrt{d_t^2 + 4dh - 3.44dr} \tag{6 – 16}$$

根据拉深系数的定义，宽凸缘圆筒形件总的拉深系数仍可表示为

$$m = \frac{d}{D} = \frac{1}{\sqrt{(d_t/d)^2 + 4h/d - 3.44r/d}} \tag{6 – 17}$$

式中　D——毛坯直径（mm）；

　　　d_t——凸缘直径，包括修边余量（mm）；

　　d——筒部直径，中径（mm）；

　　r——底部和凸缘部的圆角半径，当料厚大于 1 mm 时，r 值按中线尺寸计算（mm）。

　　从式（6－17）知，凸缘件总的拉深系数 m，取决于 3 个比值。其中 d_t/d 的影响最大，其次是 h/d，由于拉深件的圆角半径 r 较小，所以 r/d 的影响小。d_t/d 和 h/d 的值越大，表示拉深时毛坯变形区的宽度越大，拉深成形的难度也越大。当两者的值超过一定值时，拉深件便不能一次拉深成形，必须增加拉深次数。表 6－12 所示为有凸缘圆筒形件第一次拉深成形可能达到的最大相对高度 h/d 值。

表 6－12　有凸缘圆筒形件第一次拉深的最大相对高度 h/d

凸缘相对直径 d_t/d	毛坯的相对厚度 $t/D \times 100$				
	1.50～2.00	1.00～1.50	0.60～1.00	0.30～0.60	0.15～0.30
≤1.1	0.75～0.90	0.65～0.82	0.57～0.70	0.50～0.61	0.45～0.52
1.1～1.3	0.65～0.80	0.56～0.72	0.50～0.60	0.45～0.53	0.40～0.47
1.3～1.5	0.58～0.70	0.50～0.63	0.45～0.53	0.40～0.48	0.35～0.42
1.5～1.8	0.48～0.58	0.42～0.53	0.37～0.44	0.34～0.39	0.29～0.35
1.8～2.0	0.42～0.51	0.36～0.46	0.32～0.38	0.29～0.34	0.25～0.30
2.0～2.2	0.35～0.45	0.31～0.40	0.27～0.33	0.25～0.29	0.22～0.26
2.2～2.5	0.28～0.35	0.25～0.32	0.22～0.27	0.20～0.23	0.17～0.21
2.5～2.8	0.22～0.27	0.19～0.24	0.17～0.21	0.15～0.18	0.13～0.16
2.8～3.0	0.18～0.22	0.16～0.20	0.14～0.17	0.12～0.15	0.10～0.13

　　注：1. 表中数值适用于 10 钢，比 10 钢塑性好的金属，应取较大的数值；比 10 钢塑性差的金属，应取较小的数值。

　　2. 表中大的数值适用于底部及凸缘大的圆角半径，小的数值适用于小的圆角半径。

　　有凸缘圆筒形件首次拉深的极限拉深系数如表 6－13 所示。后续拉深变形与圆筒形件的拉深相同，所以从第二次拉深开始可参照表 6－2 确定拉深系数。

表 6－13　有凸缘圆筒形件第一次拉深的极限拉深系数 m_1（适用于 08，10 钢）

凸缘相对直径 d_t/d	毛坯的相对厚度 $t/D \times 100$				
	1.50～2.00	1.00～1.50	0.60～1.00	0.30～0.60	0.15～0.30
≤1.1	0.51	0.53	0.55	0.57	0.59
1.1～1.3	0.49	0.51	0.53	0.54	0.55
1.3～1.5	0.47	0.49	0.50	0.51	0.52
1.5～1.8	0.45	0.46	0.47	0.48	0.48
1.8～2.0	0.42	0.43	0.44	0.45	0.45
2.0～2.2	0.40	0.40	0.42	0.42	0.42
2.2～2.5	0.37	0.38	0.38	0.38	0.38
2.5～2.8	0.34	0.35	0.35	0.35	0.35
2.8～3.0	0.32	0.33	0.33	0.33	0.33

　　在拉深宽凸缘圆筒形件时，由于凸缘材料并没有被全部拉入凹模，因此同无凸缘圆筒形件相比，宽凸缘圆筒形件拉深具有自己的特点，如下所示。

　　（1）宽凸缘圆筒形件的拉深变形程度不能仅用拉深系数的大小来衡量。

（2）宽凸缘圆筒形件的首次极限拉深系数比圆筒形件要小。

（3）宽凸缘圆筒形件的首次极限拉深系数值与零件的相对凸缘直径 d_t/d 有关。

6.4.2　宽凸缘圆筒形件的工艺设计

（1）毛坯尺寸的计算：毛坯尺寸的计算仍按等面积原理进行，参考无凸缘圆筒形零件毛坯的计算方法计算。毛坯直径的计算式如表 6－10 所示，其中 d_t 要考虑修边余量 ΔR，其值可查表 6－9。

（2）判别工件能否一次拉成：只需比较工件实际所需的总拉深系数和 h/d 与凸缘件第一次拉深的极限拉深系数和极限拉深相对高度即可。当 $m_总 > m_1$，$h/d \leqslant h_1/d_1$ 时，可一次拉成，工序计算到此结束，否则应进行多次拉深。

6.4.3　有凸缘圆筒形件的工序尺寸确定

1. 工序尺寸确定原则

计算有凸缘圆筒形件的工序尺寸有以下两个原则。

（1）原则 1。对于窄凸缘圆筒形件，可在前几次拉深中不留凸缘，先拉成圆筒件，而在以后的拉深中形成锥形的凸缘（在锥形的压边圈下拉紧的结果），最后将其校正成平面（见图 6－24（a））；或在缩小直径的过程中留下连接凸缘的圆角部分 r_d，在整形的前一工序先把凸缘压成圆锥形，在整形工序时再压成平整的凸缘（见图 6－24（b））。

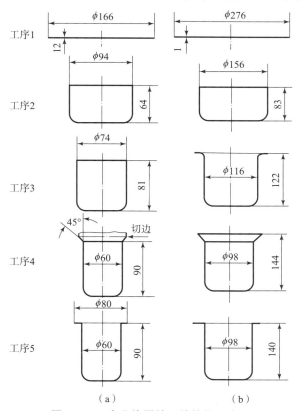

图 6－24　窄凸缘圆筒形件的拉深方法

对于宽凸缘圆筒形件，则应按表6-12和表6-13确定第一次拉深的极限相对高度和极限拉深系数，第一次就把毛坯凸缘直径拉到工件所要求的直径 d_t（包括修边量），而在以后各次拉深时，d_t 保持不变。

根据实际生产经验，对于宽凸缘圆筒形件的拉深工序安排，在保持凸缘直径不变的情况下，常用下述2种方法。

①圆角半径基本不变或逐次减小，同时缩小圆筒形直径来达到增大高度的方法（见图6-25（a）），它适用于材料较薄，拉深深度比直径大的中、小型零件。

②高度基本不变，而仅减小圆角半径，逐渐减小圆筒形直径的方法（见图6-25（b）），它适用于材料较厚，直径和深度相近的大中型零件。

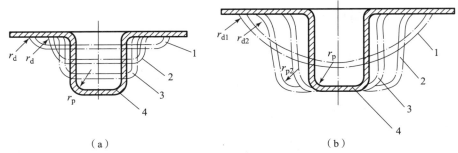

图6-25　宽凸缘圆筒形件的拉深方法

（2）原则2。为了保证以后拉深时凸缘不参加变形，宽凸缘圆筒形件首次拉入凹模的材料应比零件最后拉伸部分实际所需材料多3%～10%（按面积计算，拉深次数多时取上限值，拉深次数少时取下限值）。这些多余材料在以后各次拉深中，逐次将1.5%～3%的材料挤回到凸缘部分，使凸缘增厚，从而避免拉裂，这对料厚小于0.5 mm 的拉深件效果更为显著。

这一原则实际上是通过正确计算各次拉深高度和严格控制凸模进入凹模的深度来实现的。

2. 工序尺寸计算步骤

有凸缘圆筒形件拉深工序尺寸计算步骤如下。

（1）选定修边余量（查表6-9）。

（2）预算毛坯直径 D。

（3）算出 $t/D \times 100$ 和 d_p/d，从表6-12查出第一次拉深允许的最大相对高度 h_1/d_1，然后与零件的相对高度 h/d 相比，看能否一次拉成。若 $h/d \le h_1/d_1$，则可以一次拉出来，这种情况的工序尺寸计算到此结束。若 $h/d > h_1/d_1$，则一次拉不出来，需多次拉深。这时应计算工序间的各尺寸。

（4）从表6-13查出第一次极限拉深系数 m_1，从表6-2查出以后各工序拉深系数 m_2，m_3，$m_4\cdots$，并预算各工序的拉深直径：$d_1 = m_1 D$，$d_2 = m_2 d_1$，$d_3 = m_3 d_2\cdots$，通过计算，即可知道所需的拉伸次数。

（5）确定拉深次数以后，调整各工序的拉深系数，使各工序变形程度的分配更合理些。

（6）根据调整后的各工序的拉深系数，再次计算各工序的拉深直径：$d_1 = m_1 D$，$d_2 = m_2 d_1$，$d_3 = m_3 d_2 \cdots$。

（7）根据上述计算工序尺寸的原则 2，重新计算毛坯直径。

（8）选定各工序的圆角半径。

（9）计算第一次拉深高度，并校核第一次拉深的相对高度，检查是否安全。

（10）计算以后各次的拉深高度。

有凸缘圆筒形件拉深高度按式（6-18）计算，即

$$h_1 = \frac{0.25}{d_1}(D^2 - d_p^2) + 0.43(r_1 + R_1) + \frac{0.14}{d_1}(r_1^2 - R_1^2)$$

$$h_2 = \frac{0.25}{d_2}(D^2 - d_p^2) + 0.43(r_2 + R_2) + \frac{0.14}{d_2}(r_2^2 - R_2^2)$$

$$\cdots$$

$$h_n = \frac{0.25}{d_n}(D^2 - d_p^2) + 0.43(r_n + R_n) + \frac{0.14}{d_n}(r_n^2 - R_n^2) \tag{6-18}$$

6.5 拉深压边力加载研究

6.5.1 采用压边圈的条件

为了防止在拉深过程中制件的边壁或凸缘起皱，应使毛坯（或半成品）被拉入凹模圆角以前，保持稳定状态，其稳定程度主要取决于毛坯的相对厚度 $t/D \times 100$，或以后各次拉深半成品的相对厚度 $t/d_{n-1} \times 100$，拉深时可采用压边圈。使用压边圈的条件如表 6-14 所示。

表 6-14 采用或不用压边圈的条件

拉深方法	第一次拉深		以后各次拉深	
	$t/D \times 100$	拉深系数 m_1	$t/d_{(n-1)} \times 100$	拉深系数 m_n
用压边圈	<1.5	<0.6	<1.0	<0.8
可用可不用	1.5~2.0	0.6	1~1.5	0.8
不用压边圈	>2.0	>0.6	>1.5	>0.8

为了做出更准确的估计，还应考虑拉深系数 m 的大小，在实际生产中可以用下述计算式估算。

锥形凹模拉深时，材料不起皱的条件如下。

首次拉深：$t/D \geqslant 0.03(1 - m)$。

以后各次拉深：$t/D \geqslant 0.03(1/m - 1)$。

普通平端面凹模拉深时，毛坯不起皱的条件如下。

首次拉深：$t/D \geqslant 0.045(1 - m)$。

以后各次拉深：$t/D \geqslant 0.045(1/m - 1)$。

如果不能满足上述计算式要求，则可在拉深模设计时应考虑采用压边圈装置。

6.5.2 常用压边装置的选取

目前在生产实际中常用的压边装置有以下两大类。

（1）弹性压边装置。这种装置多用于普通冲床，通常有三种：橡皮压边装置（见图 6 - 26（a））、弹性压边装置（见图 6 - 26（b））、气垫式压边装置（见图 6 - 26（c））。这三种压边装置压边力的变化曲线如图 6 - 26（d）所示。另外氮气弹簧技术也逐渐在模具中使用。

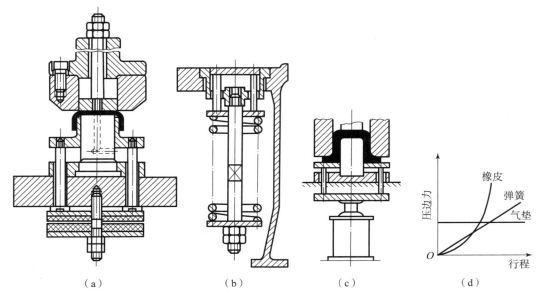

（a）　　　　　　　　（b）　　　　　　　　（c）　　　　　　　　（d）

图 6 - 26 弹性压边装置

随着拉深深度的增加，需要压边的凸缘部分不断减少，故需要的压边力也就逐渐减小。从图 6 - 26（d）可以看出，橡皮及弹簧压边装置的压边力恰好与需要的相反，随拉深深度的增加而增加，因此，橡皮及弹簧压边装置只用于浅拉深。

气垫式压边装置效果较好，但它结构复杂，制造、使用及维修都比较困难。弹簧与橡皮压边装置虽有缺点，但结构简单，对单动的中、小型压力机采用橡皮或弹簧装置还是很方便的。根据生产经验，只要正确地选择弹簧规格及橡皮的牌号和尺寸，就能尽量减少它们的不利方面，充分发挥它们的作用。

当拉深行程较大时，应选择总压缩最大、压边力随压缩量的变大而缓慢增加的弹簧。橡皮应选用软橡皮（冲裁卸料用硬橡皮）。橡皮的压边力随压缩量的变大而增加得很快，因此，橡皮的总厚度应选大些，以保证相对压缩量不致过大。建议所选取的橡皮总厚度不小于拉深行程的 5 倍。

在拉深宽凸缘圆筒形件时，为了克服弹簧和橡皮的缺点，可采用图 6 - 27 所示的限位装置（定位销、柱销或螺栓），使压边圈和凹模间始终保持一定的距离 s。

（2）刚性压边装置。这种装置的特点是压边力不随行程变化，拉深效果较好，且模具结构简单。这种结构用在双动压力机上，凸模装在压力机的内滑块上，压边装置装在外滑块上。

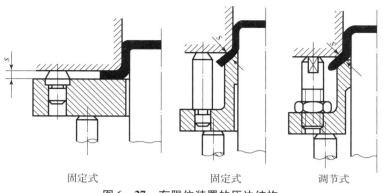

图 6 – 27 有限位装置的压边结构

6.5.3 压边力的计算

施加压边力是为了防止毛坯在拉深变形过程中起皱，压边力的大小对拉深工作的影响很大，如图 6 – 28 所示。压边力 F_Q 的数值应适当，太小时防皱效果不好，太大时则会增加危险断面处的拉应力，引起拉裂破坏或严重变薄超差。理论上，压边力 F_Q 的大小最好按照图 6 – 29 所示规律变化，即拉深过程中，毛坯外径减小至 $R_t = 0.85R_0$ 的时候，是起皱最严重的时刻，这时的压边力应最大，随后压边力逐渐减小。但这实际上很难做到。

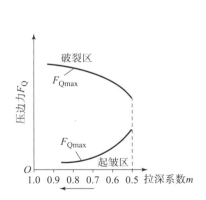

图 6 – 28 压边力对拉深工作的影响

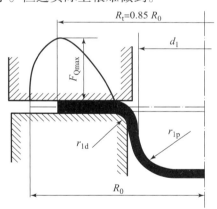

图 6 – 29 首次拉深压边力 F_Q 的理论曲线

生产中通常是使压边力 F_Q 稍大于防皱作用的最低值，并按表 6 – 15 中的公式计算。

表 6 – 15 压边力公式

拉深情况	公 式
拉深任何形状的工件	$F_Q = Aq$
圆筒形件第一次拉深（用平毛坯）	$F_Q = \pi/4\left[D^2 - (d_1 + 2r_d)^2\right]q$
圆筒形件后续拉深（用圆筒形毛坯）	$F_Q = \pi/4\left[d_{n-1}^2 - (d_n + 2r_d)^2\right]q$
注：式中，q 为单位压边力（MPa）；A 为压边面积。	

单位压边力的数值可通过查表 6 – 16 得到。

表 6 - 16　单位压边力 q

材料名称		单位压边力/MPa	材料名称		单位压边力/MPa
钼		0.8 ~ 1.2	软钢	$t > 0.5$ mm	2.0 ~ 2.5
紫铜、硬铝（已退火）		1.2 ~ 1.8	镀锡钢板		2.5 ~ 3.0
黄铜		1.5 ~ 2.0	高合金钢、高锰钢、不锈钢		3.0 ~ 6.5
软钢	$t < 0.5$ mm	2.5 ~ 3.0	高温合金		2.8 ~ 3.5

6.6　拉深缺陷控制

6.6.1　壁破裂

这种缺陷一般出现在方筒角部附近的侧壁，分为凹模圆角半径附近。在模具设计阶段，壁破裂一般难以预料。其破裂形状如图 6 - 30 所示，即倒 W 字形，在其上方出现与拉深方向呈 45°的交叉网格。交叉网格像用划线针划过一样，当寻找壁破裂产生原因时，如不注意，往往会看漏。它是一种原因比较清楚而又少见的疵病。

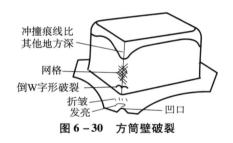

图 6 - 30　方筒壁破裂

方筒拉深，直边部分和圆角部分变形不均匀。随着拉深的进行，板厚只在圆角部分增加。因此，研磨了的压边圈，压边力集中于圆角部分，同时，也促进了加工硬化。为此，弯曲和变直中所需要的力就增大，拉深载荷集中于圆角部分，这种拉深的行程载荷曲线如图 6 - 31 所示，载荷峰值出现两次。

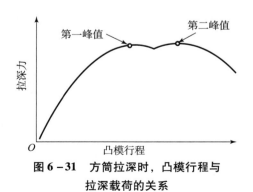

图 6 - 31　方筒拉深时，凸模行程与
拉深载荷的关系

第一峰值与拉深破裂相对应，第二峰值与壁破裂相对应。就平均载荷而言，第一峰值最高。就圆角部分来说，在加工后期由于拉深载荷明显地向圆角部分集中，因此，在第二峰值

往往出现壁破裂。

壁破裂的原因及消除方法如下。

（1）制品形状。

① 拉深深度过深。

由于该缺陷是在深拉深时产生的，因此，将拉深深度降低即可解决。但是当必须按图纸尺寸要求进行拉深时，也可用其他方法解决。

② r_d，r_c 过小。

由于该缺陷是在方筒角部半径 r_c 过小时发生的，所以就应增大 r_c。当拉深时凹模圆角半径 r_d 小，也有产生壁破裂的危险。如果产生破裂，就要好好研磨 r_d，使其加大。

（2）冲压条件。

① 压边力过大。

只要不起皱，就可降低压边力。如果起皱是引起破裂的原因，则降低压边力时必须慎重。如果制件在整个凸缘上发生薄薄的折皱，又在破裂处发亮，则可能是由于缓冲销高度没有加工好，模具精度差，压力机精度低，压边圈的平行度不好及发生撞击等局部原因，必须采取相应措施。是否存在上述因素，可以通过撞击痕迹来加以判断，如果撞击痕迹正常，则形状就整齐，如果不整齐，则表明某处一定有问题。

② 润滑不良。

润滑油的选择非常重要。判别润滑油是否合适的方法是，当把制品从模具内取出来时，如果制品温度高到不能用手触摸的程度，就必须重新考虑润滑油的选择和润滑方法。

在拉深过程中，不能使润滑油的油膜破裂。凸模侧壁温度上升而使材料软化，是引起故障的原因。因此，在进行深拉深时，要尽量减小拉深引起的摩擦，另外，还需要同时考虑积极的冷却方案。

③ 毛坯形状不当。

根据经验，在试拉深阶段产生壁破裂时，只要改变毛坯形状，就可消除缺陷，这种实例非常多。

拉深方筒时，首先使用方形毛坯进行拉深，r_d 部位如果产生破裂，就对毛坯四角进行切角。在此阶段，如果发生倒 W 字形破裂和网格疵病，则表示四角的切角量过大。切角的形状，如果在拉深时凸缘四角产生凹口，则只要切角量适当减小一些，就可消除，同时还可制止破裂。

④ 定位不良。

切角量即使合适，但如果毛坯定位不正确，则刚制件会像切角过大时那样，仍会产生壁破裂。另外，当批量生产使用三点定位装置时，定位全凭操作人员的手感，这时往往会产生壁破裂。

⑤ 缓冲销接触不良。

只要将缓冲销的长度作适当调整，缺陷即可消除。

（3）模具问题。

① 模具表面粗糙和接触不良。

在研磨凹模面，降低表面粗糙度的同时，还要达到不形成集中载荷的配合状态。

② 模具的平行度、垂直度误差。

进行深拉深时，因为模具的高度增加，所以凸模或凹模的垂直度、平行度就差，当接近下止点时，配合和间隙方面的变化，将成为壁破裂的原因。因此，模具制作完毕之后，必须检查其平行度和垂直度。

③ 拉深筋的位置和形状不好。

削弱方筒拉深时圆角部分的拉深筋的作用。

（4）材料。

① 拉伸强度不够。

② 晶粒过大，容易产生壁部裂纹，故应减小材料的晶粒。

③ 变形极限不足，因此要换成 r 值大的材料。

④ 增加板材厚度，进行试拉深。

6.6.2　纵向破裂

沿拉深方向的破裂，称为纵向破裂。由于破裂的原因不同，因此，消除方法也不同。

（1）由材料引起纵向破裂的实例。

使用不锈薄钢板在拉深极限附近进行深拉深时，r_p，r_d 部都不破裂，而在侧壁产生纵向破裂，最典型的例子如图 6 - 32 所示，材料破裂得像一个剥开了皮的香蕉。

这种裂纹的特征是纵向开裂，在从模具内取出制品的最后时刻瞬时裂开。其原因尚未定论，但可能是下述原因引起的。

图 6 - 32　纵向破裂

① 深容器拉深时，由于在圆周方向受强大的压缩应力的作用，因此，内部有拉伸残余应力存在，将拉深后的容器从凹模取出时，该残余应力就急骤起作用，并以容器四周的缺口为起点产生破裂。

② 凸缘部位的压缩变形，使容器侧壁形成时，由于瞬时压曲，侧壁部产生折弯或弯曲，从而产生破裂和纵向裂纹。

消除方法：根据经验，可改变 r_p，r_d 的大小；对模具进行充分研磨；增减缓冲销压力；改变润滑油等。当使用各种方法都无法控制时，更换材料，将板厚增加 0.1 mm，这时破裂就完全消除了。

（2）胀形过多而产生破裂。

进行方筒深拉深时，会产生回弹凹陷，其消除措施是，用稍微加大尺寸的凸模再进行胀形，即可消除回弹凹陷。但是如果胀形过多，则会由于圆角部分产生加工硬化，产生纵向裂纹。

目前，为了防止纵向裂纹的危险，大多采用精整的办法，即将制品的形状做成与凸模完全相同，精整时在凸缘上安装拉深筋，完全防止材料流入，这不是一般的再拉深的办法。

（3）由于混入异物而引起断裂。

在没有察觉到凹模上粘有异物而进行拉深时，异物就可能以其本身为起点，沿拉伸方向撕裂制品。这种原因产生的裂纹，开始位置小，逐渐增大撕裂范围。

第 7 章

成形类模具设计研究

除了冲裁、弯曲、拉深之外，凡使毛坯或制件产生局部变形来改变其形状的冲压工艺统称成形工艺。成形工艺应用广泛，既可与冲裁、弯曲、拉深等配合或组合，制造强度高、刚性好、形状复杂的制件，又可以单独采用，制造形状特异的制件。图 7 - 1（a）所示的胀形卡箍式平接头就是采用成形工艺冲压而成的，其主要工序是切管、胀形；图 7 - 1（b）所示的飞机工艺品的组件弹壳在成形时用到的是缩口工序。

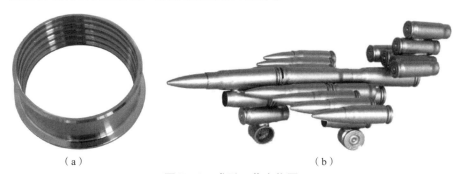

（a）　　　　　　　　　　　　　　　　　　（b）

图 7 - 1　成形工艺实物图

成形工艺根据变形特点分为以下几类。

（1）拉深成形。变形区主要受拉应力而发生塑性变形，拉应力和拉应变为其主应力和主应变，若材料破坏，则其形式为破裂。该类工艺包括圆孔翻边、内凹外缘翻边、起伏、胀形、扩口等。

（2）压缩成形。变形区主要受压应力和压应变而产生塑性变形，若材料破坏，则其形式为失稳起皱。该类工艺包括外凸外缘翻边、缩口等。

（3）拉压成形。变形区在拉应力和压应力共同作用下产生塑性变形，若材料破坏，则其形式与实际变形条件有关，可能破裂也可能失稳起皱。该类工艺包括变薄翻边、旋压等。

在生产实际的冲压中，应根据各种成形的变形机理和工艺特点，针对具体情况仔细地分析研究，合理、灵活地应用这些成形工艺解决问题。

7.1　冲压胀形技术的发展及应用

在毛坯的平面或曲面上使其凸起或凹进的成形工艺称为胀形。胀形能制出筋、棱、包及它们所构成的图案，对制件进行装饰并增加制件的刚性；还能使圆形空心毛坯局部凸起，制成形状复杂的零件，如图 7-2 所示。

胀形有多种工序形式，如起伏、圆管胀形、扩口等，它们在变形方面的共同之处如下。

（1）胀形时，毛坯的塑性变形局限于变形区范围内，变形区外的材料不向变形区内转移。

（2）变形区内的材料一般处于两向或单向拉应力应变状态，厚度方向处于收缩的应变状态。整个变形属于拉深变形。

（3）变形区内材料不会失稳起皱，胀成的表面质量较好，厚度上的切向拉应力分布较均匀，不易发生形状回弹。

图 7-2　胀形成形件

由于胀形所用的毛坯和所要变形部分的形状、范围等不同，各种胀形工序也有许多不同。

7.1.1　胀形的变形特点及分类

图 7-3 所示为胀形时毛坯的变形情况，其中涂黑部分表示毛坯的变形区。当毛坯的外径与成形直径的比值 $D/d_0 > 3$ 时，d_0 与 D 之间环形部分金属发生切向收缩所必需的径向拉应力很大，成为相对于中心部分的强区，以致环形部分金属根本不可能向凹模内流动。其成形完全依赖于直径为 d_0 的圆周以内的金属厚度的变薄及表面积的增大。很显然，胀形变形区内金属处于两向受拉的应力状态，其成形极限将受到拉裂的限制。

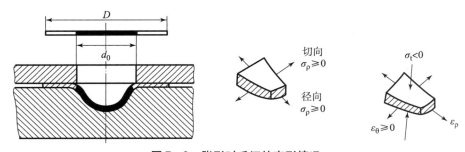

图 7-3　胀形时毛坯的变形情况

在一般情况下，胀形变形区内金属不会失稳起皱，因此，表面光滑。由于拉应力在毛坯的内外表面分布较均匀，因此，弹复较小，制件形状容易冻结，尺寸精度容易保证。

胀形根据不同的毛坯形状可以分为有起伏成形、空心毛坯成形及平板毛坯的拉胀成形等。

1. 起伏成形

在毛坯的平面或曲面上局部凸起或凹进的胀形称为起伏。由于惯性矩的改变和材料的加工硬化作用，因此，起伏成形有效地提高了制件的强度和刚度，如压加强筋、凸包等，而且外形美观。图 7-4 所示所起伏成形的一些例子。

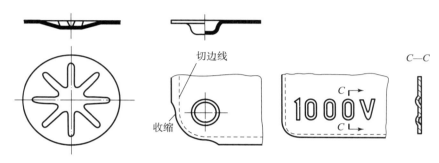

图 7-4　起伏成形

2. 空心毛坯的胀形

利用模具使空心毛坯在径向上局部扩张的成形称为空心胀形。空心毛坯的胀形也可以在压力机、液压机上采用其他装置完成。胀形一般在空心毛坯的圆筒部位实施，通过直径不同程度地扩大，使其局部向外曲面凸起或口端部扩大（扩口）等，以制成各种用途的零件，如图 7-5 所示。

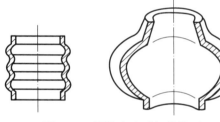

图 7-5　圆柱空心毛坯的胀形

7.1.2　胀形工艺计算依据及模具设计

1. 压加强筋

常见的压加强筋所能得到的形式和尺寸如表 7-1 所示。

表 7-1　压加强筋的形状和尺寸

名称	简　图	R	h	D 或 B	r	α
压筋		$(3\sim4)\,t$	$(2\sim3)\,t$	$(7\sim10)\,t$	$(1\sim2)\,t$	—
压凸		—	$(1.5\sim2)\,t$	$\geq 3h$	$(0.5\sim1.5)\,t$	$15°\sim30°$

起伏的极限变形程度，主要受材料的塑性、凸模的几何形状和润滑等因素影响（见图7-6）。对于比较简单的起伏成形件，可按式（7-1）确定其极限变形程度，即

$$\delta_{极} = \frac{l - l_0}{l_0} \times 100\% < (0.7 \sim 0.75)\delta_{单} \tag{7-1}$$

式中　$\delta_{极}$——起伏成形的极限变形程度；

　　　l_0，l——起伏前、后变形区的截面长度；

　　　$\delta_{单}$——材料的单向伸长率。

当制件要求的加强筋超出了极限变形允许值时，可采用图7-7所示方法，第一次起伏用球形凸模先成形到一定深度，以达到较大范围的内聚料和均化变形的目的；第二次起伏再成形到制件聚料需要的形状和尺寸。

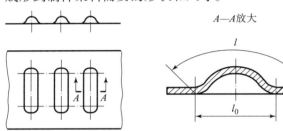

图7-6　起伏成形变形区变形前后截面的长度

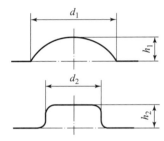

图7-7　两次胀形示意图

如果起伏的筋边到制件边缘的距离小于（3~3.5）t，则起伏中边缘处的材料就要收缩。因此，应根据实际的收缩预留出适当的切边余量，成形后增加一道切边工序。

压制加强筋所需冲压力，按式（7-2）估算，即

$$F = KLt\sigma_b \tag{7-2}$$

式中　K——考虑变形程度大小的系数，一般取 $K = 0.7 \sim 1$，对窄而深的加强筋 K 取大值，宽而浅的加强筋 K 取小值。

　　　L——起伏区周边长度（mm）；

　　　t——材料厚度（mm）；

　　　σ_b——材料的抗拉强度（MPa）。

若在曲轴压力机上压制厚度小于1.5 mm、成形面积小于200 mm^2 的小制件的加强筋和压筋，同时兼作校正工序，则所需冲压力 F 按式（7-3）估算，即

$$F = K_1 St^2 \tag{7-3}$$

式中　K_1——系数，对于钢件为（200~300）MPa，对于铜、铝件为（150~200）Mpa；

　　　S——起伏成形的面积（mm）。

2. 压凸包

压凸包时，毛坯直径与凸模直径的比值应大于4，此时凸缘部分不会向里收缩，属于胀形性质的起伏成形，否则即成为拉深。

表7-2给出了压凸包时凸包与凸包间、凸包与边缘间的极限尺寸及许用成形高度。如果制件凸包高度超出表中所列数值，则需采用多道工序的方法冲压凸包。

表 7 - 2　平板毛坯局部压凸包时的许用成形高度和极限尺寸　　　　mm

	材料	许用凸包成形高度 h_p	
	软钢	$\leqslant (0.15 \sim 0.20)d$	
	铝	$\leqslant (0.10 \sim 0.15)d$	
	黄铜	$\leqslant (0.15 \sim 0.22)d$	
	D	L	l
	6.5	10	6.0
	8.5	13	7.5
	10.5	15	9.0
	13.0	18	11.0
	15.0	22	13.0
	18.0	26	16.0
	24.0	34	20.0
	31.0	44	26.0
	36.0	51	30.0
	43.0	60	35.0
	48.0	68	40.0
	55.0	78	45.0

3. 空心毛坯胀形

1）空心毛坯胀形的变形程度

圆形空心胀形是在内压力的作用下使材料发生切向拉深形成的，其极限变形程度受材料伸长率限制。不论空心毛坯胀形是何种应变状态，材料的破坏形式均为开裂。胀形变形程度用胀形系数 K 来表示，即

$$K = \frac{d_{max}}{d_0} \tag{7-4}$$

式中　d_0——胀形前毛坯的直径（mm）；

　　　d_{max}——胀形后零件的最大直径（mm）；

　　　K——胀形系数；

　　　K_p——极限胀形系数（d_{max} 达到胀破时的极限值为 d'_{max}），如图 7 - 8 所示。

影响极限胀形系数的主要因素是材料的塑性，极限胀形系数 K_p 和材料切向伸长率 δ 的关系为

$$\delta = \frac{d'_{max} d_0}{d_0} = K_p - 1 \tag{7-5}$$

$$K_p = 1 + \delta \tag{7-6}$$

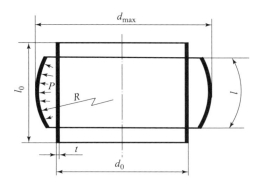

图 7 - 8　圆形空心毛坯胀形

如果胀形零件的表面要求高，过大的塑性拉深变形会引起表面粗糙，这时 δ 值宜取板材拉深中的均匀变形阶段的伸长率。

不同材料的极限胀形系数和切向许用伸长率（试验值）如表 7-3 所示。

表 7-3　极限胀形系数和切向许用伸长率（试验值）

材　　料		厚度/mm	极限胀形系数 K_P	切向许用伸长率 $\delta_{\theta p} \times 100$
铝合金 LF21-M		0.5	1.25	25
纯铝	L1，L2	1.0	1.28	25
	L3，L4	1.5	1.32	32
	L5，L6	2.0	1.32	32
黄铜	H62	0.5~1.0	1.35	35
	H68	1.5~2.0	1.40	40
低碳钢	08F	0.5	1.20	20
	10，20	1.0	1.24	24
不锈钢		0.5	1.26	26
1Cr18Ni9Ti		1.0	1.28	28

如果胀形的形状有利于均匀变形和补偿，材料厚度大，且可通过轴向、变形区局部施加压力，变形区局部加热等，则能不同程度地提高变形程度。而毛坯上的各种表面损伤、不良润滑等，均会降低变形程度。

2）空心毛坯胀形毛坯的计算

如图 7-8 所示，毛坯的直径 d_0，按式（7-7）计算，即

$$d_0 = \frac{d_{\max}}{K_p} \tag{7-7}$$

空心毛坯胀形时，毛坯两端不固定，毛坯的长度 L_0，按式（7-8）计算，即

$$L_0 = l(1 + K_2\delta) + \Delta h \tag{7-8}$$

式中　l——变形后母线展开长度（mm）；

　　　δ——制件切向的最大伸长率，如表 7-3 所示；

　　　K_2——因切向伸长而引起高度缩小所需要的留量系数，一般取 0.3~0.4；

　　　Δh——修边余量，一般取 5~20 mm。

3）空心毛坯胀形力 F 的计算

（1）刚性凸模胀形力如图 7-9 所示，为

$$F = 2\pi H t \sigma_b \frac{\mu + \tan\beta}{1 - \mu^2 - 2\mu\tan\beta} \tag{7-9}$$

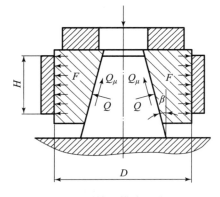

图 7-9　刚性凸模胀形力图示

式中　H——胀形的高度（mm）；

　　　t——材料的厚度（mm）；

　　　σ_b——材料的抗拉强度（MPa）；

μ——摩擦因数，一般取 0.15 ~ 0.20；

β——心轴半锥角（°），一般为 8° ~ 15°。

（2）软模胀形的单位压力如下。

毛坯两端固定，不产生轴向收缩时为

$$p = \left(\frac{1}{r} + \frac{1}{R} \right) t \sigma_b \qquad (7-10)$$

毛坯两端不固定，允许轴向自由收缩时为

$$p = \frac{t}{r} \sigma_b \qquad (7-11)$$

式中　r——胀形后的半径，$r = d_{max}/2$（mm）；

　　　R——胀形后轴向截面的曲率半径（mm）。

液体压力胀形时，单位压力为

$$p = 1.15 \sigma_b \frac{2t}{d} \qquad (7-12)$$

$$F = pS = 1.15 \sigma_b \frac{2t}{d} S \qquad (7-13)$$

式中　S——胀形面积，对圆柱空心体 $S = \pi DH$（mm²）；

　　　D——圆柱直径（mm）；

　　　H——胀形区高度（mm）。

4）空心毛坯胀形模具

空心毛坯胀形通常通过传力介质传至工序件的内壁产生较大的切向变形，使直径尺寸增大。按传力介质不同，空心毛坯胀形可分为刚性模具胀形、软模胀形、液体胀形等。

图 7-10 所示为刚性模具胀形。利用锥形芯块 4 将分瓣凸模 2 顶开，将包在凸模外的毛坯 5 胀开到所要求的形状。分瓣凸模分块数目越多，制件的精度越好。这种胀形方法难以得到精度较高的旋转体制件。此外，由于模具制造困难，这种胀形方法不易加工形状复杂的制件。

图 7-11 所示为软模胀形，用橡胶等软弹性体作为凸模，施加压力后，凸模变形压迫毛坯，使毛坯胀开贴合凹模，从而得到所需的形状。凹模则采用刚性材料，为便于取出制件，凹模常由两块或多块组合而成。凸模材料广泛采用聚氨酯橡胶，这种橡胶强度高，弹性和耐油性好。由于软模胀形可使制件的变形比较均匀，容易保证零件的正确几何形状，便于加工形状复杂的空心件，因此，生产中应用较广。

图 7-12 所示为液压胀形。先将液体灌进坯料之内，然后在密封的条件下，液体产生高压，使毛坯与刚性凹模贴合，得到所需的形状。此法在操作上不方便，生产

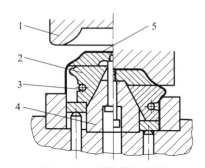

图 7-10　刚性模具胀形

1—凹模；2—分瓣凸模；3—拉簧；
4—锥形芯块；5—毛坯

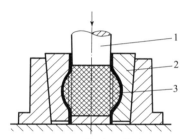

图 7-11　橡胶凸模胀形

1—凸模；2—分块凹模；3—橡胶

率低。

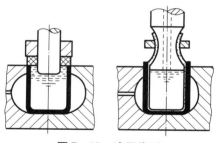

图 7 - 12　液压胀形

（a）倾注液体法；（b）充液橡胶囊法

图 7 - 13 所示为采用轴向压缩和高压液体联合作用的胀形方法。首先将管料 4 置于凹模 3 之内，然后将其压紧，再使两端的轴头 2 压紧管料端部，继而由轴头内孔引进高压液体，在轴向和径向压力的共同作用下，管料 4 向凹模 3 处胀形，得到制件 5。用这种方法可较大程度地增加胀形量，加工效果好，能制出形状复杂的零件。此外，变形区厚度变薄的程度较轻，有利于进行后续切削。该方法常用于高压管接头等零件的制造。

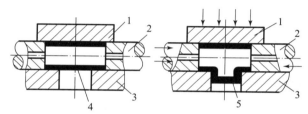

图 7 - 13　轴向压缩的高压液体胀形

（a）胀形前；（b）胀形中

1—上模；2—轴头；3—凹模；4—管料

7.2　翻边类零件的工艺与模具设计

将板料在其平面或曲面上沿封闭或不封闭的曲线边缘进行折弯，形成有一定角度的直壁或凸缘的成形工艺称为翻边。翻边能制出与零部件装配的结合部位和具有复杂特异形状、合理空间的立体零件，如汽车中墙板翻边、摩托车油箱翻边、法兰翻边等。翻边可代替先拉后切的方法制取无底零件，可减少加工次数，节省材料。翻边类零件如图 7 - 14 所示。

图 7 - 14　翻边类零件

根据制件边缘的形状和应力应变状态的不同，翻边制件可分为内孔翻边和外缘翻边，如图 7 - 15 所示。也可分为伸长类翻边和压缩类翻边。若模具间隙能保证对材料的厚度无强制性的挤压，则为不变薄翻边，其材料厚度的变薄主要是补偿延伸变形的结果，否则为变薄翻边，其材料厚度的变薄主要是强制挤压的结果。

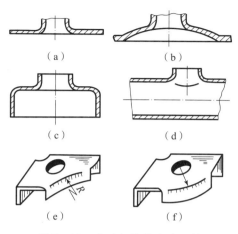

图 7 - 15　内孔与外缘翻边制件

7.2.1　圆孔翻边工艺

圆孔翻边是指把预先加工在平面上的圆孔周边翻起扩大，使其成为具有一定高度的直壁孔部，是一种拉深类平面翻边。圆孔翻边能制出螺纹底孔，增加拉深件高度，用于代替先拉深后切底的工艺，还能压制成空心铆钉。

1. 圆孔翻边变形机理

如图 7 - 16 所示，在有圆孔的平面毛坯上画出与圆孔同心且圆周线距离相等的若干同心圆，并做出分度相等的若干辐射线形成坐标网格，再将其放入翻边模内进行翻边。从冲件坐标网格的变化可以看出，坐标网格由扇形变为矩形，说明金属沿切向周围线伸长，且越靠近孔口处伸长量越大；各同心圆距离无明显变动，即金属在径向变形很小；厚度方向越靠近孔口处其减薄量越大。由此表明，材料的变形区是 d 和 D_1 之间的环形部分。变形区受两向拉应力——切向拉应力 σ_3 和径向拉应力 σ_1 作用，其中切向拉应力是最大主应力。

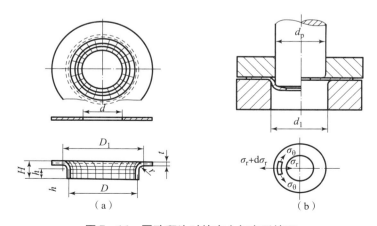

图 7 - 16　圆孔翻边时的应力与变形情况

2. 圆孔翻边系数

如果孔口处的拉深量超过了材料的允许范围，则会破裂，因而必须控制翻边的变形程度。该变形程度是用翻边系数 m 来表示的，即翻边前孔径 d 与翻边后孔径 D 之比。

$$m = d/D \qquad\qquad (7-14)$$

m 值越小，变形程度就越大，反之变形程度就越小。工艺上必须使实际的翻边系数大于或等于材料所允许的极限翻边系数。各种材料圆孔的极限翻边系数如表 7-4 和表 7-5 所示，方孔或其他非圆孔翻边时，其值可减少 10%~15%。

表 7-4　翻边系数 m，m_{min}

退火材料	m	m_{min}
白铁皮	0.70	0.65
碳钢	0.74 ~ 0.87	0.65 ~ 0.71
合金结构钢	0.80 ~ 0.87	0.70 ~ 0.77
镍铬合金钢	0.65 ~ 0.69	0.57 ~ 0.61
软铝（$t = 0.5 ~ 5.0$ mm）	0.71 ~ 0.83	0.63 ~ 0.74
硬铝	0.89	0.80
紫铜	0.72	0.63 ~ 0.69
黄铜 H62（$t = 0.5 ~ 6.0$ mm）	0.68	0.62

表 7-5　低碳钢极限翻边系数 m_{min}

翻边方法		球形凸模		圆柱形凸模	
制孔方法		钻孔去毛刺	冲孔	钻孔去毛刺	冲孔
相对直径 d/t	100.0	0.70	0.75	0.80	0.85
	50.0	0.60	0.65	0.70	0.75
	35.0	0.52	0.57	0.60	0.65
	20.0	0.45	0.52	0.50	0.60
	15.0	0.40	0.48	0.45	0.55
	10.0	0.36	0.45	0.42	0.52
	8.0	0.33	0.44	0.40	0.50
	6.5	0.31	0.43	0.37	0.50
	5.0	0.30	0.42	0.35	0.48
	3.0	0.25	0.42	0.30	0.47
	1.0	0.20		0.25	

注：采用表中 m_{min} 值时，实际翻边后口部边缘会出现小的裂纹，如果工件不允许开裂，则翻边系数须加大 10%~15%。

影响翻边系数大小的因素有以下几个。

（1）材料塑性。塑性好的材料，极限翻边系数小，所允许的变形程度大。

（2）预制孔的边缘状况。翻边前的孔边缘断面质量越好，就越有利于翻边成形。钻孔的极限翻边系数较冲孔的小，其原因是冲孔断面上有冷作硬化现象和微小裂纹，变形时极易在应力中开裂。为了提高翻边的变形程度，常用整修过的钻孔或冲孔加工翻边的圆孔。例如，冲孔后翻边，应将冲孔后带有毛刺的一侧放在里层，以避免产生孔口裂纹；也可将孔口部退火，消除冷作硬化现象并恢复塑性，这样可得到与钻孔相近的翻边系数。

（3）材料的相对厚度 t/d。相对厚度越大，所允许的翻边系数就越小，这是因为较厚的材料对拉深变形的补充性较好，使材料断裂前的伸长值大些。

（4）凸模的形状。球形、锥形、抛物线形凸模较圆柱平底凸模对翻边更有利，因为前者在翻边时，孔边圆滑过渡、逐步张开，有利于材料的变形，所以翻边系数值可小些。

3. 圆孔翻边工艺计算

（1）圆孔翻边的工艺性。制件的尺寸如图 7-17 所示。直边与凸缘间的圆角半径 $r \geqslant (1.5t+1)$ mm；一般 $t \leqslant 2$ mm 时，取 $r = (2 \sim 4)t$；$t > 2$ mm 时，$r = (1 \sim 2)t$。如果不能满足上述条件，则应增加整形工序。

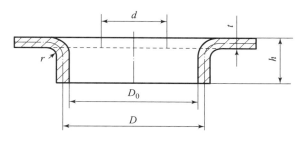

图 7-17　圆孔翻边

翻边后直边口部变薄严重，其厚度 t_1 按式（7-15）近似计算，即

$$t_1 = \sqrt{\frac{d}{D_0}} \tag{7-15}$$

翻边预制孔的断面质量也应符合一定的要求，否则孔边的毛刺裂纹易导致口部的破裂。

（2）预制孔径 d。在进行翻边前，必须在毛坯上加工出待翻边的孔。根据变形机理，翻孔后的直壁和圆弧部分就相当于弯曲，因而孔径 d 按弯曲展开的原则求出，即

$$d = D - 2(h - 0.43r - 0.72t) \tag{7-16}$$

式中　D——翻边孔中线直径（mm）；

　　　h——翻边高度（mm）；

　　　r——翻边圆角半径（mm）。

（3）判断是否一次翻成，决定翻边方法。如果制件的 d/D 大于极限翻边系数，一般采用制孔后一次翻边的方法。如果 d/D 小于极限翻边系数，则不能一次翻成。对于大孔翻边或在带料上连续拉深时的翻边，可采用先拉深，再制底孔，最后翻边的工艺方法。

若采用多次翻边的工艺方法，则各翻边工序间均需进行退火，并且以后各次的翻边系数要比第一次的增大 15%~20%，因此，较少应用。

（4）翻边高度 h。一次翻成时，翻边高度 h 为

$$h = \frac{D-d}{2} + 0.43r + 0.72t \qquad (7-17)$$

采用拉深制孔后翻边的工艺方法时，翻边高度 h（见图 7-18）按式（7-18）计算，即

$$h = \frac{D-d}{2} + 0.57r \qquad (7-18)$$

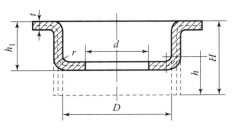

图 7-18　翻边高度

预拉深高度 h_1 为

$$h_1 = H - \left(\frac{D-d}{2}\right) + 0.43r + 0.72t \qquad (7-19)$$

式中　H——制件的高度（mm）。

若用多次翻边的工艺方法，则各次翻边高度按式（7-20）确定，即

$$h_n = H - \left(\frac{d_1-d}{2}\right) + 0.43r + 0.72t \qquad (7-20)$$

式中　h_n——第 n 次翻边高度（mm）；

d_n——第 n 次翻边中线直径（mm）。

（5）翻边力 F 和翻边功 Q。圆柱平底凸模翻边力按式（7-21）计算，即

$$F = 1.1\pi t\sigma_s(D-d) \qquad (7-21)$$

式中　σ_s——材料的屈服强度（MPa）。

采用球形、锥形或抛物线形凸模时，式（7-21）翻边力可降低 20%～30% 左右。无预制孔的翻边力要比有预制孔的大 1.33～1.75 倍。翻边所需要的功 Q 为

$$Q = Fh \qquad (7-22)$$

式中　h——凸模的有效行程（mm）。

翻边功率的计算与拉深相同。

4. 圆孔翻边模工作部分设计

圆孔翻边模的凹模圆角半径一般影响不大，可取该值等于零件的圆角半径。圆孔翻边模的凸模结构与一般拉深模相似，所不同的是翻边凸模的圆角半径应尽量取大些，以利于变形。图 7-19 所示为几种常用的圆孔翻边凸模的形状和主要尺寸。图 7-19（a）所示为带有定位销且直径在 10 mm 以上的翻边凸模；图 7-19（b）所示为没有定位销，且零件处于固定位置上的翻边凸模；图 7-19（c）所示为带有定位销，且直径在 10 mm 以下的翻边凸模；图 7-19（d）所示为带有定位销，且直径较大的翻边凸模；图 7-19（e）所示为无预制孔，且不精确的翻边凸模。图 7-19 中 1 为台肩，若采用压边圈时，此台肩可省略；2 为翻边工作部分；3 为倒圆，对平底凸模一般取 $r_p > 4t$；4 为导正部分。

翻边间隙和凸、凹模尺寸方面，由于翻边时壁部厚度有所变薄，因此，翻边单边间隙 $Z/2$ 一般小于材料原有的厚度。翻边的单边间隙如表 7-6 所示。

一般圆孔翻边的单边间隙 $Z/2 = (0.75～0.85)t$，这样使直壁稍为变薄，以保证加工件的竖边直立。Z 在平板件上可取较大些，而在拉深件上则取较小些；对于具有小圆角半径的高直边翻边，如螺纹底孔或与轴配合的小孔直边，$Z/2 = 0.65t$ 左右，以便使模具对材料进行一定的挤压，从而保证直壁部分的尺寸精度。当 $Z/2$ 增大到 $(4～5)t$ 时，翻边力可明显

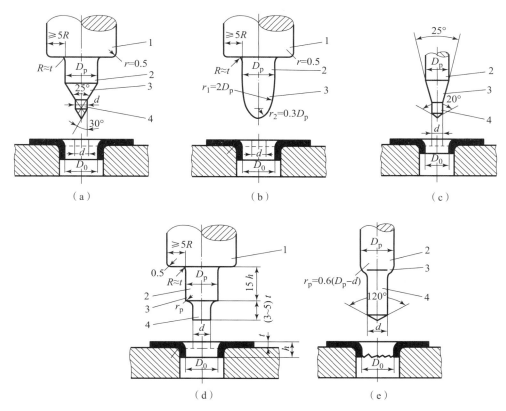

图 7-19 几种常用的圆孔翻边凸模的形状和尺寸
1—台肩；2—翻边工作部分；3—倒圆；4—导正部分

降低 30% ~35%，此时翻出的制件圆角半径大，相对直边高度较小，尺寸精度低，适用于飞机、车辆、船舶的窗口，舱口和某些大中型件上的竖孔，这样可以减少制件的重量并提高结构的强度和刚度。

表 7-6 翻边的单边间隙   mm

材料厚度 t	在平板上翻边	在拉深件上翻边
	间隙值 $Z/2$	
0.3	0.25	—
0.5	0.45	—
0.7	0.60	—
0.8	0.70	0.60
1.0	0.85	0.75

续表

材料厚度 t	在平板上翻边	在拉深件上翻边
	间隙值 Z/2	
1.2	1.00	0.90
1.5	1.30	1.10
2.0	1.70	1.50
2.5	2.20	2.10

翻边圆孔的尺寸精度主要取决于凸模。翻边凸模和凹模的尺寸按式（7-23）和式（7-24）计算，即

$$D_p = (D_0 - \Delta)_{-\delta_p}^{0} \tag{7-23}$$

$$D_d = (D_p - Z)_{0}^{+\delta_d} \tag{7-24}$$

式中　D_p——翻边凸模直径（mm）；

　　　　D_d——翻边凹模直径（mm）；

　　　　δ_p——翻边凸模直径的公差（mm）；

　　　　δ_d——翻边凹模直径的公差（mm）；

　　　　D_0——翻边竖孔最小内径（mm）；

　　　　Δ——翻边竖孔内径的公差（mm）。

通常不对翻边竖孔的外形尺寸和形状提出较高的要求，其原因是在不变薄的翻边中，模具对变形区直壁外侧无强制挤压，加之直壁各处厚度变化不均匀，因而竖孔外径不易控制。如果对翻边竖孔的外径精度要求较高，则凸、凹模之间应取小的间隙，以便凹模对直壁外侧产生挤压作用，从而控制其外形尺寸。

7.2.2　非圆孔翻边工艺

图 7-20 所示为沿非圆形的内缘翻边，称为非圆孔翻边。具有直边的非圆形开孔多用于减轻制件的重量和增加结构的刚度，翻边高度一般不大，约（4~6）t，同时精度要求也不高。翻边前预制孔的形状和尺寸根据孔形分段处理，按图 7-25 分为圆角区Ⅰ（属圆孔翻边变形）、直边区Ⅱ（属弯曲变形），而Ⅲ区和拉深变形情况相似。由于Ⅱ区和Ⅲ区两部分的变形性质可以减轻Ⅰ区部分的变形程度，因此，非圆孔翻边系数 m_f（一般指小圆弧部分的翻边系数）可小于圆孔翻边系数 m。两者的关系大致是

$$m_f = (0.75 \sim 0.85)t \tag{7-25}$$

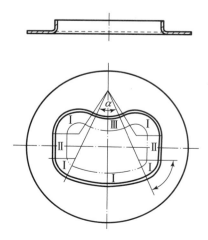

图 7-20　非圆孔翻边

非圆孔的极限翻边系数，可根据各圆弧的圆心角 α 大小查表 7 - 7 获得。

表 7 - 7 低碳钢非圆孔的极限翻边系数 m_{fmin}

$\alpha/(°)$	比值 d/t						
	50.0	33.0	20.0	12.0 ~ 8.3	6.6	5.0	3.3
180 ~ 360	0.800	0.600	0.520	0.500	0.480	0.460	0.450
165	0.730	0.550	0.480	0.460	0.440	0.420	0.410
150	0.670	0.500	0.430	0.420	0.400	0.380	0.375
130	0.600	0.450	0.390	0.380	0.360	0.350	0.340
120	0.530	0.400	0.350	0.330	0.320	0.310	0.300
105	0.470	0.350	0.300	0.290	0.280	0.270	0.260
90	0.400	0.300	0.260	0.250	0.240	0.230	0.225
75	0.330	0.250	0.220	0.210	0.200	0.190	0.185
60	0.270	0.200	0.170	0.170	0.160	0.150	0.145
45	0.200	0.150	0.130	0.130	0.120	0.120	0.110
30	0.140	0.100	0.090	0.080	0.080	0.080	0.080
15	0.070	0.050	0.040	0.040	0.040	0.040	0.040
0°	弯曲变形						

非圆孔翻边毛坯的预孔形状和尺寸，可以按圆孔翻边弯曲和拉深各区分别展开，然后用作图法把各展开线交接处圆滑连接起来。

7.2.3 翻边模的分类

图 7 - 21 所示为圆孔翻边模，其结构与拉深模基本相似。

图 7 - 22 所示为落料、拉深、冲孔、翻边复合模。凸凹模 8 与落料凹模 4 均固定在固定板 7 上，以保证同轴度。冲孔凸模 2 压入凸凹模 1 内，并以垫片 10 调整它们的高度差，以此控制冲孔前的拉深高度，确保翻出合格的零件高度。该模的工作顺序：首先上模下行，在凸凹模 1 和落料凹模 4 的作用下落料。上模继续下行，在凸凹模 1 和凸凹模 8 的相互作用下将毛坯拉深，冲床缓冲器的力通过顶杆 6 传递给顶件块 5 并对毛坯施加压边力。当拉深到一定深度后，由冲孔凸模 2 和凸凹模 8 进行冲孔并翻孔。当上模回升时，在顶件块 5 和推件块 3 的作用下制件被顶出，条料由卸料板 9 卸下。

图 7 - 23 所示为内外缘翻边复合模。毛坯套在件 7 上定位，同时件 7 又是内缘翻边的凹模，为保证件 7 的位置准确，将压料板 5 与外缘翻边凹模 3 按 H7/h6 配合装配。压料板 5 既起压料作用，同时又起整形作用，在冲压至下止点时，其应与下模刚性接触，成形结束后，该件起到顶件作用。

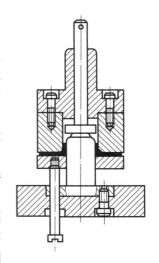

图 7 - 21 内孔翻边模

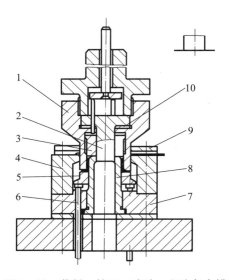

图 7 – 22　落料、拉深、冲孔、翻边复合模

1，8—凸凹模；2—冲孔凸模；3—推件块；4—落料凹模；

5—顶件块；6—顶杆；7—固定板；9—卸料板；10—垫片

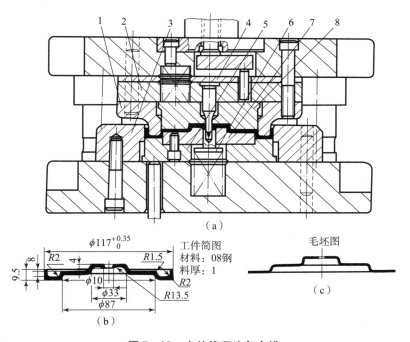

图 7 – 23　内外缘翻边复合模

（a）模具结构；（b）工件简图；（c）毛坯图

1—外缘翻边凸模；2—凸模固定板；3—外缘翻边凹模；4—内缘翻边凸模；

5—压料板；6—顶件块；7—内缘翻边凹模；8—推件板

7.3　缩口成形技术及其工艺装备

利用模具把圆筒形件或管形件的口部直径缩小的成形称为缩口。缩口在国防、机器制造、日用品工业中应用广泛，如子弹弹壳、钢制气瓶、自行车坐垫鞍管等圆壳体的口径部等，如图 7 - 24 所示。

对于细长的管状类零件，有时用缩口代替拉深，可以减少工序，起到更好的效果。图 7 - 25（a）所示为采用拉深和冲底孔工序成形的制件，共有 5 道工序；图 7 - 25（b）所示为采用管状毛坯缩口工序成形的制件，只需 3 道工序。

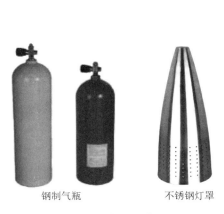

钢制气瓶　　　　不锈钢灯罩

图 7 - 24　缩口实物图

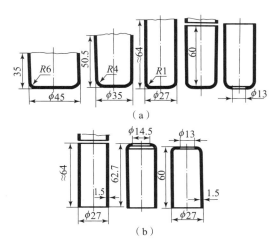

（a）

（b）

图 7 - 25　缩口与拉深工序比较

7.3.1　变形特点

缩口的压力应变特点如图 7 - 26 所示。在缩口变形过程中，毛坯变形区受两向压应力的作用，而切向压应力是最大主应力，使毛坯直径减小，壁厚和高度增加，因而切向可能产生失稳起皱。同时，非变形区的筒壁，由于承受全部缩口压力 F，也易产生轴向的失稳变形。综上所述，缩口的极限变形程度主要受失稳条件的限制，防止失稳是缩口工艺要解决的主要问题。

7.3.2　缩口系数

缩口的变形程度用缩口系数 m_s 表示，有

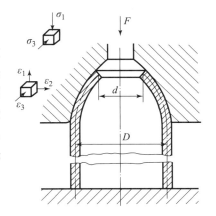

图 7 - 26　缩口的压力应变特点

$$m_s = \frac{d}{D} \tag{7 - 26}$$

式中　d——缩口后直径（mm）;

　　　D——缩口前直径（mm）。

缩口系数 m_s 越小，变形程度越大。表 7 - 8 所示为不同材料、不同厚度的平均缩口系

数。表 7 - 9 所示为不同材料、不同支承方式的极限缩口系数参考数值。由表 7 - 8、表 7 - 9 可以看出，材料塑性越好，厚度越大，缩口系数越小。此外，若模具对筒壁有支持作用，则极限缩口系数便较小。

表 7 - 8　平均缩口系数 m_0

材料	材料厚度 t/mm		
	< 0.5	0.5 ~ 1.0	> 1.0
黄铜	0.85	0.80 ~ 0.70	0.70 ~ 0.65
钢	0.80	0.75	0.70 ~ 0.65

表 7 - 9　极限缩口系数 m_{smin}

材料	支承方式		
	无支承	外支承	内外支承
软钢	0.70 ~ 0.75	0.55 ~ 0.60	0.30 ~ 0.35
黄铜 H62、H68	0.65 ~ 0.70	0.50 ~ 0.55	0.27 ~ 0.32
铝	0.68 ~ 0.72	0.53 ~ 0.57	0.27 ~ 0.32
硬铝（退火）	0.73 ~ 0.80	0.60 ~ 0.63	0.35 ~ 0.40
硬铝（淬火）	0.75 ~ 0.80	0.68 ~ 0.72	0.40 ~ 0.43

7.3.3　缩口工艺计算

1. 缩口次数

若制件的缩口系数 m_s 小于极限缩口系数，则需进行多次缩口，缩口次数 n 按式（7 - 27）估算，即

$$n = \frac{\lg m_s}{\lg m_0} = \frac{\lg d - \lg D}{\lg m_0} \qquad (7 - 27)$$

式中　m_0——平均缩口系数，参看表 7 - 10。

2. 颈口直径

多次缩口时，最好每道缩口工序之后进行中间退火，各次缩口系数可参考式（7 - 28）确定，即

首次缩口系数　　　$m_1 = 0.9 m_0$

以后各次缩口系数　$m_n = (1.05 ~ 1.10) m_0$　　　　　　　　　　$(7 - 28)$

各次缩口后的颈口直径为

$$d_1 = m_1 D$$
$$d_2 = m_n d_1 = m_1 m_n D$$
$$d_3 = m_n d_2 = m_1 m_n^2 D \qquad (7 - 29)$$
$$d_n = m_n d_{n-1} = m_1 m_n^{n-1} D$$

式中，d_n 应等于制件的颈口直径。缩口后，由于回弹，制件要比模具尺寸增大 0.5% ~ 0.8%。

3. 毛坯高度

毛坯高度是指缩口前毛坯的高度，一般根据变形前后体积不变的原则计算。如图 7 – 27 所示，几种形状制件缩口前毛坯高度 H 按式（7 – 30）~ 式（7 – 32）计算。

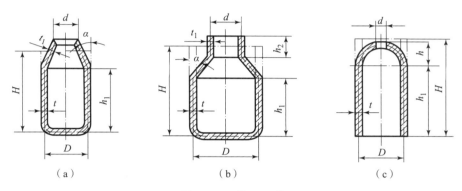

图 7 – 27　缩口制件

图 7 – 27（a）所示缩口前毛坯高度 H 为

$$H = 1.05\left[h_1 + \frac{D^2 - d^2}{8D\sin\alpha}\left(1 + \sqrt{\frac{D}{d}}\right)\right] \tag{7 – 30}$$

图 7 – 27（b）所示缩口前毛坯高度 H 为

$$H = 1.05\left[h_1 + h_2\sqrt{\frac{d}{D}} + \frac{D^2 - d^2}{8D\sin\alpha}\left(1 + \sqrt{\frac{D}{d}}\right)\right] \tag{7 – 31}$$

图 7 – 27（c）所示缩口前毛坯高度 H 为

$$H = h_1 + \frac{1}{4}\left(1 + \sqrt{\frac{D}{d}}\right)\sqrt{D^2 - d^2} \tag{7 – 32}$$

式中，α 为凹模的半锥角，对缩口成形过程有重要影响，若半锥角取值合理，则允许的缩口系数可以比平均缩口系数小 10% ~ 15%。一般应为 $\alpha < 45°$，最好取 $\alpha < 30°$。

4. 缩口力

（1）无心柱支承的缩口（图 7 – 28（a）所示制件，在图 7 – 28（a）所示模具上缩口时），缩口力为

$$F = K\left[1.1\pi Dt\sigma_b\left(1 - \frac{d}{D}\right)(1 + \mu\cot\alpha)\frac{1}{\cos\alpha}\right] \tag{7 – 33}$$

（2）有内外心柱支承的缩口（图 7 – 28（c）所示制件，在图 7 – 28（c）所示模具上缩口时），缩口力为

$$F = K\left\{\left[1.1\pi Dt\sigma_b\left(1 - \frac{d}{D}\right)(1 + \mu\cot\alpha)\frac{1}{\cos\alpha}\right] + 1.82\sigma_b't_1^2\left[d + R_d(1 - \cos\alpha)\right]\frac{1}{R_d}\right\}$$

$$\tag{7 – 34}$$

式中　σ_b——材料的屈服强度（MPa）；

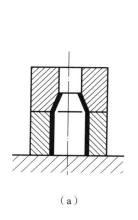 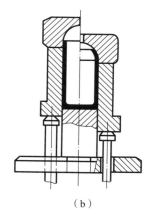 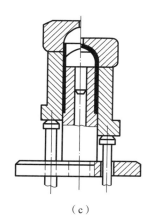

（a） （b） （c）

图 7 - 28　不同支承方法的缩口模

（a）无支承；（b）外支承；（c）内外支承

μ——凹模与制件之间的摩擦因数；

α——凹模圆锥孔的半锥角（°）；

σ_b'——材料缩口硬化的变形应力（MPa）；

t_1——缩口后制件颈部壁厚 $t_1 = t\sqrt{D/d}$（mm）；

R_d——凹模圆角半径（mm）；

K——速度系数，曲柄压力机取 $K = 1.15$；

其他符号意义如图 7 - 27 所示。

7.3.4　缩口模结构

图 7 - 28 所示为不同支承方法的缩口模。图 7 - 28（a）所示是无支承形式，其模具结构简单，但缩口过程中毛坯稳定性差，极限缩口系数较大。图 7 - 28（b）所示为外支承形式，缩口时毛坯的稳定性较前者好。图 7 - 28（c）所示为内外支承形式，其模具结构较前两种复杂，但缩口时毛坯的稳定性最好，极限缩口系数为 3 种中最小。图 7 - 29 所示为有夹紧装置的缩口模。图 7 - 30 所示为缩口与扩口复合模，可以得到特别大的直径差。

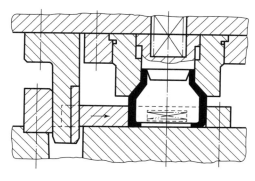

图 7 - 29　有夹紧装置的缩口模

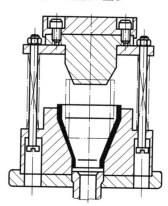

图 7 - 30　缩口与扩口复合模

7.4　管材的冲压成形方法

　　管材冲压是指管材的第二次加工，属于管材深加工技术范畴。它是从传统的冲压工艺发展起来的一种新的加工技术，在航空航天、汽车、摩托车、机械、化工等工业部门得到广泛应用，同时也为管材在工程上的广泛应用展示出诱人的前景。

　　应根据管材零件的技术条件及不同使用要求，选用相应的冲压方法。在实际生产中，管材的冲压加工方法，主要有切断、剖口、弯曲、翻卷成形等。

　　管材的冲压与板材的冲压尽管都是冲压加工方法，但因管材是空心的，所以两者在工艺方法、工装结构设计、主要出现的产品质量问题及防止措施等方面，都存在着较大的不同。本章主要讨论圆管材的冲压加工方法。

7.4.1　管材剖切加工

　　管材剖切加工适用于摩托车、汽车等行业的大批量生产。管材剖切加工方法包括管材的切断、剖切及冲孔等方面。

1. 管材切断

　　在生产中，管材的切断通常分为两类。一类是机械切割，如车切、锯切、砂轮切断等；另一类是冲压剪切方法。比较而言，机械切割的质量稳定，但生产率低，而冲压剪切方法则可大大提高生产率，只要采用的工艺合适，就能较好地保证切割断面的质量。

　　管材的冲压切断按有无芯棒支撑又可分为有芯切断和无芯切断两种。

　　（1）有芯切断：切断时，为防止管壁塌陷而在管内设置芯棒，仅适用于短而直的管材切断。

　　（2）无芯切断：由于管件结构需要各种长度的直管及弯管，给采用芯棒带来困难，因此，无芯切断应用较多。

　　双重冲切法是无芯切断的其中一种工艺形式，其基本思路是先在管顶开一槽孔，然后再进行冲切，冲切时刀尖从开口处进入，其后进行切断，从而获得失圆度小的管件，如图 7 - 31 所示。

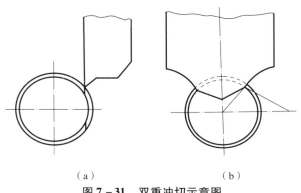

（a）　　　　　　　　　　　（b）

图 7 - 31　双重冲切示意图

（a）冲槽；（b）切断

双重冲切法可在同一副模具上先在管材侧面冲一槽口,然后转90°置于下一工位进行切断。这样,既保证了管材的断面质量,又使凸模刀片易于制造,增长寿命。目前,该方法在汽车、摩托车生产中得到了应用。

2. 管材剖切

目前在摩托车、自行车、家具等行业的管件加工中,大量采用图7-32所示的管材连接形式,其加工工艺一般为下料、校直或弯曲、端头或中间部位剖口、焊接等。

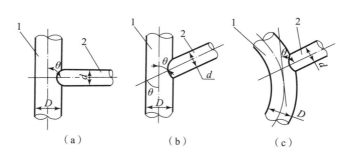

图7-32 管材连接形式

(a) 直接;(b) 斜接;(c) 弯接

冲压剖切一般适合加工直径为 $\phi 5 \sim \phi 60$ mm、相对壁厚 t/d(t 为管壁厚度, d 为管外径)在 $0.01 \sim 0.15$ mm 之间的薄壁钢管。由于常用管结构中管材的尺寸规格属于此范围,因此管件的剖切加工方法有很大的实际应用价值。

根据剖切凸模轴线与被剖弧口管材轴线的夹角大小(只考虑轴线相交),可将管端剖切分为垂直与斜交两种情况,其剖切工艺特点是不相同的,如图7-33所示。

两轴线斜交时,可通过调节管坯在上下夹持凹模中端头伸出量,来保证凸模由端口进入,而不冲塌管材顶端。轴线垂直时,只有通过调节凸模几何形状参数,或预先开槽再剖切的方法来提高剖切质量。实际生产中,两类轴线夹角 θ 在 $90° \pm 10°$ 的范围之内均可视为垂直情况。管端剖切质量的好坏主要取决于剖切凸模的几何形状参数,如图7-34所示。

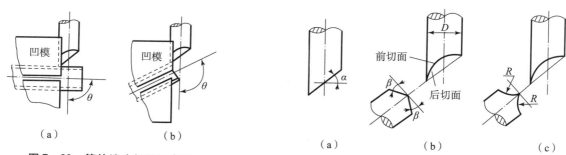

图7-33 管件端头剖面示意图

(a) 轴线垂直;(b) 轴线斜交

图7-34 管端剖切凸模

图7-34(a)所示凸模相当于圆柱体用一平面斜切而成,图7-34(b)、图7-34(c)是图7-34(a)的变化形式。图7-34(a)可看作是图7-34(b)在 $\beta = 0°$ 的特例。

3. 剖口时管壁的变形

剖切凸模从管材顶部切入时管壁的变形情况如图 7 – 35 所示。图 7 – 35 （a）、图 7 – 35 （b）、图 7 – 35 （c） 所示为开始时，凸模将顶部管壁压塌，切出小开口，然后随着凸模下压切口逐渐扩大，直至管材冲断，得到要求的剖切形状。管材的切口在凸模的不同部位扩展的情况不一样，如图 7 – 35 （d） 所示。凸模的刃口由凸模的前切面和后切面相交形成，其作用是切割管壁材料，以形成所需的剖切弧口。前切面在剪切过程中与管壁材料有摩擦，应尽量降低其表面粗糙度，以减小冲切力。后切面有推挤废料的作用，并将废料压成内凹形状。冲切进行到某个时刻，凸模头部与管底壁接触，最后上、下切口汇合，废料脱离管件。

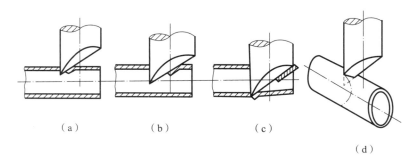

（a）　　　　　（b）　　　　　（c）

（d）

图 7 – 35　剖切过程管壁变形

4. 管材冲孔

生产中，管材壁部上的孔，通常采用钻、铣等方法加工，虽然质量稳定，但生产效率低，难以满足大批量生产的要求。随着生产的发展，近年，采用冲压方法来冲孔的工艺增多起来。用冲压方法进行管材冲孔，不仅能满足管件的使用要求，而且提高了效率，同时该方法的模具结构简单，不需特殊设备，在一般压力机上即可冲制，故适用于大批量生产。

管材冲孔，按其模具结构特征可分为有凹模冲孔和无凹模冲孔。目前生产中，管材的有凹模冲孔应用较为广泛，本节主要介绍管材无凹模冲孔。

管材无凹模冲孔，即在管材中无凹模支承的状态下，仅靠凸模对管壁进行冲孔加工。由于凸模在冲制时，管材处于空心状态，凸模对管壁施加的压力超过管壁本身的刚度所能承受的能力，管材容易被压扁、冲塌，使冲孔加工无法完成。所以进行无凹模冲孔，首要的条件是尽可能提高管材刚度，同时，在工艺和模具结构方面，还应采取特殊措施，方能收到较好效果。这种方法多用于管件和其他高刚度工件的冲孔。

1）冲孔分析

管材在无凹模冲孔中，为了防止冲孔力引起的失稳和模具的损坏，对模具有特殊要求。管件在模具中的夹持固定方法非常重要。

在生产中，模具夹持固定管件的方法有多种，如图 7 – 36 所示，介绍如下。

（1）将管件放在平板上，如图 7 – 36 （a） 所示。

（2）将管件放置于带半圆凹槽的板上，如图 7 – 36 （b） 所示。

（3）将管件放置于带半圆凹槽的板上，其上加一带半椭圆凹槽压料板，如图 7 – 36 （c） 所示。

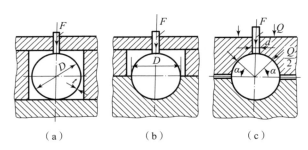

图 7 - 36   管件在模具中的固定

带半椭圆凹槽的压料板使管件上部分产生弹性变形，并增加其刚度，这使可冲孔的直径比前两种要大。

理论研究表明，冲孔直径与管材壁厚及材料性能之间有如下关系。

当管件放在平板上时（见图 7 - 36（a）），冲孔直径 d 为

$$d \leqslant \frac{bt\sigma_w}{1.91\pi R\sigma_s} \tag{7-35}$$

式中 b——管件变形区的长度或短小工件的长度；

t——管件壁厚；

R——管件半径；

σ_w——管材的许用弯曲应力（抗弯强度）；

σ_s——管材屈服极限。

如果管件放在带半圆凹槽的板上时（见图 7 - 36（b）），其冲孔直径 d 为

$$d \leqslant \frac{bt\sigma_w}{\pi(0.46+0.91R)\,\sigma_s} \tag{7-36}$$

式中 b——管件支撑在半圆槽板上的长度。

如果采用图 7 - 36（c）所示模具，则冲孔直径 d 为

$$d \leqslant \frac{bt}{\pi}\left(\frac{1}{046t+0.91R}+\frac{0.5R-0.75t}{0.25t^2+0.85tR+0.72R^2}\right)\frac{\sigma_w}{\sigma_s} \tag{7-37}$$

式中 b——带半椭圆槽压料板的长度。

压料板加于管件的压紧力 Q_1 为

$$Q_1 = \frac{bt^2\sigma_w}{0.26t+0.4R} \tag{7-38}$$

当 Q_1 的作用方向与水平方向的夹角 $\alpha = 45°$ 时，压料板的压紧力 Q_1 与作用于管件的压力 Q 应满足

$$Q_1 = \sqrt{2}Q = 1.41Q \tag{7-39}$$

管件变形区在预压状态下，其冲孔的相对直径 d/t 会增大，如图 7 - 36（c）所示。

对于 35 钢管件（STAS8183），$\sigma_s = 340$ N/mm²，$\sigma_w = 130$ N/mm²，若外径 D 在 15 ~ 30 mm 之间，夹紧长度约为 80 mm，根据式（7 - 37）计算，取不同的 D 值，可得冲孔直径 d 与 35 钢管件壁厚 t 的对应值，如图 7 - 37 所示。

无凹模冲孔时，管件因内无凹模支承，在冲孔部位会有局部的塌陷凹坑，如图 7 - 38 所示。

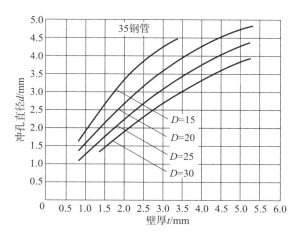

图 7 - 37　冲孔直径及壁厚的关系

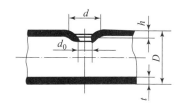

图 7 - 38　管材冲孔时形成的凹坑

凹坑的大小与管材尺寸、管材种类、冲孔尺寸、模具结构、压紧力等因素有关，凹坑尺寸如表 7 - 10 所示。

表 7 - 10　管材冲压成形的凹坑尺寸　　　　　　　　　　　mm

钢管外径×壁厚（Dt）	材料	冲孔直径 d	凹坑直径 d'	凹坑深度 h
$\phi 30 \times 2.5$	20 钢	$\phi 9.5$	$\phi 19$	3.2
$\phi 30 \times 1.5$	10 钢	9.5	$\phi 24$	7.5
$\phi 30 \times 2.6$	10 钢	$\phi 9.5$	$\phi 20$	6.5
$\phi 30 \times 2.6$	10 钢	$\phi 4.0$	$\phi 12$	3.0
$\phi 30 \times 5.0$	10 钢	$\phi 9.5$	$\phi 16$	2.5

如果无凹模冲孔模用于高速冲孔，则其效率非常高。这种方法现已成功用于工程行业及石油工业中的油井管道的爆炸冲孔。

2）模具结构特点

图 7 - 39 所示为用于摩托车车架管加工的无凹模冲孔模具简图。管件外径及壁厚为 $\phi 22.3$ mm × 2 mm，冲孔直径 d = 5 mm。图 7 - 39 中的件 2 是冲孔凸模，这种凸模制造、修磨方便。由于凸模的工作状况较一般冲孔条件差，因此，应合理设计凸模结构型式、固定方法，确定材质及热处理要求等，特别是大批量生产中，要尤其注意。图 7 - 39 中的冲孔凸模采用 Crl2MoV 一类的耐磨工具钢制造，要求热处理硬度为 60 ~ 63 HRC。该模具的下固定板为半圆槽，压紧装置采用聚氨酯橡胶 3，同样起到图 7 - 36（c）中半椭圆槽压料板的作用，使用效果良好。

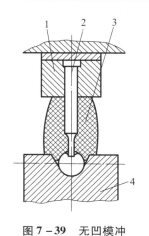

图 7 - 39　无凹模冲孔模具简图

1—凸模固定板；2—冲孔凸模；
3—聚氨酯；4—半圆凹模

7.4.2　管材弯曲

管材弯曲工艺是随着汽车、摩托车、自行车、石油化工等行业的兴起而发展起来的。管材弯曲常用的方法按弯曲方式可分为绕弯、推弯、压弯和滚弯；按弯曲时加热与否可分为冷弯和热弯；按弯曲时有无填料（或芯棒）又可分为有芯弯管和无芯弯管。

图7-40、图7-41、图7-42分别为绕弯、推弯、压弯及滚弯装置的模具示意图。

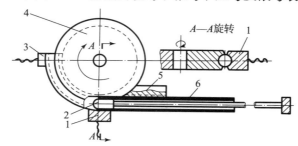

图7-40　在弯管机上有芯弯管

1—压块；2—芯棒；3—夹持块；4—弯曲模胎；5—防皱块；7—管坯

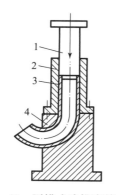

图7-41　型模式冷推弯管装置

1—压柱；2—导向套；3—管坯；4—弯曲型模

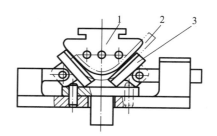

图7-42　V形管件压弯模

1—凸模；2—管坯；3—摆动凹模

1. 最小弯曲半径

采用不同弯曲方法时，管材的最小弯曲半径如表7-11所示（注意生产中应大于最小弯曲半径）。

表7-11　管材弯曲时的最小弯曲半径

mm

弯曲方法	最小弯曲半径 r_{min}
压弯	$(3.0 \sim 5.0)D$
绕弯	$(2.0 \sim 2.5)D$
滚弯	$6.0D$
推弯	$(2.5 \sim 3.0)D$
注：D 为管材外径。	

钢管和铝管的最小弯曲半径如表7-12所示。

表 7 – 12　钢管和铝管的最小弯曲半径 mm

管材外径	4	6	8	10	12	14	16	18	20	22
最小弯曲半径 r_{min}	8	12	16	20	28	32	40	45	50	56
管材外径	24	28	30	32	35	38	40	44	48	50
最小弯曲半径 r_{min}	68	84	90	96	105	114	120	132	144	150

2. 防止截面形状畸变

防止截面形状畸变的有效办法有以下几条。

（1）在弯曲变形区用芯棒支撑断面，可防止断面畸变。对于不同的弯曲工艺，应采用不同类型的芯棒。压弯和绕弯时，多采用刚性芯棒，芯棒的头部呈半球形或其他曲面形状。弯曲时是否需要芯棒，用何种芯棒，可由图 7 – 43、图 7 – 44 确定。

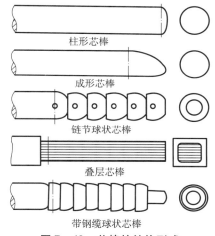

图 7 – 43　芯棒的结构形式

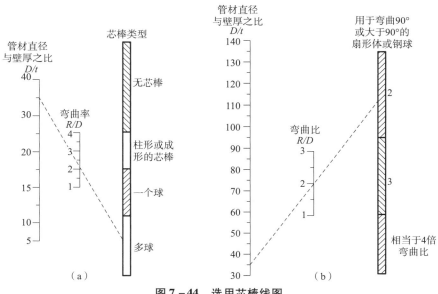

图 7 – 44　选用芯棒线图

（2）要求不高时可在弯曲管坯内充填颗粒状的介质（如粗干砂子）或熔点低的合金等来代替芯棒。这种方法应用较为容易，也比较广泛，多用于中小批量的生产。

（3）将与管材接触的模具表面，按管材的截面形状，做成与其吻合的沟槽来减小接触面上的压力，阻碍断面的歪扭，这是一个相当有效的防止断面形状畸变的措施。

（4）利用反变形法控制管材截面变化（见图7-45）。这种方法常用在弯管机上的无芯弯管工艺中，其特点是结构简单，所以应用广泛。

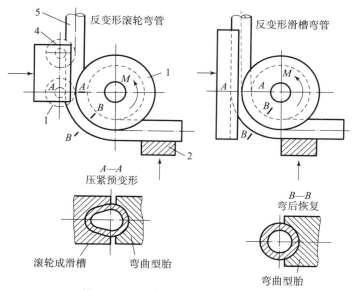

图7-45　反变形法无芯弯管示意图

1—弯曲模胎；2—夹持块；3—辊轮；4—导向轮；5—管坯

采用反变形法进行无芯弯管，即管坯预先给定一定量的反向变形，在弯曲后，由于不同方向变形的相互抵消，使管坯截面基本上保持圆形，以满足椭圆度的要求，从而保证弯管质量。

反变形槽断面形状如图7-46所示，反变形槽尺寸与相对弯曲半径 R/D（R 为中心层曲率半径，D 为管材外径）有关，如表7-13所示。

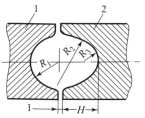

图7-46　反变形槽断面形状

1—弯曲模胎；2—反变形辊轮

表 7 – 13　反变形槽的尺寸

相对弯曲半径 R/D	R_1	R_2	R_3	H
1. 5 ~ 2. 0	0. 500D	0. 950D	0. 370D	0. 560D
2. 0 ~ 3. 5	0. 500D	1. 000D	0. 400D	0. 545D
≥3. 5	0. 500D	—	0. 500D	0. 500D

3. 管材厚度的变化估算

管材厚度的变化，主要取决于管材的相对弯曲半径 R/D 和相对厚度 t/D。在生产中，弯曲外侧的最小壁厚 t_{min} 和内侧的最大壁厚 t_{max}，通常可用下式估算

$$t_{min} = t\left[1 - \frac{1 - t/D}{2R/D}\right]$$

$$t_{max} = t\left[1 + \frac{1 - t/D}{2R/D}\right]$$

式中　t——管材原始厚度（mm）；

$\qquad D$——管材外径（mm）；

$\qquad R$——中心层弯曲半径（mm）。

管材厚度变薄，会降低管件的机械强度和使用性能，因此，生产上常用壁厚减薄率作为衡量壁厚变化大小的技术指标，以满足管件的使用性能。

第 8 章

汽车覆盖件成形工艺及模具设计

　　汽车覆盖件主要指覆盖汽车发动机和底盘、构成驾驶室和车身的一些零件，如轿车的挡泥板、顶盖、车门外板、发动机盖、水箱盖、行李箱盖等，如图 8-1 所示。覆盖件由于结构尺寸较大，因此，又称大型覆盖件。和一般冲压件相比，覆盖件具有材料薄、形状复杂、多为空间曲面且曲面间有较高的连接要求、结构尺寸较大、表面质量要求高、刚性好等特点。所以覆盖件在冲压工艺制订、冲压模具设计和模具制造上难度都较大，并具有其独有的特点。

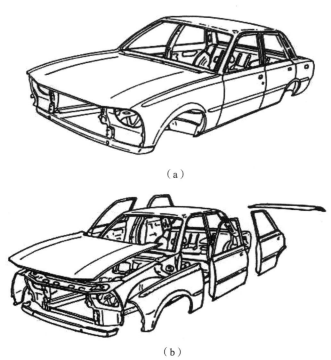

（a）

（b）

图 8-1　汽车覆盖件图
（a）汽车覆盖件组合图；（b）汽车部分覆盖件分解图

汽车覆盖件冲压成形工艺相对一般零件的冲压工艺更复杂，所需要考虑的问题也更多，一般需要多道冲压工序才能完成。其常用的主要冲压工序有落料、拉深、校形、修边、切断、翻边、冲孔等。其中最关键的工序是拉深工序。在拉深工序中，毛坯变形复杂，其成形已不是简单的拉深成形，而是拉深与胀形同时存在的复合成形。然而，其拉深成形受到多方面因素的影响，仅按覆盖件零件本身的形状尺寸设计工艺不能实现拉深成形，必须在此基础上进行工艺补充形成合理的压料面形状，选择合理的拉深方向、毛坯形状和尺寸、冲压工艺参数等。因为工艺补充量、压料面形状的确定、冲压方向的选择直接关系到拉深件的质量，甚至关系到冲压拉深成形的成败，所以它们可视为汽车覆盖件冲压成形的核心技术，它们的水平标志着冲压成形工艺设计的水平。如果拉深件设计不好或冲压工艺设计不合理，则会在拉深过程中出现冲压件的破裂、起皱、折叠、面畸变等质量问题。

在制订冲压工艺流程时，要根据具体冲压零件的各项质量要求来考虑工序的安排，以最合理的工序分工保证零件质量。例如，应把最优先保证的质量项的相关工序安排到最后一道工序。同时，必须考虑到复合工序在模具设计时实现的可能性与难易程度。

8.1　覆盖件的结构特征与成形特点

8.1.1　覆盖件的结构特征

从总体上来说，汽车覆盖件的总体结构特点，决定了其冲压成形过程中的变形特点，但实际上，其结构复杂，难以从整体上进行变形特点分析。因此，为了能够比较科学地分析判断汽车覆盖件的变形特点，生产出高质量的冲压件，必须以现有的冲压成形理论为基础，对这类零件的结构组成进行分析，把一个汽车覆盖件的形状看成若干个基本形状（或其一部分）的组合。这些基本形状有直壁轴对称形状（包括变异的直壁椭圆形状）、曲面轴对称形状、圆锥体形状及盒形形状等。而每种基本形状又都可分解成法兰形状、轮廓形状、侧壁形状、底部形状，如图 8-2 所示。这些基本形状零件的冲压变形特点、主要冲压工艺参数等已经基本可以定量化计算，各种因素对冲压成形的影响已基本明确。所以，通过对基本形状零件冲压变形特点的分析，并考虑各基本形状之间的相互影响，就能够分析出覆盖件的主要

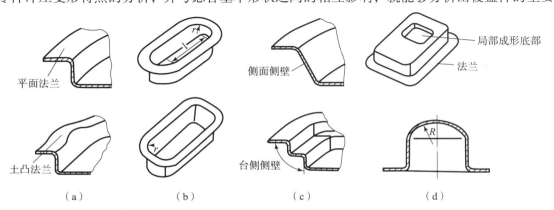

图 8-2　覆盖件的基本形状
（a）法兰形状；（b）轮廓形状；（c）侧壁形状；（d）底部形状

变形特点，并判断出各部位的变形难点。

8.1.2　覆盖件的成形特点

覆盖件的一般拉深过程如图 8-3 所示。

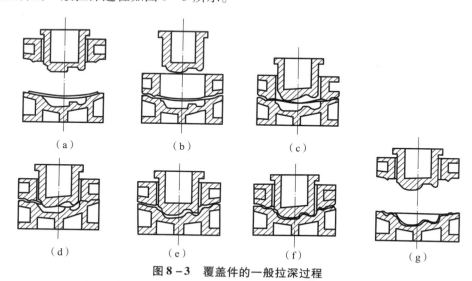

图 8-3　覆盖件的一般拉深过程
（a）坯料放入；（b）压边；（c）板料与凸模接触；（d）材料拉入；
（e）压型；（f）下止点；（g）卸载

图 8-3（a）所示为坯料放入，坯料因其自重作用有一定程度的向下弯曲。

图 8-3（b）所示为通过压边装置压边，同时压制拉深筋。

图 8-3（c）所示为凸模下降，板料与凸模接触，随着接触区域的扩大，板料逐步与凸模贴合。

图 8-3（d）所示为凸模继续下移，材料不断被拉入模具型腔，并使侧壁成形。

图 8-3（e）所示为凸、凹模合模，材料被压成模具型腔形状。

图 8-3（f）所示为继续加压使工件定型，凸模到达下止点。

图 8-3（g）所示为卸载。

覆盖件由于有形状复杂、表面质量要求高等特点，因此，与普通冲压加工相比有如下成形特点。

（1）汽车覆盖件冲压成形时，内部的毛坯不是同时贴模的，而是随着冲压过程的进行而逐步贴模。这种逐步贴模过程，使毛坯保持塑性变形所需的成形力不断变化；使毛坯各部位板面内的主应力方向与大小、板平面内两主应力之比等受力情况不断变化；毛坯（特别是内部毛坯）产生变形的主应变方向与大小、板平面内两主应变之比等变形情况也随之不断变化。这表明毛坯在整个冲压过程中的变形路径不是一成不变的，而是变路径的。

（2）成形工序多。覆盖件的冲压一般要 4~6 道工序，多的有 10 多道工序。要获得一个合格的覆盖件，通常要经过下料、拉深、修边（或有冲孔）、翻边（或有冲孔）、冲孔等工序才能完成。拉深、修边和翻边是最基本的 3 道工序。

（3）覆盖件拉深往往不是单纯的拉深，而是拉深、胀形、弯曲等的复合成形。不论形状如何复杂，常一次拉深成形。

（4）由于覆盖件多为非轴对称、非回转体的复杂曲面形状零件，拉深时变形不均匀，主要成形障碍是起皱和拉裂，因此，常采用加工补充面和拉深筋等控制变形的措施。

（5）大型覆盖件的拉深，需要较大和较稳定的压边力，所以，其广泛采用双动压力机。

（6）材料多采用如 08 钢等冲压性能好的钢板，且要求钢板表面质量好、尺寸精度高。

（7）制订覆盖件的拉深工艺和设计模具时，要以覆盖件图样和主模型为依据。覆盖件图样是在主图样板的基础上绘制的。覆盖件图样上只能标注一些主要尺寸，以满足与相邻的覆盖件的装配尺寸要求和外形的协调一致，尺寸一般以覆盖件的内表面为基准来标注。主模型是根据定型后的主图板、主样板及覆盖件图样来制作的尺寸比例为 1∶1 的汽车外形模型。它是模具、焊装夹具和检验夹具制造的标准，常用木材和玻璃钢制作。主模型是覆盖件图必要的补充，只有主模型才能真正表示覆盖件的信息。由于 CAD/CAM 技术的推广应用，主模型正在被计算机虚拟实体模型所代替，因而传统的由油泥模型到主模型的汽车设计过程，正在被概念设计、参数化设计等现代设计方法所取代，从根本上改变了设计制造过程，大大提高了设计与制造周期，也提高了制造精度。

8.1.3　覆盖件的成形分类

由于汽车覆盖件的形状多样性和成形复杂性，对汽车覆盖件冲压成形进行科学分类就显得十分重要。汽车覆盖件的冲压成形以变形材料不发生破裂为前提。一个覆盖件成形时，各部位材料的变形方式和大小不尽相同，但通过试验方法可以定量地找出局部变形最大的部位，并确定出此部位材料的变形特点，归属哪种变形方式，对应于哪些主要成形参数，以及其参数值范围多大。这样在冲压成形工艺设计和选材时，只要注意满足变形最大部位的成形参数要求，就可以有效防止废品产生。同时，有了不同成形方式所要求的成形参数指标及其范围，薄板冶金生产人员就能够有目的地采取相应的冶金工艺措施，保证材料的某一两个成形参数指标达到要求，从而能实现材料的对路供应，使材料的变形潜力得到最大程度的发挥，而又不需要一味地要求材料各项力学性能都达到最高级别。

汽车覆盖件的冲压成形分类以零件上易破裂或起皱部位的主要变形方式为依据，并根据成形零件的外形特征、变形量大小、变形特点及对材料性能的不同要求，可分为 5 类：深拉深成形类、胀形拉深成形类、浅拉深成形类、弯曲成形类和翻边成形类。

8.1.4　覆盖件的主要成形障碍及其防止措施

覆盖件形状复杂，多为非轴对称、非回转体的复杂曲面形状零件，这决定了覆盖件拉深时的变形不均匀，所以拉深时的起皱和开裂是主要成形障碍。

另外覆盖件成形时，同一零件上往往兼有多种变形性质。例如，直边部分属弯曲变形，周边的圆角部分为拉深成形，内凹弯边属翻边成形，内部窗框及凸、凹形状的窝和埋则为拉胀成形。不同部位上产生起皱的原因及起皱的防止方法也各不相同。同时，由于各部分变形的相互牵制，覆盖件成形时材料被拉裂的倾向更为严重。

1. 覆盖件成形时的起皱及防皱措施

在图 8-3 所示覆盖件的拉深过程中，当板料与凸模刚开始接触时，板面内就会产生切向压应力，随着拉深的进行，当压应力超过允许值时，板料就会失稳起皱。

薄板失稳起皱实际上是由板面内的压应力引起的。但是，失稳起皱的直观表现形式是多种多样的，常见的拉深变形起皱有圆角凸缘上的拉深起皱、直边凸缘上的诱导皱纹、斜壁上的内皱等。解决的办法是增加工艺补充材料或设置拉深筋。

除材料的性能因素外，各种拉深条件对失稳起皱有如下影响：（1）拉深时板料的曲率半径越小越容易引起压应力，越容易起皱；（2）凸模与板料的初始接触位置越靠近板料的中央部位，引起的压应力越小，产生起皱的危险性就越小；（3）从凸模与板料开始接触到板料全面贴合凸模，贴模量越大，越容易发生起皱，且起皱越不容易消除；（4）拉深的深度越深，越容易起皱；（5）板料与凸模的接触面越大，压应力越靠近模具刃口或凸模与板料的接触区域，由于接触对材料流动的约束，因此，随着拉深成形的进行而使接触面增大，对起皱的产生和发展的抑制作用将增加。

生产实际中，可结合覆盖件的几何形状、精度要求和成形特点等情况，根据失稳起皱的力学机理及拉深条件对失稳起皱的影响等因素，从覆盖件的结构、成形工艺及模具设计等方面来采取相应的防皱措施。对于形状比较简单、变形比较容易的零件，或当零件的相对厚度较大时，采用平面压边装置即可防止起皱。对形状复杂、变形比较困难的零件，则要通过设置合理的工艺补充面和拉深筋等方法才能防止起皱。

2. 覆盖件成形时的开裂及防裂措施

覆盖件成形时的开裂是局部拉应力过大造成的，局部拉应力过大会导致局部大的胀形变形而开裂。开裂主要发生在圆角、压窝和窗框四角凸模圆角处厚度变薄较大的部位。同时，凸模与坯料的接触面积过小、拉深阻力过大等都有可能导致材料局部胀形变形过大而开裂。也有拉深阻力过大、凹模圆角过小，或凸模与凹模间隙过小等原因造成的整圈破裂。

为了防止开裂，应从覆盖件的结构、成形工艺及模具设计等多方面采取相应措施。覆盖件的结构上，可采取的措施有各圆角半径最好大一些、曲面形状在拉深方向的实际深度应浅一些、各处深度均匀一些、形状尽量简单且变化尽量平缓一些等。拉深工艺方面，可采取的主要措施有拉深方向尽量使凸模与坯料的接触面积大一些、设计合理的压料面形状和压边力使压料面各部位阻力均匀适度、降低拉深深度、开工艺孔和工艺切口（见图8-4）等。模具设计上，可采取设计合理的拉深筋、采用较大的模具圆角、使凸模与凹模间隙合理等措施。

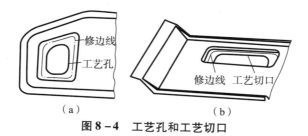

图8-4　工艺孔和工艺切口

防皱和防裂措施涉及的一些内容，将在后面的工艺和模具设计内容中介绍。

8.2　覆盖件冲压成形工艺设计

8.2.1　确定冲压方向

覆盖件的冲压成形工艺包括拉深、修边、翻边等多道工序，确定冲压方向应从拉深工序开始，然后制订以后各工序的冲压方向。应尽量将各工序的冲压方向设计为一致，这样可使覆盖件在流水线生产过程中不需要进行翻转，便于流水线作业，减轻操作人员的劳动强度，提高生产效率，也有利于模具制造。

1. 拉深方向的选择

1）拉深方向对拉深成形的影响

所选拉深方向是否合理，将直接影响凸模能否进入凹模、毛坯的最大变形程度、是否能最大限度减少拉深件各部分的深度差、变形是否均匀、能否充分发挥材料的塑性变形能力、是否有利于防止破裂和起皱。同时其还影响到工艺补充部分的多少，以及后续工序的方案。

2）拉深方向选择的原则

（1）保证能将拉深件的所有空间形状（包括棱线、肋条、和鼓包等）一次拉深出来，不应有凸模接触不到的死角或死区，要保证凸模与凹模工作面的所有部位都能够接触。如图 8－5（a）所示，若选择冲压方向 A，则凸模不能全部进入凹模，造成零件右下部的 a 区成为死区，不能成形出所要求的形状。若选择冲压方向 B，则可以使凸模全部进入凹模，成形出零件的全部形状。图 8－5（b）所示方向是从拉深件底部的反成形部分来看，最有利于成形面确定的拉深方向，若改变拉深方向，则不能保证 90°角。

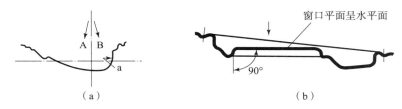

图 8－5　拉深方向确定实例

（2）有利于降低拉深件的深度。拉深深度太深，会增加拉深成形的难度，容易产生破裂、起皱等质量问题；拉深深度太浅，则会使材料在成形过程中得不到较大的塑性变形，覆盖件刚度得不到加强。因此，所选择的拉深方向应使拉深件的深度适中，既能充分发挥材料的塑性变形能力，又能使成形过程顺利完成。

（3）尽量使拉深深度差最小，以减小材料流动和变形分布的不均匀性。图 8－6（a）所示的拉深方向深度差大，材料流动性差；而按图 8－6（a）中所示点画线改变拉深方向后成为图 8－6（b）所示的拉深方向，两侧的深度相差较小，材料流动和变形差减小，有利于成形。图 8－6（c）所示为对一些左右件利用对称拉深一次两件成形，便于确定合理的拉深方向，使进料阻力均匀。

（4）保证凸模开始拉深时与拉深毛坯有良好的接触状态，开始拉深时凸模与拉深毛坯的接触面积要大，接触面应尽量靠近冲压模具中心。图 8－7 所示为凸模开始拉深时与拉深毛坯的接触状态示意图。在图 8－7（a）上图所示的拉深方案中，由于接触面积小，接触面与水平面夹角 α 大，因此，接触部位容易产生应力集中而开裂。所以其凸模顶部最好是平的，并成水平面。还可以通过改变拉深方向或压料面形状等方法增大接触面积。在图 8－7（b）上图所示的拉深方案中，由于开始接触部位偏离冲压模具中心，因此，在拉深过程中毛坯两侧的材料不能均匀拉入凹模，而且毛坯可能经凸模顶部窜动使凸模顶部磨损。在图 8－7（c）上图所示的拉深方案中，由于开始接触的点既集中又少，因此，在拉深过程中

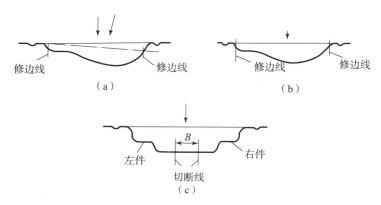

图 8 - 6 拉深深度与拉深方向

毛坯可能经凸模顶部窜动而影响覆盖件表面质量。同样可以通过改变拉深方向或压料面形状等方法增大接触面积。图 8 - 7（d）所示形状上有 90°的侧壁，这就决定了拉深方向不能改变，只有使压料面形状为倾斜面，使两个地方同时接触。

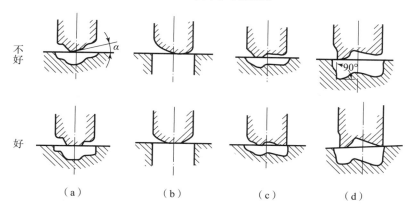

图 8 - 7 凸模开始拉深时与拉深毛坯的接触状态示意图

还应指出，拉深凹模里的凸包形状必须低于压料面形状，否则在压边圈还未压住压料面时，凸模就会先与凹模里的凸包接触，这样会使毛坯处于自由状态而引起弯曲变形，从而导致拉深件的内部形成大皱纹甚至材料重叠。

2. 修边方向的确定及其修边形式

1）修边方向的确定

所谓修边就是将拉深件修边线以外的部分切掉。理想的修边方向，是使修边刃口的运动方向和修边表面垂直。若修边在拉深件的曲面上，则理想的修边方向有无数个，这是在同一工序中不可能实现的。因此，必须允许修边方向与修边表面有一个夹角，该夹角的大小一般不应小于 10°，如果太小，则材料就不是被切断而是被撕开，严重的会影响修边质量。

覆盖件拉深成形后，由于修边和冲孔位置不同，其修边和冲孔工序的冲压方向有可能不同。由于覆盖件在修边模中的摆放位置只能是一个，因此，如果采用修边冲孔复合工序，冲压方向在同一工序中就可能有两个或两个以上。这时，在模具结构上就要采取特殊机构来实现。

2）修边形式

修边形式可分为垂直修边、水平修边和倾斜修边三种，如图 8-8 所示。

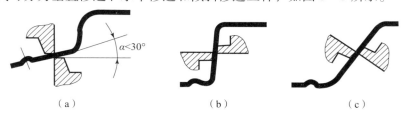

图 8-8　修边形式示意图

(a) 垂直修边；(b) 水平修边；(c) 倾斜修边

（1）当修边线上任意点的切线与水平面的夹角 α 小于30°时，采用垂直修边。由于垂直修边模结构最为简单，废料处理也比较方便，因此，在进行工艺设计时应优先选用。

（2）拉深件的修边位置在侧壁上时，由于侧壁与水平面的夹角较大，因此，为了接近理想的冲裁条件，应采用水平修边。凸模（或凹模）的水平运动可通过斜滑块机构或加装水平方向运动的液压来实现，所以模具的结构比较复杂。

（3）由于修边形状的限制，修边方向需要倾斜一定的角度，这时只好采用倾斜修边。倾斜修边模的结构也是采用斜滑块机构或加装水平方向运动的液压来实现。

3. 翻边方向的确定及其翻边形式

1）翻边方向的确定

翻边工序对于一般的覆盖件来说是冲压工序的最后成形工序，翻边质量的好坏和翻边位置的准确度，直接影响整个汽车车身的装配和焊接的质量。合理的翻边方向应满足下列两个条件：（1）翻边凹模的运动方向和翻边凸缘、立边相一致；（2）翻边凹模的运动方向和翻边基面垂直。

对于曲面翻边，翻边线上包含了若干段不同性质的翻边，要同时满足以上两个条件是不可能的。因此，对于曲面翻边方向的确定，要从下面两个方向入手：（1）使翻边线上任意点的切线尽量与翻边方向垂直；（2）使翻边线两端连线上的翻边分力尽量平衡。因此，对于曲线翻边的翻边方向，一般取翻边线两端点切线夹角的角平分线，而不取翻边线两端点连线的垂直方向，如图 8-9 所示。

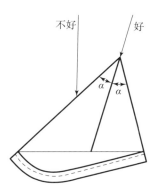

图 8-9　曲线翻边方向示意图

2）翻边形式

按翻边凹模的运动方向，翻边形式可分为垂直翻边、水平翻边和倾斜翻边三种，如图 8-10 所示。图 8-10 (a)、图 8-10 (b) 所示为垂直翻边；图 8-10 (d)、图 8-10 (e) 所示为水平翻边；图 8-10 (c) 所示为倾斜翻边。

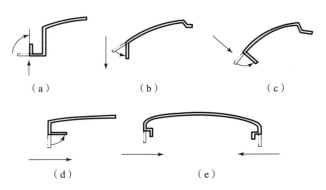

图 8 - 10　各种典型的覆盖件翻边

8.2.2　拉深工序的工艺处理

覆盖件拉深工序的工艺处理包括设计工艺补充、压料面形状、翻边的展开、冲工艺孔和工艺切口等内容，是针对拉深工艺的要求对覆盖件进行的工艺处理措施。

1. 工艺补充部分的设计

为了实现覆盖件的拉深，需要将覆盖件的孔、开口、压料面等结构根据拉深工序的要求进行工艺处理，这样的处理称为工艺补充。工艺补充部分是拉深件不可缺少的部分。在拉深完成后要将工艺补充部分修切掉，过多的工艺补充将增加材料的消耗。因此，应在满足拉深条件下，尽量减少工艺补充部分，以提高材料的利用率，图 8 - 11 所示为工艺补充示意图。

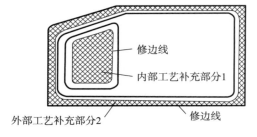

图 8 - 11　工艺补充示意图

工艺补充设计的原则有以下几条。

（1）内孔封闭补充原则（为防止开裂采用与冲孔或工艺切口除外）。

（2）简化拉深件结构形状原则（见图 8 - 12）。

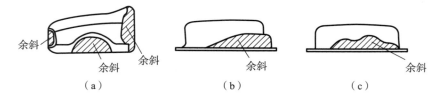

图 8 - 12　简化拉深件结构形状
（a）简化轮廓形状；（b）增加局部侧壁高度；（c）简化压料面形状

（3）对后工序有利原则（如对修边、翻边定位可靠，模具结构简单）。

图 8 - 13 所示为根据修边位置的不同常采用的几种工艺补充部分。

修边线在压料面上，垂直修边，如图 8 - 13（a）所示。为了在修磨拉深筋时不影响到修边线，修边线距拉深筋的距离 A 应有一定数值。一般 A 取 15 ~ 25 mm，拉深筋宽时取大值，窄时取小值。

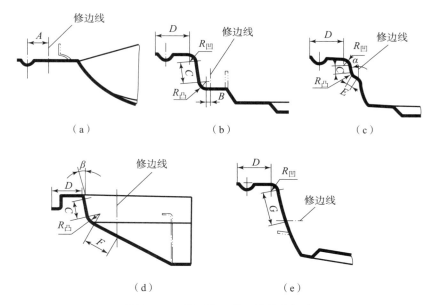

图 8 - 13   常用的几种工艺补充部分

(a) 修边线在压料面上，垂直修边；(b) 修边线在拉深件底面上，垂直修边；(c) 修边线在
拉深件翻边展开斜面上，垂直修边；(d) 修边线在拉深件斜面上，垂直修边；(e) 修边线在
拉深件侧壁上，水平修边或倾斜修边

修边线在拉深件底面上，垂直修边，如图 8 - 13（b）所示。修边线距凸模圆角半径 $R_凸$ 的距离 B 应保证不因凸模圆角半径的磨损影响到修边线，一般 B 取 3 ~ 5 mm。$R_凸$ 为 3 ~ 10 mm，拉深深度浅时取小值，深时取大值。如果凹模圆角半径 $R_凹$ 是工艺补充的组成部分，则一般 $R_凹$ 取 6 ~ 10 mm。$R_凹$ 以外的压料面部分 D 可按一根拉深筋或一根半拉深筋确定。

修边线在拉深件翻边展开斜面上，垂直修边，如图 8 - 13（c）所示。修边线距凸模圆角半径 $R_凸$ 的距离 E 和图 8 - 13（b）中的 B 相似。修边方向与修边表面的夹角 α 不应小于 50°，若 α 角过小，则在采用垂直修边时，会使切面过尖，且刃口变钝后修边处容易产生毛刺。

修边线在拉深件斜面上、垂直修边，如图 8 - 13（d）所示。因修边线距凸模圆角半径 $R_凸$ 的距离 F 是变化的，故一般只控制几个最小尺寸。为了从拉深模中取出拉深件和放入修边模定位方便，拉深件的侧壁斜度 β 一般取 3° ~ 10°，考虑拉深件定位稳定、可靠和根据压料面形状的需要，C 一般取 10 ~ 20 mm。

水平修边或倾斜修边主要应用在修边线在拉深件的侧壁上时，如图 8 - 13（e）所示。当侧壁与水平面的夹角接近或等于直角时，应采用水平修边。而当侧壁与水平面的夹角较大时，特别是侧壁与水平面的夹角在 45° 左右时，则应采用倾斜修边。此时，因修边线距凹模圆角半径 $R_凹$ 的距离 G 是变化的，所以一般只控制几个最小尺寸。由于修边模要采用改变压力机滑块运动方向的机构，为了考虑修边模的凹模强度，修边线距凹模圆角半径 $R_凹$ 的距离 G 应尽量大，一般取 $G > 25$ mm。

2. 压料面的设计

压料面是工艺补充部分组成的一个重要部分，即凹模圆角半径以外的部分。压料面的形状不但要保证压料面上的材料不皱，而且应尽量使凸模下的材料下凹以降低拉深深度，更重要的是要保证拉入凹模里的材料不皱不裂。因此，压料面形状应由平面、圆柱面、双曲面等可展面组成，如图 8－14，图 8－15 所示。

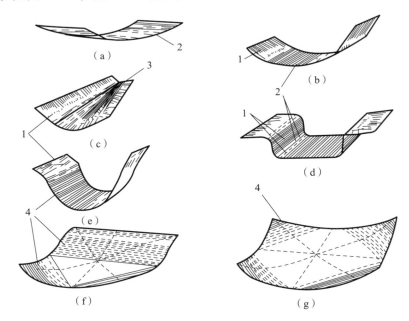

图 8－14　压料面形状

1—平面；2—圆柱面；3—圆锥面；4—直曲面

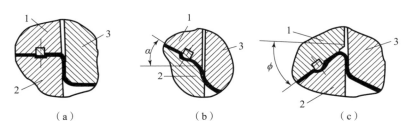

图 8－15　压料面与冲压方向的关系

1—压边圈；2—凹模；3—凸模

压料面有两种：一种是压料面就是覆盖件本身的一部分；另一种是由工艺补充部分补充而成。当压料面就是覆盖件本身的一部分时，由于覆盖件的形状是确定的，因此，就算为了便于拉深，可以对其形状做局部修改，但也必须在以后的工序中进行整形以达到覆盖件凸缘面的要求。若压料面是由工艺补充部分补充而成，则要在拉深后切除。

确定压料面形状必须考虑以下几点。

1）降低拉深深度，有利于防皱防裂

当压料面就是覆盖件本身的一部分时，不存在降低拉深深度的问题。如果压料面是由工艺补充部分补充而成的，则必要时要考虑降低拉深深度。图 8－16

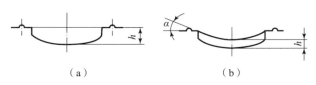

图 8－16　降低拉深深度的示意图

所示为降低拉深深度的示意图。其中，图 8 – 16（a）是未考虑降低拉深深度的压料面形状，图 8 – 16（b）是考虑降低拉深深度的压料面形状，其中斜面与水平面的夹角 α 称为压料面的倾角。对于斜面和曲面压料面，压料面倾角 α 一般不应大于 45°；对于双曲面压料面，压料面倾角 α 应小于 30°。$\alpha = 0°$ 时是平的压料面，压料效果最好，但很少有全部压料面都是平的覆盖件，且此时拉深深度最大，容易拉皱和拉裂。压料面倾角太大，也容易拉皱，还会给压边圈强度带来一定的影响。

2）凸模对毛坯一定要有拉伸作用

这是确定压料面形状必须充分考虑的一个重要因素。只有使毛坯各部分在拉深过程中处于拉伸状态，并能均匀地紧贴凸模，才能避免起皱。有时为了降低拉深深度而确定的压料面形状，有可能牺牲了凸模对毛坯的拉伸作用，这样的压料面形状是不能采用的。只有当压料面的展开长度小于凸模表面的展开长度时，凸模才对毛坯产生拉伸作用。如图 8 – 17（a）所示，只有压料面的展开长度 $A'B'C'D'E'$ 小于凸模表面的展开长度 $ABCDE$ 时，才能产生拉伸作用。

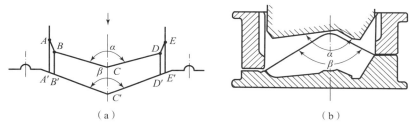

图 8 – 17　凸模对毛坯产生拉伸作用的条件

有些拉深件虽然压料面的展开长度比凸模表面的展开长度短，可是并不一定能保证最后不起皱。这是因为从凸模开始接触毛坯到下止点的拉深过程中，在每一瞬间位置的压料面展开长度与凸模表面的展开长度相比可能长、可能短，短则凸模使毛坯产生拉伸作用，长则因拉伸作用减小甚至无拉伸作用导致起皱。若拉深过程中形成的皱纹浅且少，则再继续拉深有可能消除，最后拉深出满意的拉深件；若拉深过程中形成的皱纹多或深，则再继续拉深也无法消除，最后留在拉深件上。对于图 8 – 17（b）所示的压料面形状，虽然其压料面的展开长度比凸模表面的展开长度短，可是压料面夹角 β 比凸模表面夹角 α 小，因此，在拉深过程中的几个瞬间位置因"多料"产生了起皱。所以在确定压料面形状时，还要注意使 $\alpha < \beta < 180°$。

3）工艺孔和工艺切口

在制件上压出深度较大的局部凸起或鼓包后，有时难以从外部流入材料，继续拉深将产生破裂。这时，可考虑采用冲工艺孔或工艺切口，从变形区内部得到材料补充，如图 8 – 4 所示。

工艺孔或工艺切口的位置、大小和形状，应保证不会因拉应力过大而产生径向裂口，又不能因拉应力过小而形成皱纹，缺陷不能波及覆盖件表面。工艺孔或工艺切口必须设在拉应力最大的拐角处，因此，冲工艺孔或工艺切口的位置、大小、形状和时间应在调整拉深模时现场试验确定。由于模具制造装配困难，模具精度不易保证，冲切的碎渣影响覆盖件的表面质量，因此，应尽量不用该方法。

4）覆盖件拉深件图的绘制

（1）拉深件图的要求。

拉深件图不同于产品图，它是在产品图的基础上经过工艺补充后适合冲压加工的工序简图，必须符合下列要求。

①拉深件图应按照拉深件的冲压位置绘制，而不是像产品图那样按照零件在车身上的装配位置来绘制。

②拉深件图上不仅要标注拉深件的轮廓尺寸、不同位置的深度等，而且要标注拉深件在汽车坐标系中的定位尺寸、拉深方向与坐标系的关系、后面工序示意线及尺寸等。有时，其上还标注后面工序的冲压方向，但不标注拉深件外轮廓尺寸。

③当拉深件的法兰面为复杂曲面形状时，还可以在法兰面上标注上凸、凹模和压料圈型面按工艺模型仿制、配研的技术要求。

（2）拉深件图的画法。

①依据产品图绘制。对于不是很复杂的零件，可以依据产品图确定其冲压方向，进行工艺补充，绘制出拉深件图。

②依据实物绘制。对于结构形状很复杂的零件，产品图也不能将零件的每一个尺寸都表示出来。因此，在绘制拉深件图时，要依据零件实物或主模型确定冲压方向及压料面，然后进行实际测绘，并借助主图板测量断面尺寸，画出拉件图。

③计算机绘制。在利用计算机进行产品设计时，可利用零件产品数据直接进行拉深件图的设计，但还需要用工艺模型和主图板进行验证，不符之处要进行修正。

图8-18所示为某汽车零件的拉深件图。其中不仅给出了拉深件的形状和尺寸，而且标出了修边线位置和翻边位置。

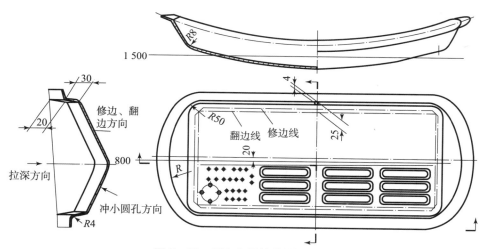

图8-18　某汽车零件的拉深件图

注：表示载重汽车覆盖件在汽车上的位置时，上下位置以车架上翼面为基准，上方为正，下方为负；前后位置以前轮轴线为基准，前方为正，后方为负。因此，图中标出的1 500线和800线分别表示该位置在前轮中心前1 500 mm和车架上翼面的上方800 mm处。

8.2.3　拉深、修边和翻边工序间的关系

覆盖件成形各工序间不是相互独立而是相互关联的，在确定覆盖件冲压方向和增加工艺

补充部分时，还要考虑修边、翻边时工序件的定位和各工序件的其他相互关系等问题。

拉深件在修边工序中的定位方法，有如下 3 种。（1）用拉深件的侧壁形状定位。该方法用于空间曲面变化较大的覆盖件，由于凸模的定位装置一般高于送料线，操作不如凹模定位方便，因此，尽量采用外表面侧壁定位。（2）用拉深筋形状定位。该方法用于一般空间曲面变化较小的浅拉深件，优点是方便、可靠和安全；缺点是由于考虑定位块结构尺寸、修边凹模镶块强度、凸模对拉深毛坯的拉深条件、定位稳定和可靠等因素，因此，增加了工艺补充部分的材料消耗。（3）用拉深时冲压的工艺孔定位。该方法用于不能用前述两种方法定位的情况，优点是定位准确、可靠；缺点是操作时工艺孔不易套入定位销，而且增加了拉深模的设计制造难度，应尽量少用。工艺孔定位必须是两个工艺孔，且孔距越远定位越可靠。工艺孔一般布置在工艺补充面上，并在后续工序中切掉。

修边件在翻边工序中的定位，一般依据工序件的外形、侧壁或覆盖件本身的孔来确定。

此外，还要考虑工件进出料的方向和方式、修边废料的排除、各工序件在冲压模具中的位置等问题。

8.3　覆盖件成形模具的典型结构和主要零件设计

8.3.1　覆盖件拉深模

1. 拉深模的典型结构

覆盖件拉深设备有单动压力机和双动压力机，形状复杂的覆盖件必须采用双动压力机拉深。根据设备不同，覆盖件拉深模也可分为单动压力机上覆盖件拉深模和双动压力机上覆盖件拉深模。图 8 – 19、图 8 – 20 分别为单动压力机上和双动压力机上覆盖件拉深模的典型结构示意图。

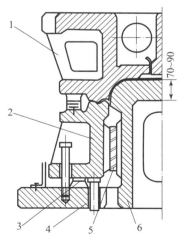

图 8 – 19　单动压力机上覆盖件拉深模

1—凹模；2—压边圈；3—调整垫；
4—气顶杆；5—导板；6—凸模

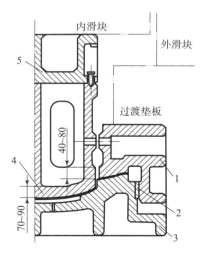

图 8 – 20　双动压力机上覆盖件拉深模

1—压边圈；2—导板；3—凹模；
4—凸模；5—固定座

单动压力机上覆盖件拉深模的凸模 6 安装在下工作台面上，凹模 1 固定在压力机的滑块上，为倒装结构。压边圈 2 由气顶杆 4 和调整垫 3 所支承，气垫压紧力只能整体调整，压紧力在拉深过程中基本不变，且较小。

双动压力机上覆盖件拉深模的凸模 4 固定在与内滑块相连接的固定座 5 上，凹模 3 安装在工作台面上，为正装结构。压边圈 1 安装在外滑块上，可通过调节螺母调节外滑块四角的高度使外滑块成倾斜状来调节拉深模压料面上各部位的压紧力，其压紧力大。

覆盖件拉深模的凸模和压料圈之间、凹模和压边圈之间设有导向结构，如图 8 - 19 所示的导板 5 和图 8 - 20 所示的导板 2。导向结构采用各种结构形式的导板或导块，由于一般拉深模对精度要求不太高，因此，可不用导柱。若在拉深的同时还要进行冲孔等工作，则最好导块与导柱并用。

2. 拉深模主要零件的设计

1）拉深模结构尺寸

表 8 - 1 所示为拉深模壁厚尺寸。由于覆盖件拉深模形状复杂，结构尺寸一般都较大，因此，凸模、凹模、压边圈和固定座等主要零件都采用带加强肋的空心铸件结构，材料一般有合金铸铁、球墨铸铁和高强度的灰铸铁（HT250，HT300）。

表 8 - 1　拉深模壁厚尺寸　　　　　　　　　　　　　mm

模具大小	A	B	C	D	E	F	G
中、小型	40 ~ 50	35 ~ 45	30 ~ 40	35 ~ 45	35 ~ 45	30 ~ 35	30
大型	75 ~ 120	60 ~ 80	50 ~ 65	45 ~ 65	50 ~ 65	40 ~ 50	30 ~ 40

2）凸模设计

除工艺补充、翻边面的展开等特殊工艺要求部分外，凸模的外轮廓就是拉深件的内轮廓，其轮廓尺寸和深度即为产品图尺寸。凸模工作表面和轮廓部位处的模壁厚比其他部位的壁厚要大一些，一般为 70 ~ 90 mm，如图 8 - 19 和图 8 - 20 所示。为了保证凸模的外轮廓尺寸，凸模上沿压料面的一段 40 ~ 80 mm 的直壁必须加工，如图 8 - 21 所示。为了减少轮廓面的加工量，直壁向上用 45°斜面过渡，缩小距离为 15 ~ 40 mm。

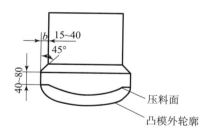

图 8 - 21　凸模外轮廓

3）凹模设计

拉深毛坯通过凹模圆角逐步进入凹模型腔，直至拉深成凸模的形状。拉深件上的装饰棱线、装饰筋条、装饰凹坑、加强筋、装配用凸包、装配用凹坑及反拉深等一般都是在拉深模上一次成形完成的。因此，凹模结构除了凹模压料面和凹模圆角外，在凹模里设置的成形上述结构的凸槽或凹槽也属于凹模结构的一部分。凹模结构可分为闭口式凹模结构和通口式凹模结构。

闭口式凹模结构的凹模底部是封闭的。在拉深模中，绝大多数凹模的结构是闭口式凹模结构。图 8 - 22 所示为微型汽车后围拉深模，该模具采用的是闭口式凹模结构，在凹模的型腔上直接加工出成形的凸、凹槽部分。

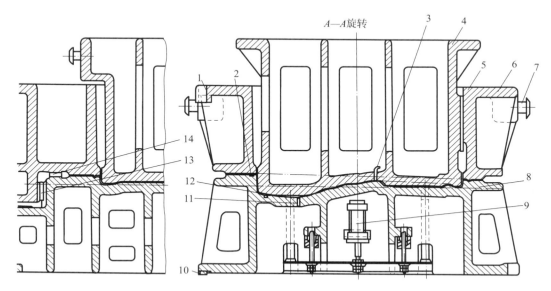

图 8 - 22　采用闭口式凹模结构的微型汽车后围拉深模

1，7—起重棒；2—定位块；3，11—通气孔；4—凸模；5—导板；6—压边圈；8—凹模；
9—顶件装置；10—定位键；12—到位标记；13—耐磨板；14—限位板

图 8 - 23 所示为汽车门里板拉深模。该模具的凹模底部是通的，通孔下面加模座，反成形凸模紧固在模座上。这种凹模底部是通的，凹模结构称为通口式凹模结构。通口式凹模结构一般用于拉深件形状较复杂、坑包较多、棱线要求清晰的拉深模。凹模中的顶出器的外轮廓形状是制件形状的一部分，且形状比较复杂。

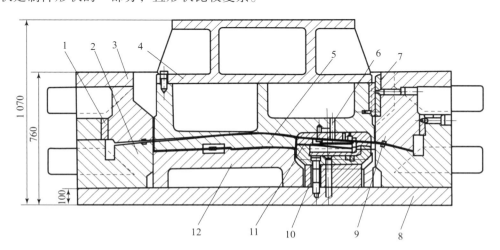

图 8 - 23　采用通口式凹模结构的汽车门里板拉深模

1，7—耐磨板；2—凹模；3—压边圈；4—固定板；5—凸模；6—通气孔；8—下底板；
9—拉深筋；10—反成形凸模镶块；11—反成形凹模镶块；12—顶出器

4）拉深筋设计

拉深筋的作用是增大全部或局部材料的变形阻力，以控制材料的流动，提高制件的刚性；同时利用拉深筋控制变形区毛坯的变形大小和变形分布，可控制破裂、起皱、面畸变等质量问题。在很多情况下，拉深筋的设计是否合理，会影响冲压成形的成败。

如图 8-24 所示，设置在压料面上的筋状结构就是拉深筋。拉深筋设置在压料面上，通过不同数量、不同位置、不同结构尺寸及拉深筋与槽之间松紧的改变，来调节压料面上各部位的阻力，控制材料流入，提高制件的刚度，防止拉深时起皱和开裂。

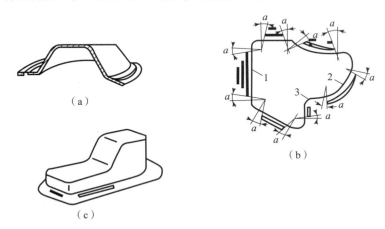

图 8-24　拉深筋示意图
（a）环形件整圈拉深筋；（b）进料阻力小的部位设计的拉深筋；
（c）进料少的部位设计的拉深筋

拉深筋可设置在压边圈压料面上，也可以设置在凹模压料面上，两者对拉深的作用效果是一样的。因为在压力机上调整冲压模具时，一般不打磨拉深筋，所以拉深筋一般装在压边圈的压料面上，而拉深筋槽设置在凹模压料面上，以便研配和打磨。当压料面就是覆盖件本身的凸缘时，若设置有凹槽的压料面以便于维修，则拉深筋可设置在压边圈压料面上，否则拉深筋应设置在凹模压料面上以减少凹模压料面的损耗。

拉深筋在压料面上的布置，应根据零件的几何形状和变形特点决定。在拉深变形程度大，因而径向拉应力也较大的圆弧曲线部位上，可以不设或少设拉深筋。在拉深变形程度小，因而径向拉应力也较小的直线部位或曲率较小的曲线部位上，则要设或多设拉深筋。假如在拉深件的周边各位置上径向拉应力的差别很大，则在径向拉应力小的部位上设置 2 排或 3 排拉深筋。拉深不对称零件时，由于在拉深过程中变形小而导致拉应力也较小的那部分毛坯，比在拉深过程中变形大而导致较大拉应力的那部分毛坯更容易变形，因此，造成不均匀单向进料的拉偏现象。这时可以在容易拉入凹模的部位上设置拉深筋，以平衡各部位的径向拉应力。

拉深筋有圆形、半圆形和方形 3 种结构，如图 8-25 所示。对于某些深度较浅、曲率较小的比较平坦的覆盖件，由于其变形所需的径向拉应力的数值不大，因此，工件在出模后回弹变形大，或者根本不能紧密贴模，这时要采用拉深槛才能保证拉深件的质量要求。拉深槛是拉深筋的一种，能增加比拉深筋更强的进料阻力。拉深槛的剖面呈梯形，类似门槛，设置在凹模入口，有关拉深筋、拉深槛的尺寸结构参数可参考有关设计资料。

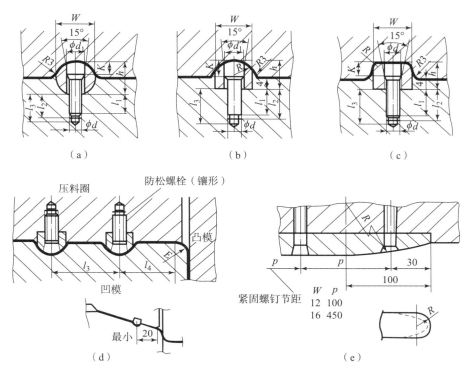

图 8 – 25　拉深筋结构图

（a）圆形；（b）半圆形；（c）方形；（d）双筋结构；（e）纵向剖面图

5）覆盖件拉深模具的导向

根据工艺方法的不同，模具对导向精度和导向刚度的要求也不同，模具的导向形式也不同。汽车覆盖件冲压模具中，常用的导向元件有导柱导套导向、导板导向、导块导向及背靠块导向等 4 种基本形式。使用双动冲床的拉深模具可利用这些基本元件，采用凸模与压边圈导向、凹模与压边圈导向、压边圈与凸凹模都导向的结构形式。

（1）导柱导套导向。

导柱导套导向不能承受较大的侧向力，常用于中、小型模具的导向。

（2）导块导向。

导块导向与导板导向的使用方式相同。导块设置在模具对称中心线上时，导块应为三面导向；导块设置在模具的转角部位时，导块应为两面导向。

导块导向常用于单动冲床使用的拉深模具结构。导块进行导向的结构相对简单，比导板导向刚性好，可以承受一定的侧向力。根据侧向力的大小和模具的大小，可以使用 2 个或 4 个导块。导块、导向模具适用于平面尺寸大、深度小的拉深件及中大批量生产，如图 8 – 26、图 8 – 27 所示。

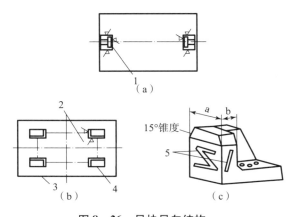

图 8 – 26　导块导向结构

1，4—导块；2—位边圈；3—下模座；5—油槽

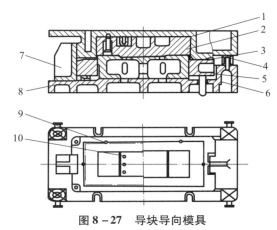

图 8 – 27 导块导向模具

1—凹模；2—卸料板；3—凸模；4，8—限位块；5—压边圈；6—下模座；7—导块；9—定位销；10—气孔

（3）导板导向。

导板导向常用于覆盖件拉深、弯曲、翻边等成形模具，其结构相对简单、造价低，常安装在凸模、凹模、压边圈上，应用比较广泛。

①凸模和压边圈之间的导向。一般布置 4~8 对导板导向，如图 8 – 28 所示。导板应布置在凸模外轮廓直线部分或曲线最平滑的部位，并且与中心线平行。图 8 – 29（a）所示为凸模导板结构，图 8 – 29（b）所示为压边圈导板结构。

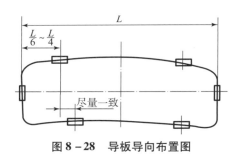

图 8 – 28 导板导向布置图

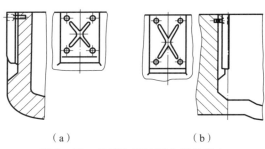

图 8 – 29 凸模和压边圈之间的导向

（a）凸模导板结构；（b）压边圈导板结构

②凹模和压边圈之间的导向如图 8 – 30 所示。这种导向方式称为外导向，其结构特点是凸台与凹槽的配合。其作用与一般冲压模具的导柱导套的作用相似，但间隙较大，一般为 0.3 mm。凸台和凹槽上安装导板有利于调整间隙，导向面可考虑一边装导板，另一边精加工，磨损后可在导板后加垫片调整。

导板材料为 T8A 钢或 T10A 钢，其淬火硬度为 52~56 HRC，为使导板能容易地进入导向面，其一端制成 30°，导板可根据标准选用，如图 8 – 31 所示。

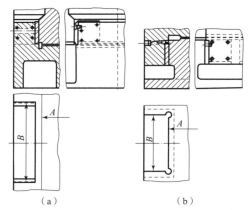

图 8 – 30 凹模和压边圈之间的导向

（a）凸台在凹模上；（b）凸台在压边圈上

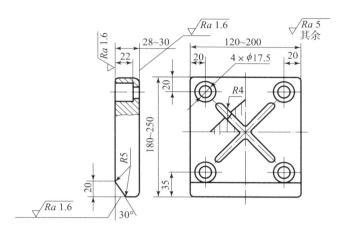

图 8 – 31 导板结构尺寸

6）拉深模具的排气

若拉深时凹模中的空气不排出，则被压缩的气体就将产生很大的压力，会把坯料压入凹模空隙处产生多余的变形，从而形成废品。同时，凸模和制件间的空气也应排出，否则制件可能被凸模贴紧带出，导致变形。因此，凸模和凹模都应该设置适当的排气孔。排气孔位置以不破坏拉深件表面为宜，其孔径一般为 10 ~ 20 mm。若凸模表面必须要钻排气孔，则其直径不能小于 6 mm，并应均匀分布。上模设置排气孔时，要加出气管或盖板以防止杂质落入，如图 8 – 32 所示。

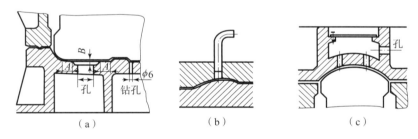

图 8 – 32 排气孔的设置

7）拉深模的限位与起吊装置

（1）限位装置。拉深模的限位有合模限位块、存放限位块、压料圈限位螺钉。合模限位块安装在压边圈的 4 个角上，试模时使压边圈周围保持均匀的合模间隙，从而保证均匀的压边力。存放限位块用于模具不工作时，是为使弹性元件不失去弹力而设置的零件，其厚度要保证弹簧不受压缩而处于自由状态。

（2）起吊装置。起吊装置在模具加工、组装、搬运和修模等情况下使用，是保证模具安全的重要零件，设计时必须特别慎重。

8.3.2 覆盖件修边模

覆盖件修边模是特殊的冲裁模，与一般冲孔模、落料模的主要区别是其所要修边的冲压件形状复杂，模具分离刃口所在的位置可能是任意的空间曲面；冲压件通常存在不同程度的弹性变形；分离过程通常存在较大的侧向压力等。因此，进行模具设计时，在工艺和模具结构上应考虑冲压方向、制件定位、模具导正、废料的排除、工件的取出、侧向力的平衡等问题。

1. 修边模的结构

1）修边模的分类

覆盖件修边模可分为垂直修边模（见图8-33）、水平修边模和倾斜修边模（见图8-34）。垂直修边模的修边方向与压力机滑块运动方向一致，由于模具结构简单，因此，它是最常用的形式，修边时应尽量为垂直修边创造条件。水平修边模和倾斜修边模有一套将压力机滑块运动方向转变成工作镶块沿修边方向运动的斜楔机构，所以结构较复杂。

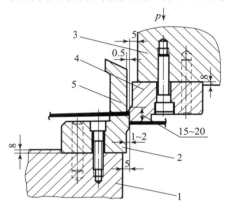

图8-33　垂直修边模

1—下模；2—凸模镶块；3—上模；
4—凹模镶块；5—卸件器

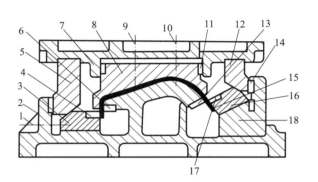

图8-34　水平修边模和倾斜修边模

1，15—复位弹簧；2—下模；3，16—滑块；4，17—修边凹模；5，12—斜楔；6，13—凸模镶块；7—上模；8—卸件器；9—弹簧；10—螺钉；11，14—防磨板；18—背靠快

2）典型的修边模

图8-35所示为汽车后门柱外板垂直修边冲孔模。模具的修边凹模镶块组6安装在上模座1上，凸模镶块组12安装在下模座9上。废料刀组13顺向布置于修边刃口周圈，用来沿修边线剪断拉深件的废边。卸料板4安装于上模腔内，在导板5的作用下，沿导向面往复运动。当冲床在上止点时将制件放入凹模，制件依靠周边废料刀及型面定位。机床上滑块下行，卸料板4首先将制件压贴在凸模上，弹簧3被压缩。当将卸料板4压入凹模时，凸、凹模刃口进行修边、冲孔，上模座1与安放于下模座9上的限位器14接触时，机床滑块正到下止点，此时废料被完全切断并滑落到工作台上。滑块回程，顶出气缸11通过顶出器10将制件从凸模中托起，取出制件，在滑块到达上止点时顶出器回位，完成整个制件的修边、冲孔过程。该模采用的是垂直修边结构，模具设计的重点是凸模和凹模镶块组设计和废料刀组设计。

2. 修边凸模与凹模镶件

覆盖件多为三维曲面，修边轮廓形状复杂，并且尺寸大，为了便于制造、维修与调整，并满足冲裁工艺要求，修边凸模和凹模刃口结构形式有两种：一是采用堆焊形式，即在主模体或模板上堆焊修出刃口；二是采用凸模、凹模镶件拼合而成。当采用拼合结构时，镶件必须进行分块设计。

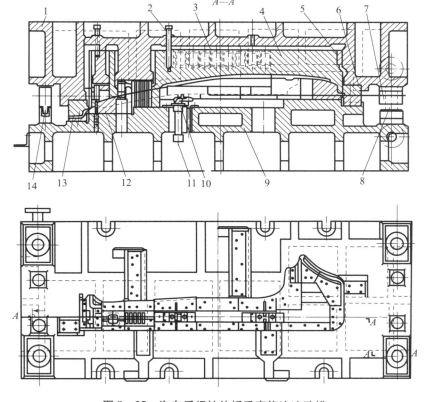

图 8 - 35　汽车后门柱外板垂直修边冲孔模

1—上模座；2—卸料螺钉；3—弹簧；4—卸料板；5—导板；6—修边凹模镶块组；7—导柱；
8—导套；9—下模座；10—顶出器；11—顶出气缸；12—凸模镶块组；13—废料刀组；14—限位器

按修边制件图绘制凸模和凹模镶件图时，不标注整体尺寸。在凸模镶件图上注明"按修边样板加工"；在凹模镶件图上，则注明"按凸模镶件配制，考虑冲裁间隙"。

1）镶件分块的原则

（1）小圆弧部分单独作为一块，接合面距切点 5～10 mm。大圆弧、长直线可以分成几块，接合面与刃口垂直，并且不宜过长，一般取 12～15 mm。

（2）凸模上和凹模上的接合面应错开 5～10 mm，以免产生毛刺。

（3）易磨损、比较薄弱的局部刃口，应单独做成一块，以便更换。

凸模的局部镶块用于转角、易磨损和易损坏的部位，凹模的局部镶块装在转角和修边线带有凸出和凹槽的地方。各镶块在模座组装好后，再进行仿形加工，以保证修边形状和刃口间隙的配作要求。

2）镶件的固定与定位

图 8 - 36 所示为修边镶件的一般结构，镶件间的拼合面不能太大。修边镶件的长度一般取 150～300 mm，镶件太长则加工和热处理不方便，太短则螺钉和柱销不好布置。为保证镶件的稳定性，镶件高度 H 与宽度 B 应有一定的比例，一般取 $B = (1.2～1.5)H$。

当作用于刃口镶块上的剪切力和水平推力较大时，镶件将沿受力方向产生位移和颠覆力矩，所以镶件的固定必须稳固，以平衡侧向力。图 8 - 37 所示为两种常用的镶件固定形式。

图 8 - 37（a）所示形式适用于覆盖件材料厚度小于 1.2 mm，或冲裁刃口高度差变化小的镶块；图 8 - 37（b）所示形式适用于覆盖件材料厚度大于 1.2 mm，或冲裁刃口高度差变化大的镶件，该结构能承受较大的侧向力，装配方便，被广泛采用。

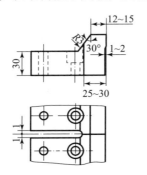

图 8 - 36　修边镶件结构及刃口拼合面

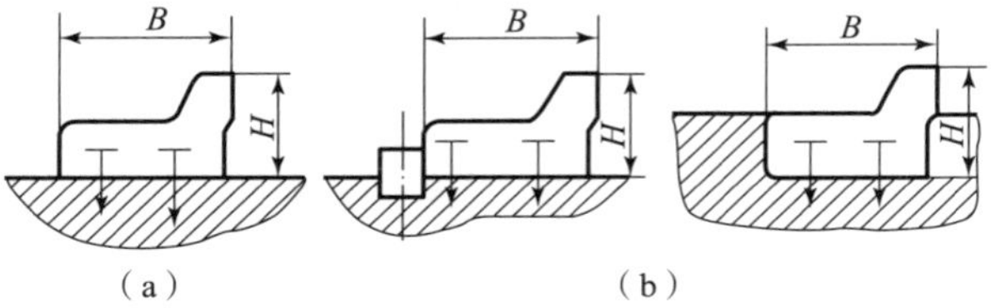

图 8 - 37　镶件的固定形式

覆盖件经常使用的镶件材料为 T10A 工具钢，热处理硬度为 58～62 HRC。因镶件是整体加热淬火，变形大，因此镶件需要留有淬火后的精加工余量。

3. 废料刀的设计

覆盖件的废料外形尺寸大，修边线形状复杂，不可能采用一般卸料圈卸料，需要先将废料切断后卸料才方便和安全。有些零件在修边时不能用制件本身形状定位的零件，此时可用废料刀定位。所以废料刀的设计也是修边模设计的重点内容之一。

1）废料刀的结构

废料刀也是修边镶件的组成部分，镶件式废料刀利用修边凹模镶件的接合面作为一个废料刀刃口，相应地，在修边凸模镶块外面也安装废料刀作为另一个废料刀刃口，如图 8 - 38、图 8 - 39 所示。

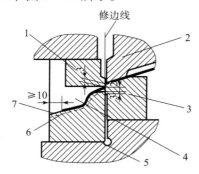

图 8 - 38　弧形废料刀图

1—上模凹模；2—卸料板；3—下模凸模；
4—凹模废料刀；5—凸模废料刀；6—凹模
废料刀刃口；7—凸模废料刀刃口

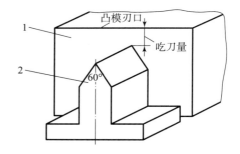

图 8 - 39　丁字形废料刀

1—凸模；2—废料刀

2）废料刀的布置

（1）为了使废料容易落下，废料刀的刃口开口角通常取 10°，且应顺向布置，如图 8 - 40 所示。

（2）为了使废料容易落下，废料刀的垂直壁应尽量避免相对布置。当不得不相对布置时，可改变刃口角度，如图 8 - 41 所示。

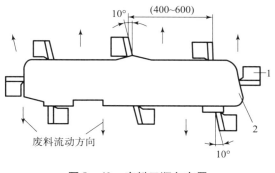

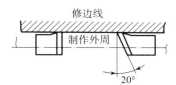

图 8 - 40　废料刀顺向布置

1—废料刀；2—凸模

图 8 - 41　废料刀相对布置

另外修边线上有凸起部分时，为了防止废料卡住，要在凸起部位配置切刀。

4. 斜楔机构的设计

在覆盖件的修边模设计中，经常会遇到要将压力机滑块的上、下垂直运动，改变成刃口镶件的水平或倾斜运动，才能完成修边或冲孔的情况。采用斜楔机构可很好地解决上述问题。

斜楔机构由主动斜楔、从动斜楔和滑道等部件构成，如图 8 - 42 所示。

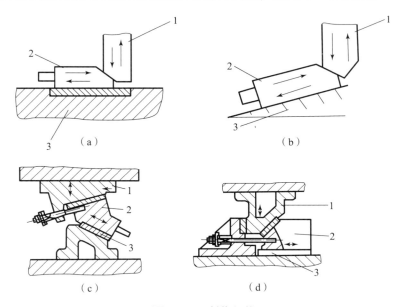

图 8 - 42　斜楔机构

（a）水平斜楔；（b）倾斜斜楔；（c）斜冲；（d）水平冲

1—主动斜楔；2—从动斜楔；3—滑道

按连接方式，斜楔可分为以下两类。

（1）斜冲。如图 8 - 42（c）所示，主动斜楔 1 固定在上模上，从动斜楔 2 安装在主动斜楔 1 上，它们之间可相对滑动但不脱离，并装有复位弹簧。工作时，主、从动斜楔 1，2 一同随滑块下降，当遇到固定在下模座上的滑道 3 时。从动滑块沿箭头方向向右下方运动，并使凸模完成冲压动作。

（2）水平冲。如图 8 - 42（d）所示，主动斜楔 1 固定在上模上；从动斜楔 2 装在下模上，可在下模的滑道中运动，并装有复位弹簧。工作时主动斜楔 1 向下运动，并推动从动斜楔 2 向右运动，使凸模完成冲压动作。

斜楔机构目前已经标准化，设计参见有关标准设计手册。但在设计时要注意以下几点。

（1）为平衡掉主、从动斜楔的侧向力，一般要考虑耐磨侧压块，其通常设计在下模座上。

（2）为使从动斜楔充分复位，复位弹簧要有预压力。为保证复位的可靠性，可增加强迫复位装置。

（3）在同时完成垂直修边和水平修边的组合模应首先完成斜楔修边。

8.3.3　覆盖件翻边模

1. 翻边模的分类

根据翻边模的结构特点和复杂程度，覆盖件的翻边模可分为以下 6 种类型。

（1）垂直翻边模：其翻边凸模或凹模作垂直方向运动，对覆盖件进行翻边。这类翻边模结构简单，翻边后工件包在凸模上，退件时退件板要顶住翻边边缘，以防工件变形。

（2）斜楔翻边模：其翻边凹模单面沿水平方向或倾斜方向运动完成向内的翻边工作。由于是单面翻边，工件可以从凸模上取出，因此，凸模是整体式结构。

（3）斜模两面开花翻边模：其翻边凹模在对称两面沿水平或倾斜方向运动完成向内的翻边工作。这类翻边模翻边后工件包在凸模上，不易取出，所以翻边凸模必须采取扩张式结构。翻边时凸模扩张成形，翻边后凸模缩回便于取件，这类翻边模结构动作较复杂。

（4）斜楔圆周开花翻边模：这类翻边模结构同斜楔两面开花翻边模相似，所不同的是其翻边凹模沿圆周封闭式向内翻边，同样不易取件。必须将其翻边凸模做成活动的，扩张时成形，转角处的一块凸模是靠相邻的开花凸模块以斜面挤出。其结构较上面一种更为复杂。

（5）斜楔两面向外翻边模：其凹模两面向外做水平方向或倾斜方向运动完成翻边动作。翻边后工件可以取出。

（6）内外全开花翻边模：覆盖件窗口封闭式向外翻边采取这种型式。翻边后工件包在凸模上不易取出。其凸模必须做成活动的，缩小时成形翻边，扩张时取件。而凹模恰恰相反，扩张时成形翻边，缩小时取件，角部模块靠相邻模块以斜面挤压带动。这类模具结构非常复杂。

2. 翻边模结构设计示例

覆盖件在翻边时一般都是沿着轮廓线向内或向外翻边。由于覆盖件平面尺寸很大，翻边时只能水平方向摆放，因此，其向内向外翻边应采用斜楔结构。覆盖件向内翻边包在翻边凸模上，不易取出，因此，必须将翻边凸模做成活动的，此时翻边凸模是扩张结构，翻边凹模是缩小结构。覆盖件向外翻边时，翻边凸模是缩小结构，翻边凹模是扩张结构。

1）双斜楔窗口插入式翻边凸模扩张模具结构

图 8-43 所示为利用覆盖件上的窗口，插入凸模扩张斜楔的模具结构。其翻边过程是当压力机滑块行程向下时，固定在上模座的斜楔穿过窗口将翻边凸模扩张到翻边位置停止不动；压力机滑块继续下行时，外斜楔将翻边凹模缩小进行翻边。翻边完成后，压力机滑块行程向上，翻边凹模借弹簧力回复到翻边前的位置，随后翻边凸模也回弹到最小的收缩位置。取件后进行下一个工件的翻边。

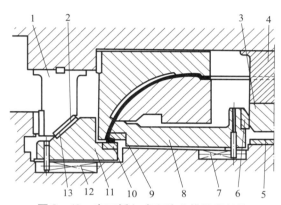

图 8-43 窗口插入式翻边凸模扩张结构

1，4—斜楔座；2，13—滑板；3，6—斜楔块；5—限位板；
7，12—复位弹簧；8，11—滑块；9—翻边凸模；10—翻边凹模

2）翻边凸模收缩与翻边凹模扩张的模具结构

图 8-44 所示为覆盖件窗口向外翻边的模具结构。翻边凸模 8 固定在滑块 5 上，当压力机滑块 5 行程向下时，压块 2 将活动底板 13 压下，斜楔块 3，4 斜面接触，使翻边凸模 8 收缩到翻边位置不动。压力机滑块 5 继续下行，在斜楔 10 的作用下，翻边凹模 11 扩张完成翻边动作。翻边后上模开启，活动底板 13 受顶件缸顶杆 7 作用抬高，翻边凹模 11 首先收缩返回原来位置，然后翻边凸模 8 扩张脱离工件，行至能够取件的原始位置，即取出翻边件。

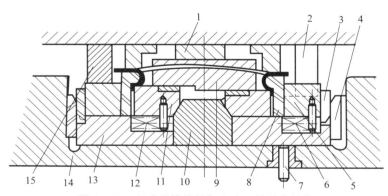

图 8-44 翻边凸模收缩与翻边凹模扩张结构

1，15—限位块；2—压块；3，4—斜楔块；5—滑块；6，12—弹簧；7—顶杆；
8—翻边凸模；9—压板；10—斜楔；11—翻边凹模；13—活动底板；14—下模座

3）斜楔两面开花翻边模

图 8-45 所示翻边模属斜楔两面开花式结构。翻边件上方的窝槽用作初定位（四方

形），合模后压件器 13 把工件牢牢压在凸模座 14 上。接着活动翻边凸模 8 扩张到翻边位置不动，翻边凹模 20 收缩进行翻边。开模后翻边凹模 20 扩张，活动翻边凸模 8 缩小，取出工件。

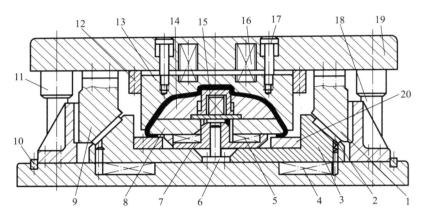

图 8 - 45　斜楔两面开花翻边模

1，7，9—斜楔；2—滑板；3—滑块；4、5、16—弹簧；6—轴销；8—活动翻边凸模；
10—键；11—导套；12 固定块；13—压件器；14—凸模座；15—定位块；17—螺钉；
18—导柱；19—上模座；20—翻边凹模

4）气缸复位的翻边模

图 8 - 46 所示为气缸复位的翻边模，复位用的气缸 7 装在滑块 4 内，可使模具结构紧凑，但气缸 7 一定要设计成可拆卸结构。复位气缸 7 选用两件，它们位于滑块 4 和滑块座 5 之间的空间内，占用面积小，是一种值得推广的方案。

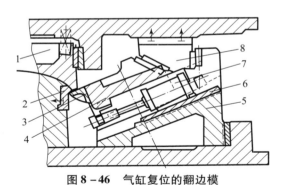

图 8 - 46　气缸复位的翻边模

1—压件器；2—翻边凸模；3—翻边凹模；4—滑块；5—滑块座；
6—气缸固定板；7—气缸；8—斜楔

8.4　覆盖件模具调试要点

8.4.1　调试前的准备工作

1. 认真研读技术文件

调试人员在进行模具调试之前要认真研读冲压工艺文件和冲压模具设计图样，不仅要了解该工序的作业内容，还要明确该冲压件在该工序中的质量要求、模具的结构特点、作业顺序，以及该工序对后续工序的影响等。

2. 毛坯准备

根据工艺文件要求的板材型号、形状、尺寸准备好坯料或上一道工序的制件。

3. 设备准备

调试前，要按照模具安装要求调整好压力机状态，备好顶杆，并进行数次空行程运行，确认设备处于良好状态。

8.4.2　冲压模具调试步骤

1. 空行程调试

将模具正确安装在压力机上，并擦拭干净模具型面、导向面，导向面加润滑油，进行空行程调试，并调节压力、顶出缸行程等，确认模具状态良好后方可进行试压。

2. 带料调试

将坯料或上一道工序的工序件正确放入模具中，根据模具的工作内容进行试压。

3. 调整模具

检查成品质量，并分析其质量缺陷及缺陷的产生原因。对模具进行修整后，试制出符合要求的成品件，并排除影响生产、安全、质量和操作的各种不利因素。

4. 模具调试标案

模具调试完毕后，要对调模记录进行归纳、综合，形成技术文件，并随同模具技术资料一起作为技术部门和模具制造部门的参考资料。

5. 调整后对成品模具的要求

（1）能顺利地安装在指定压力机上。

（2）能稳定地制出合格产品。

（3）能安全地进行操作使用。存档保存，同时要把有关问题及时反馈给生产部门以利于大批量稳定生产。

8.4.3　拉深模调试的常见缺陷和解决办法

1. 拉深模的调试

（1）准备工作做完后，将模具正确安装在机床上。

（2）进行空行程调试，上模随上滑环徐徐降下，确认与下模是否干涉，并合入下止点。

（3）毛坯投入模具并确定位置。

（4）上模落下至凹模和压边圈将毛坯压住绷紧至压料筋成形为止，上滑块升起。分析压料面折线处起皱的状态，并观察压料筋间隙是否合适。

（5）调试拉深深度到正常拉深深度的 1/2 处，确认开裂和起皱的发生状态。

①凸模尺寸和凹模尺寸是否过小。

②压料面压料松紧是否均匀。

③材料流动状态如何。

（6）调整压料面压力后到拉深下止点前 20 mm 处再分析。

（7）分析以后的状态，分几次徐徐调到下止点前 3~5 mm。在下止点前 3~5 mm 时确认是否叠料，如出现叠料，则终止调试，采取对策。

（8）调试到拉深下止点，分析拉深件起皱开裂的发生状态。

2. 拉深件缺陷及解决办法

拉深件缺陷及解决办法如表 8-2 所示。

表 8-2　拉深件缺陷及解决办法

拉深件缺陷	产生原因	解决办法
破裂	1. 压边力太大； 2. 凹模口或拉深筋槽的圆角半径太小； 3. 拉深筋布置不当或间隙太小； 4. 压料面过于粗糙； 5. 凹模与凸模间的间隙过小； 6. 润滑不足； 7. 毛坯放偏； 8. 毛坯尺寸太大； 9. 毛坯质量（厚度公差、表面质量、材料级别等）不符合要求； 10. 局部形状变形条件恶劣	1. 减小外滑块的压力； 2. 加大相关的圆角半径； 3. 调整拉深筋的数量、位置和间隙； 4. 降低表面粗糙度； 5. 调整间隙； 6. 改善润滑条件； 7. 使毛坯正确定位，必要时加预弯工序； 8. 减小毛坯尺寸； 9. 更换材料； 10. 工艺切口或工艺孔，或改变拉深筋的局部形状
皱纹	1. 压边力不够； 2. 压料面"里松外紧"； 3. 凹模口圆角半径太大； 4. 拉深筋太少或布置不当； 5. 润滑油太多或涂刷次数太频，或涂刷位置不当； 6. 毛坯尺寸太小； 7. 试冲毛坯过软； 8. 毛坯定位不稳定； 9. 压料面形状不当； 10. 冲压方向不当	1. 调节外滑块调整螺母，加大压边力； 2. 修磨压料面，消除"里松外紧"现象； 3. 减小圆角半径； 4. 增加拉深筋或改变其位置； 5. 适当减少润滑油，并注意操作； 6. 加大毛坯尺寸； 7. 更换试冲材料； 8. 改善定位，必要时加预弯工序； 9. 修改压料面形状； 10. 改变冲压方向，重新设计冲压模具
修边后形状和尺寸不准确	1. 压边力不够； 2. 拉深筋太少或布置不当； 3. 材料塑性变形不够； 4. 材料选择不当； 5. 产品的工艺性差	1. 加大压边力； 2. 增加拉深筋或改善其分布； 3. 对于浅拉深件采用拉深槛； 4. 更换材料； 5. 产品增加加强筋

续表

拉深件缺陷	产生原因	解决办法
有"鼓模"现象	1. 压边力不够； 2. 拉深筋太少或布置不当； 3. 毛坯扭曲，拉深时受力不均	1. 加大压边力； 2. 增加拉深筋或改善其分布； 3. 拉深前将毛坯放在多辊滚压机上进行滚压
装饰棱线不清，压双印	1. 凸模向下行程不够； 2. 凸模与凹模不同心，间隙不均匀； 3. 毛坯与凸模有相对运动	1. 调节凸模深度，或换大吨位压力机； 2. 保证凸模与凹模之间的间隙均匀； 3. 调整各个部位的进料阻力，或改变冲压方向
表面有痕迹和划痕	1. 压料面的过于粗糙； 2. 凹模圆角的过于粗糙； 3. 镶块的接缝间隙太大； 4. 毛坯表面有划伤； 5. 凸模或凹模没有出气孔； 6. 凹模内有杂物； 7. 润滑不足或润滑剂质量差； 8. 工艺补充部分不足； 9. 冲压方向选择，毛坯与凸模有相对运动	1. 降低表面粗糙度； 2. 降低表面粗糙度； 3. 消除镶块间的缝隙； 4. 更换材料； 5. 加出气孔； 6. 保持凹模内清洁； 7. 改善润滑条件； 8. 增加工艺补充部分； 9. 改变冲压方向
表面粗糙	钢板表面晶粒度大	1. 将板料进行正火处理； 2. 更换合格材料
表面有滑移线	材料的屈服极限不均匀	1. 采用质量好的材料； 2. 拉深前将材料进行滚压

8.4.4　修边模的调试

（1）准备工作做完后，在机床上正确安装模具。

（2）修边模空行程调试，冲床滑块下限位置应分阶段逐步下调确定。

①导向件接触后，逐步下调确认是否有干涉。

②退压件器与模具型面接触后，逐步下调确定是否有干涉。

③刃口接触前微动下调确定是否有干涉，并逐步确定下限位置。

④倾斜修边模应确定滑块迟降点，即侧冲机构接触点位置。

（3）修边模带料调试，应一次冲下，根据制件情况确认模具状态，并调整模具。

①将工序件投入模具中，并确定定位是否准确。例如，对于型面定位，应确认制件与下模型面是否吻合；对于孔或边定位，应确认定位是否准确稳定。

②试冲后，检查试冲件形状尺寸是否正确，是否有压伤、划痕，修边的光亮带是否合适，毛刺的发生情况，废料的排出情况等，并根据发生的缺陷来调整模具。

（4）修边试冲产生的主要缺陷及解决方法如表 8 - 3 所示。

表8-3 修边试冲产生的主要缺陷及解决方法

缺 陷	产生原因	解决方法
形状尺寸不准确	冲压模具刃口形状尺寸不正确	修正基准件刃口形状尺寸至要求，再调配非基准件的刃口
剪切断面光亮带过宽，甚至出现双光亮带和拉伸毛刺	冲切间隙小	以基准侧刃口为准修整放大间隙
剪切断面光亮带窄，制件毛刺大，塌角过大	冲切间隙大	以基准侧刃口为准调整镶块位置，或烧焊刃口调整间隙
同一批次件，状态不稳定	定位不稳定，制件发生窜动	1. 用合格工序件研配定位型面； 2. 调整压件器，改善压件状态
制件压伤、变形	1. 压件器与下模型面料厚间隙小； 2. 制件与凸模型面及压件器型面不符型	1. 检查调整压件器与下模型面之间的间隙，保证一个料厚； 2. 用合格工序件研配凸模型面及压件器型面
废料排出困难	1. 废料刀布置不合适； 2. 滑料槽倾斜角度小； 3. 凹模刃口工作部分过长或放倒锥形	1. 调整废料刀位置和角度； 2. 调节废料滑板角度或顶、钩废料机构； 3. 修整刃口工作部分

8.4.5 翻边模的调试

（1）准备工作做完后，将模具正确安装在机床上。

（2）进行空行程调试，上模随上滑环徐徐降下，确认与下模是否干涉，并合入下止点。

（3）制件投入模具并确定位置。

（4）带料调试，根据制件情况，确认模具状态并调整模具。

（5）翻边试冲主要缺陷及解决方法如表8-4所示。

表8-4 翻边试冲主要缺陷及解决方法

缺 陷	产生原因	解决方法
翻边过高、过低或不齐	1. 定位不准确； 2. 修边件尺寸不准确； 3. 凸、凹模间隙不均匀	1. 调整定位； 2. 测算误差，修正修边模刃口尺寸； 3. 调整翻边间隙
制件拉毛或挤伤	1. 凸、凹模间隙小； 2. 翻边镶块工作部分表面过于粗糙	1. 调整凸、凹模间隙； 2. 降低工作部分表面粗糙度或加润滑
起皱	1. 平腹板凸曲线翻边和凸腹板翻边时容易因挤料造成起皱； 2. 凸、凹模间隙过大	1. 适当减小凸、凹模间隙，将变厚材料赶出，降低翻边高度尺寸； 2. 在产品许可的情况下，加开工艺缺口

缺　陷	产生原因	解决方法
裂口	1. 平腹板凹曲线翻边和凹腹板翻边时容易受拉压力而造成裂口； 2. 凸、凹模间隙过小，产生撕裂	1. 减小翻边高度； 2. 允许时，适当增加翻边凸模圆角半径； 3. 更换材料，使用延展率大的材料

第 9 章

多工位级进模设计

多工位级进模是在普通级进模的基础上发展起来的一种精密、高效、长寿命的模具，其工位数可多达几十个，多工位精密级进模配备高精度且送料进距易于调整的自动送料装置和误差检测装置、模内工件或废料去除等机构。因此，与普通冲压模具相比，多工位级进模的结构更复杂、模具设计和制造技术也要求较高，同时对冲压设备、原材料也有相应的要求，模具成本相对较高。多工位级进模零件和模具如图 9-1 所示。

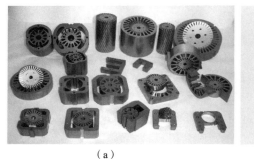 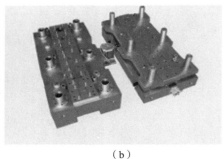

（a）　　　　　　　　　　　　　　　（b）

图 9-1　多工位级进模零件和模具

（a）各种马达铁芯的转子和定子片；（b）某型号的转子定子模具

9.1　多工位级进模设计概论

9.1.1　多工位级进模的特点

就冲压而言，多工位级进模与普通冲压模具相比要复杂，它的主要特点如下。

（1）所使用的材料主要是黑色或有色金属，材料的形状多为具有一定宽度的长条料、带料或卷料。因为它是在连续、几乎不间断的情况下进行冲压工作，所以要求使用的条料越长越好。其使用的薄料长达几百米以上，中间不允许有接头，料厚为 0.1~6 mm，多数使用 0.15~1.5 mm 的材料，而且有色金属居多。料宽的尺寸要求必须一致，应在规定的公差范围内（通常小于 0.2 mm），且不能有明显的毛刺，不允许有扭曲、波浪和锈斑等影响送料和冲压精度的缺陷存在。

为了能保证制件在尺寸和形位公差方面有较好的一致性，要求材料有较高的厚度精度和较为均匀的力学性能。料宽根据制件的排样决定，宽度太大，影响送料通畅；宽度太小，影响定位。

（2）送料方式为按步距间歇或直线连续送给。不同的级进模步距的大小是不相等的，具体数值在设计排样时确定。但送料过程中步距精度必须严格控制，才能保证冲件的精度与质量。多工位级进模步距精度的控制是由压力机上的送料装置和模具上用于定位的导正装置等共同精确定位而保证的。模具的步距精度可以控制在 ±5 μm 以内。步距等于前、后两工位间距，在同一副模具上，要求这个加工距离绝对一致。

（3）冲压的全过程在未完成成品件前，毛坯件始终不离开（区别于多工位传递模）条料和载体。在级进模中，所有工位上的冲裁，被冲掉的部分都是无用的工艺或设计废料，而留下的部分被送到模具的下一工位上继续冲压，完成后面的工序。各工位上的冲压工序虽独立进行，但制件与条料始终连接在一起，直到最后那个工位需要落料时，合格制件才被分离条料冲落下来（一般由凹模落料孔中下落，也有冲落后的制件又被顶入条料原位，并在后面的工位再顶出）。

（4）冲压生产效率高。在一副模具中，可以完成复杂零件的冲裁、弯曲、拉深和成形及装配等工艺；减少了使用多副模具的周转和重复定位过程，显著提高了劳动生产率和设备利用率。

（5）操作安全简单。多工位级进模常采用高速冲床生产冲压件，模具采用了自动送料、自动出件、安全检测等自动化装置，避免了操作人员将手伸入模具的危险区域，操作安全，易于实现机械化和自动化生产。

（6）模具寿命长。多工位级进模中工序可以分散在不同的工位上，不必集中在一个工位，工序集中的区域还可根据需要设置空位，故不存在凹模壁的"最小壁厚"问题，从而保证了模具的强度和装配空间，延长了模具寿命。此外，多工位级进模采用卸料板兼作凸模导向板，对提高模具寿命也是很有利的。

（7）产品质量高。多工位级进模在一副模具内完成产品的全部成形工序，克服了用简单模具时多次定位带来的操作不便和累积误差。它通常又配合高精度的内、外导向和准确的定距系统，能够保证产品零件的加工精度。

（8）设计和制造难度较大。多工位级进模结构复杂，镶块较多，模具制造精度要求很高，设计和制造难度较大。模具的调试及维修也有一定的难度。同时，多工位级进模要求模具零件具有互换性，要求更换迅速、方便、可靠。

（9）生产成本较低。多工位级进模由于结构比较复杂，所以制造费用比较高，同时材料利用率也往往比较低，但因其使用时生产效率高，压力机占有数少，需要的操作人员数量和车间的面积少，同时减少了半成品的储存和运输，所以产品零件的综合生产成本并不高。

多工位级进模主要用于冲制厚度较薄（一般不超过 2 mm）、生产批量大、形状复杂、精度要求较高的中、小型零件。用这种模具冲制的零件，精度可达 IT10 级。因此，多工位级进模得到了广泛的应用。

9.1.2 多工位级进模的分类

1. 按包含的工序性质分类

多工位级进模不仅能完成所有的冷冲压工序，而且能进行装配，但冲裁是最基本的工序。按工序性质，它可分为冲裁多工位级进模、冲裁拉深多工位级进模、冲裁弯曲多工位级进模、冲裁成形（胀形、翻孔、翻边、缩口、校形等）多工位级进模、冲裁拉深弯曲多工位级进模、冲裁拉深成形多工位级进模、冲裁弯曲成形多工位级进模、冲裁拉深弯曲成形多工位级进模等。总之，由于冲裁是级进模的基本冲压内容，级进模又是冷冲压模具的一种，因此，根据多工位级进模中常见的弯曲、拉深、成形等工序，相应级进模的分类如图9－2所示。

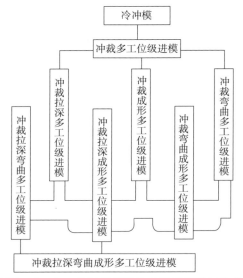

图9－2　多工位级进模按包含的工序性质分类

2. 按排样方式不同分类

（1）封闭型孔级进模。这种级进模的各个工作型孔（除侧刃外）与被冲零件的各个型孔及外形（或展开外形）的形状完全一样，并分别设置在一定的工位上，材料沿各工位经过连续冲压，最后获得成品或工序件，如图9－3所示。

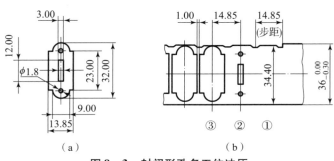

图9－3　封闭形孔多工位冲压

（a）零件；（b）排样图

（2）切除余料级进模。这种级进模是对具有较为复杂的外形和型孔的冲压件，采取逐步切除余料的办法（对于简单的型孔，模具上相应型孔与其型孔完全一样），经过逐个工位的连续冲压，最后获得成品或工序件。显然，这种级进模工位一般比封闭型孔级进模多。如图 9 - 4 所示，经过 8 个工位冲压，获得一个完整的零件。

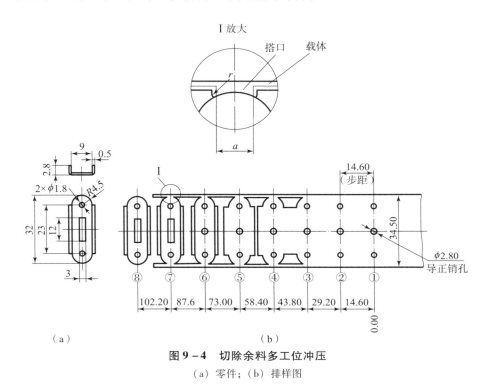

图 9 - 4　切除余料多工位冲压
（a）零件；（b）排样图

以上两种级进模的设计方法是截然不同的，有时也可以把两种设计方法结合起来，即既有封闭型孔又有切除余料的级进模，以便更科学地解决实际问题。

3. 按工位数 + 制件名称分类

多工位级进模按该方法可分为 32 工位电刷支架精密级进模、25 工位簧片级进模、上位刷片级进模等。

4. 按被冲压的制件名称 + 模具工作零件所采用特殊材料分类

多工位级进模按该方法可分为电池极板硬质合金级进模、极片钢结合金级进模、定转子铁心自动叠装硬质合金级进模等。

9.1.3　多工位级进模的应用

多工位级进模有许多特点，但由于制造周期相对较长、成本相对较高的原因，应用时必须慎重考虑。合理选用多工位级进模，应符合如下情况。

（1）制件应该是定型产品，而且需求量较大。

（2）制件不适合采用单工序模冲制，如某些形状异常复杂的制件，包括弹簧插头、接线端子等。需要多次冲压才能完成制件的形状和尺寸要求。例如，采用单工序冲压无法定位和冲压，只能采用多工位级进模在一副模具内完成连续冲压，才能获得所需制件。

（3）制件不适合采用复合模冲制，如某些形状特殊的制件。例如，集成电路引线框，电表铁心，微型电动机定、转子片等，使用复合模无法设计与制造模具，而应用多工位级进模能圆满解决问题。

（4）冲压用的材料长短、厚薄比较适宜。多工位级进模用的冲件材料，一般都是条料，条料不能太短，否则会导致冲压过程中换料次数太多，生产效率上不去。条料太薄，送料导向定位困难；条料太厚，无法矫直，且太厚的条料长度一般较短，不适合用于级进模，自动送料也困难。

（5）制件的形状与尺寸大小适当。当制件的料厚大于 5 mm，外形尺寸大于 250 mm 时，不仅冲压力大，而且模具的结构尺寸大，故不适宜采用级进模。

（6）模具的总尺寸和冲压力适用于生产车间现有的压力机大小，必须和压力机的相关参数匹配。

9.1.4 多工位级进模对冲压设备的要求

多工位级进模冲压按速度可分为如下 4 种。
（1）低速冲压是指模具在连续速度 150～200 次/min 范围内运行。
（2）中速冲压是指模具在连续速度 200～400 次/min 范围内运行。
（3）高速冲压是指模具在连续速度 400～1 200 次/min 范围内运行。
（4）超高速冲压是指模具在连续速度超过 1 200/min 范围内运行。

由上可看出，多工位级进模运行速度高，对冲压设备的要求也较高。多工位级进模使用的冲床应当能够承受模具连续作业，有足够的刚性、功率和精度，要有较大的工作台面及良好可靠的制动系统；采用销或键的机械式离合器不能在任意位置中断冲床滑块的动作，所以通常采用摩擦式离合器，以便在任意位置能瞬时停止滑块的运动，保护模具在发生故障时不受损坏。另外，模具在连续工作时会产生很大的振动，高速冲床尤其严重，应使冲床在额定压力的 60% 以下工作。

自动送料的多工位级进模对送料机构的精度、平稳性和可靠性要求较高，常用的送料机构有辊式送料器（用于较大的零件，采用离合器传动，在 600 次/min 速度下工作时，最好的送料器送进精度可达 ±0.02 mm）、断续送料器（用于质量较轻、送进精度要求较高的零件，可在 400 次/min 速度下工作）。内装变速齿轮的固定送料器可在 1 200 次/min 速度下工作。气动式和夹持式送料器适用于速度为 150 次/min 的情况。当送料机构发生故障，产生误送进时，可能造成模具的损坏。因此，必须设置检测系统，一旦发生故障，应能及时自动发现并立即停止冲床的工作。

多工位级进模由于用于连续作业，因此，刃磨和维修的周期较短。例如，如果使用的冲床行程次数为 300 次/min，则每小时将完成 1.8 万次冲程；如果模具的平均刃磨寿命为 20 万次，则模具工作十多个小时后就应维护与刃磨。而多工位级进模的刃磨与维护都比较麻烦。在刃磨冲裁部分的凸、凹模刃口时，需满足弯曲、拉深等工序的凸、凹模高度。如果该模具具有复杂的冲压机构，其维护将更为困难。对于一个复杂的多工位级进模，刃口可能不处于同一平面，甚至不处于同一方向，在刃磨时由于模具结构及模具空间的限制，往往要进行一些拆卸。由于模具工序多，凸、凹模多，免不了经常出现损坏（如细小凸模折断），一些易损件也需要经常更换，因此，对一个复杂、精密的模具进行这样的刃磨与维护必须要有相当技术水平的工人与足够的经验，并且也应有必要的设备（比较精密的通用磨床和一些专用机床，如立式磨床）。

9.2 多工位级进模排样设计研究

排样设计是多工位级进模设计的重要依据，也是决定其优劣的主要因素之一。它不仅关系到材料的利用率、制件的精度、模具制造的难易程度和使用寿命等，还关系到模具各工位的协调与稳定。

冲压件在带料上的排样必须保证完成各冲压工序、准确送进，实现级进冲压；同时还应便于模具的制造和维修。冲压件的形状是千变万化的，要设计出合理的排样图，首先要根据冲压件图纸计算出展开尺寸，然后进行各种方式的排样。在确定排样方式时，还必须对制件的冲压方向、变形次数、变形工艺类型、相应的变形程度及模具结构的可能性、模具加工工艺性、企业实际加工能力等进行综合分析判断。同时，还要全面考虑制件的制造精度，并就多种排样方案进行比较，从中选择一种最佳方案。完整的排样图应给出工位的布置、载体结构形式的选择和相关尺寸的确定等。

当带料排样图设计完成后，也就确定了以下内容。

（1）模具的工位数及各工位的内容。

（2）被冲制制件各工序的安排及先后顺序、制件的排列方式。

（3）模具的送料步距、条料的宽度和材料的利用率。

（4）导料方式、弹顶器的设置和导正销的安排。

（5）模具的基本结构等。

9.2.1 多工位级进模排样设计应遵循的原则

多工位级进模的排样，除了遵守普通冲压模具的排样原则外，还应考虑如下几点。

（1）冲孔、切口、切废料等分离工位在前，然后依次安排成形工位，最后安排制件和载体分离。在安排工位时，要尽量避免冲小半孔，以防凸模受力不均而折断。

（2）为保证带料送进精度，第一工位一般安排冲孔和冲工艺导正孔。第二工位设置导正销对带料导正，在以后的工位中，根据工位数和易发生窜动的工位设置导正销，也可在以后的工位中每隔 2～4 个工位设置导正销。第三工位根据冲压条料的定位精度，可设置送料步距的误送检测装置。

（3）当制件上孔的数量较多，且孔的位置太近时，应分布在不同工位上冲孔，而孔不能因后续成形工序的影响而变形。对相对位置精度要求较高的多孔，应设计同步冲出。若因模具强度的因素不能同步冲出，则后续冲孔应有保证措施保证其相对位置精度要求。复杂的型孔可分解为若干简单型孔分步冲裁。

（4）成形方向的选择（向上或向下）要有利于模具的设计和制造、送料的顺畅。若成形方向与冲压方向不同，则可采用斜滑块、杠杆和摆块等机构来转换成形方向。

（5）设置空工位，可以提高凹模镶块、卸料板和固定板的强度，保证各成形零件安装位置不发生干涉。空工位的数量根据模具结构的要求而定。

（6）对弯曲件和拉深件，每一工位变形程度不宜过大，变形程度较大的制件可分几次成形。这样既有利于质量的保证，又有利于模具的调试修整。对精度要求较高的制件，应设置整形工位。为避免 U 形弯曲件变形区材料的拉伸，应将制件设计为先弯成 45°，再弯成 90°。

（7）在级进拉深排样中，可应用拉深前切口、切槽等技术，以便材料的流动。

（8）局部有压筋时，压筋一般应安排在冲孔前，防止由于压筋造成孔的变形。有凸包时，若凸包的中央有孔，则为利于材料的流动，可先冲一小孔，压凸后再冲到要求的孔径。

（9）当级进成形工位数不是很多，制件的精度要求较高时，可采用"复位"技术，即在成形工位前，先将制件毛坯沿其规定的轮廓进行冲切，但不与带料分离，当凸模切入材料的 20% ~35% 后，模具中的复位机构将作用反向力使被切制件压回条料内，再送到后续加工工位进行成形。

9.2.2　载体和搭口的设计

载体就是级进模冲压时，在条料上连接工序件并将工序件在模具内稳定送进的这部分材料，如图 9 - 5 所示。载体与一般毛坯排样时的搭边的作用完全不同。搭边是为保证把制件从条料上冲切下来的工艺要求而设置的，而载体是为运载条料上的工序件至后续各工位而设计的。载体必须具有足够的强度，才能把工序件平稳地送进。

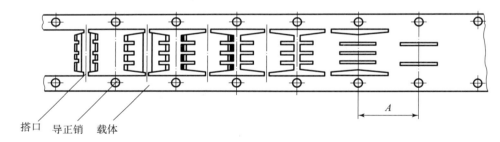

搭口　导正销　载体

图 9 - 5　工序排样图

载体是运送工序件的材料，载体与工序件或工序件和工序件间的连接部分称为搭口（或桥）。

1. 载体形式

限于制件的形状和工序的要求，载体的形式和尺寸也各不相同，载体强度不可单纯依靠增加载体宽度来补救，更重要的是靠合理地选择载体形式。按照载体的位置和数量一般可把载体分为无载体、边料载体、双侧载体、单侧载体、中间载体和其他形式载体。

（1）无载体。无载体实际上与毛坯无废料排样是一样的，零件外形要有一定的特殊性，即要求毛坯的边界在几何上要有互补性，如图 9 - 6 所示。

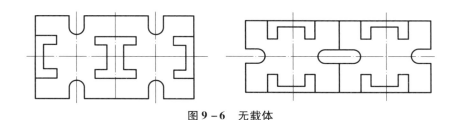

图 9 - 6　无载体

（2）边料载体。边料载体是利用材料两侧搭边废料冲出导正孔而形成的一种载体，这种载体送料刚性较好、省料、简单。它主要用于落料形排样，如图 9 - 7 所示。

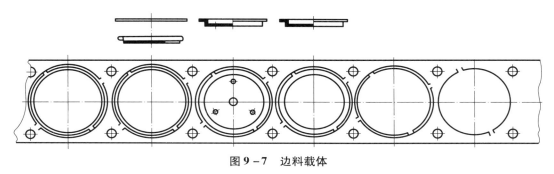

图 9 - 7　边料载体

（3）双侧载体。双侧载体是在条料两侧分别留出一定宽度的材料，以运载工序件，工序件连接在两侧载体中间。双侧载体条料送进平稳，送进步距精度高，可在载体上冲导正销孔以提高送进步距精度。但双侧载体材料的利用率有所降低，往往是单件排列。它一般可分为等宽双侧载体和不等宽双侧载体，即主载体和辅助载体，如图 9 - 8 所示。双侧载体的尺寸 $B = (2.5 \sim 5)t$。

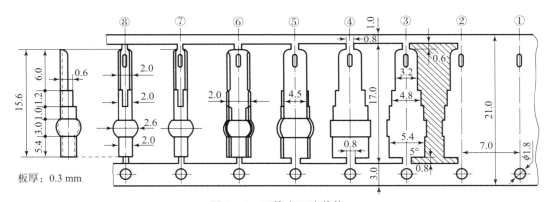

图 9 - 8　不等宽双边载体

（4）单侧载体。单侧载体是在条料的一侧留有一定宽度的材料，并在合适位置与工序件连接，实现对工序件的运送。如图 9 - 9 所示，图 9 - 9（a）和图 9 - 9（b）在裁切工序分解形状和数量上不一样，图 9 - 9（a）第一工位的形状比图 9 - 9（b）复杂，并且细颈处模具镶块易开裂，分解为图 9 - 9（b）后的镶块便于加工，且寿命得到提高。单边载体一般用于条料厚度为 0.5 mm 以上的冲压件，特别是在零件一端或几个方向都有弯曲，往往只能保持条料的一侧有完整外形的场合，采用单侧载体较多。

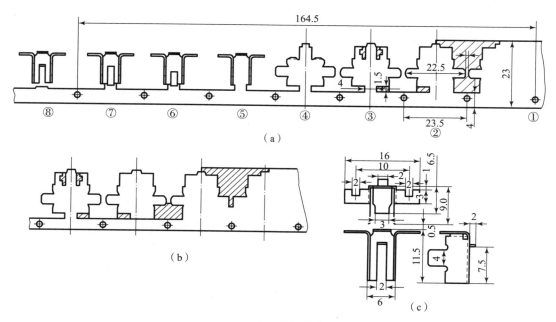

图 9-9 单侧载体

（5）中间载体。中间载体与单侧载体相似，只是载体位于条料中部，待成形结束后切除载体。中间载体可分为单中间载体和双中间载体。中间载体在成形过程中平衡性较好。图 9-10 所示为同一个零件选择中间载体时不同的排样方法。图 9-10（a）为单件排列，图 9-10（b）为可提高生产效率一倍的双排排列。中间载体常用于材料厚度大于 0.2 mm 的对称弯曲成形件，也可用于不对称弯曲件的成对弯曲。

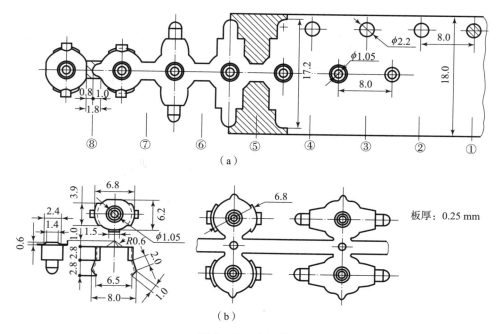

图 9-10 中间载体

2. 搭口与搭接

搭口要有一定的强度，并且搭口的位置应便于载体与制件最终分离。在各分段冲裁的连接部位应平直或圆滑，以免出现毛刺、错位、尖角等。因此，应考虑分断、切除时的搭接方式。常见搭接方式如图 9 - 11 所示，图 9 - 11 （a） 为交接，第一次冲出 A、B 两区，第二次冲出 C 区，搭接区是冲裁 C 区凸模的扩大部分，搭接量应大于 0.5 倍的料厚；图 9 - 11 （b） 为平接，平接时要求位置精度较高，除了必须如此排样时，应尽量避免使用此搭接方

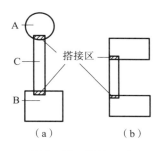

图 9 - 11　搭接方式
（a）交接；（b）平接

法。平接时在其附近要设置导正销，如果制件允许，则第二次冲裁宽度应适当增加一些，凸模要修出微小的斜角 （一般取 3° ~ 5°），以防由于累积误差的影响在连接处出现明显缺陷。

9.2.3　排样图中各冲压工位的设计要点

冲裁、弯曲和拉深等都有各自的成形特点，在多工位级进模的排样设计中其工位的设计必须与成形特点相适应。

1. 多工位级进模冲裁工位的设计要点

（1） 在级进冲压中，冲裁工序常安排在前工序和最后工序，前工序主要完成切边 （切出制件外形） 和冲孔；最后工序安排切断或落料，将载体与制件分离。

（2） 对复杂形状的凸模和凹模，为了使凸、凹模形状简化，便于其制造和保证强度，可将复杂的制件分解成为一些简单的几何形状，并多增加一些冲裁工位。

（3） 对于孔边距很小的制件，为防止落料时引起离制件边缘很近的孔产生变形，可将孔旁的外缘以冲孔方式先于内孔冲出，即冲外缘工位在前、冲内孔工位在后。对有严格相对位置要求的局部内外形，应考虑尽可能在同一工位上冲出，以保证制件的位置精度。

2. 多工位级进模弯曲工位的设计要点

（1） 冲压弯曲方向。在多工位级进模中，如果制件要求向不同方向弯曲，则会给级进加工造成困难。弯曲方向是向上，还是向下，模具结构设计是不同的。如果向上弯曲，则要求在下模中设计有冲压方向转换机构 （如滑块、摆块）；若进行多次卷边或弯曲，则这时必须考虑在模具上设置足够的空工位，以便给滑动模块留出活动余地和安装空间；若向下弯曲，则不存在弯曲方向的转换，但要考虑弯曲后送料顺畅；若有障碍，则必须设置抬料装置。

（2） 分解弯曲成形。零件在做弯曲和卷边成形时，可以按制件的形状和精度要求将一个复杂和难以一次弯曲成形的形状分解为几个简单形状的弯曲，最终加工出零件形状。

图 9 - 12 所示为 4 个向上弯曲的分解冲压工序。在级进弯曲时，被加工材料的一个表面必须和凹模表面保持平行，且被加工零件由顶料板和卸料板在凹模面上保持静止，只有成形的部分材料可以活动。图 9 - 12 （a） 为先向下预弯后，再在下一工位向上进行直角弯曲，其目的是减少材料的回弹和防止因材料厚度不同而出现的偏差；图 9 - 12 （b） 为将卷边成形分为 3 次弯曲的情况；图 9 - 12 （c） 为将接触线的接合面从两侧水平弯曲加工的示例，冲裁圆角带在内侧，分 3 次弯曲；图 9 - 12 （d） 为带有弯曲、卷边的制件示例，分 4 次弯

曲成形。

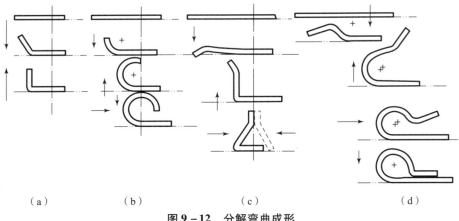

（a）   （b）   （c）   （d）

图 9-12   分解弯曲成形

可见，在分步弯曲成形时，不变形部分的材料被压紧在模具表面上，变形部分的材料在模具成形零件的加压下进行弯曲，加压的方向需根据弯曲要求而定，常使用斜滑块和摆块技术进行力或运动方向的转换。如要求从两侧水平加压时，则需采用水平滑动模块，将冲床滑块的垂直运动转变为滑动模块的水平运动。

（3）弯曲时坯料的滑移。如果对坯料进行弯曲和卷边，则应防止成形过程中材料的移位造成零件误差。采取的措施是先对加工材料进行导正定位，当卸料板、材料与凹模三者接触并压紧后，再做弯曲动作。

3. 多工位级进模拉深工位的设计要点

在进行多工位级进拉深成形时，不像单工序拉深模那样以散件形式单个送进坯料，它是通过带料以载体、搭边和坯件连在一起的组件形式连续送进，级进拉深成形，如图 9-13 所示。但由于级进拉深时不能进行中间退火，故要求材料应具有较高的塑性；又由于级进拉深过程中制件间的相互制约，因此，每一工位拉深的变形程度不可能太大；且因零件间还留有较多的工艺废料，故材料的利用率有所降低。

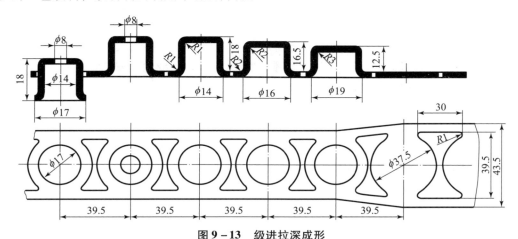

图 9-13   级进拉深成形

要保证级进拉深工位的布置满足成形的要求，应根据制件的尺寸及拉深所需要的次数等工艺参数，用简易临时模具试拉深，根据试拉深的工艺情况和成形过程的稳定性，来进行工位数量和工艺参数的修正，插入中间工位或增加空工位等，反复试制到加工稳定为止。在结构设计上，还可根据成形过程的要求、工位的数量、模具的制造和装配组成单元式模具。

9.2.4　步距精度与条料的定位误差

在多工位级进模中，步距是指条料在模具中逐次送进时每次应向前移动的距离。多工位级进模的工位间公差（步距公差）直接影响冲件精度。步距公差小，冲件精度高，但模具制造难。因此，应根据冲压件的精度等级、形状复杂程度、冲压件材质及材料厚度、模具工位数、送料和定位方式，适当确定级进模的步距公差。计算步距公差的经验公式为

$$\pm \delta = \pm \frac{\beta k}{2 \sqrt[3]{n}} \tag{9-1}$$

式中　$\pm\delta$——多工位级进模步距对称极限偏差值(mm)；

　　　β——冲件沿带料送进方向最大轮廓基本尺寸（指展开后）精度提高 3~4 级后的实际公差值（mm）；

　　　n——模具设计的工位数；

　　　k——修正系数，主要考虑材料、料厚因素，并体现在冲裁间隙上，如表 9-1 所示。

表 9-1　修正系数 k

冲裁间隙 Z/mm	0.01~0.03	0.03~0.05	0.05~0.08	0.08~0.12	0.12~0.15	0.15~0.18	0.18~0.22
k	0.85	0.90	0.95	1.00	1.03	1.06	1.10

为了克服多工位级进模由于各工位之间步距的累积误差，在标注凹模、凸模固定板、卸料板等零件中与步距有关的每一工位的位置尺寸时，均由第一工位为尺寸基准向后标注，不论距离多大，公差均为 δ，如图 9-14 所示。

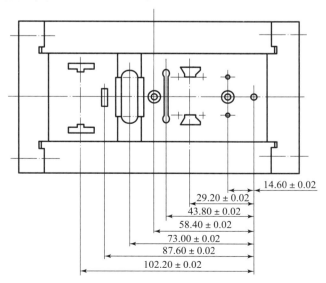

14.60 ± 0.02
29.20 ± 0.02
43.80 ± 0.02
58.40 ± 0.02
73.00 ± 0.02
87.60 ± 0.02
102.20 ± 0.02

图 9-14　步距公差标注

在级进模中，条料的定位精度直接影响到制件的加工精度，特别是对工位数比较多的排样，应特别注意条料的定位精度。排样时，一般应在第一工位冲导正工艺孔，紧接着第二工位设置导正销导正，以该导正销矫正自动送料的步距误差。在模具加工设备精度一定的条件下，可通过设计不同形式的载体和不同数量的导正销，达到条料所要求的定位精度。条料定位精度可按下列经验式确定，即

$$T_\Sigma = CT\sqrt{n} \tag{9-2}$$

式中　T_Σ——条料的定位积累误差（mm）；

　　　　T——级进模的步距公差（mm）；

　　　　n——工位数；

　　　　C——精度系数，单侧载体时，每步有导正销，$C=1/2$；双侧载体时，每步有导正销，$C=1/3$；当载体每隔一步导正时，精度系数取 $1.2C$；每隔两步导正时，精度系数取 $1.4C$。

9.2.5　排样设计后的检查

排样设计完成后必须认真检查，以改进设计，纠正错误。不同制件的排样，其检查重点和内容也不相同，一般的检查项目可归纳为以下几点。

（1）材料利用率。检查是否为最佳利用率方案。

（2）模具结构的适应性。多工位级进模结构多为整体式、分段式或子模组拼式等，模具结构形式确定后，应检查排样是否适应其要求。

（3）有无不必要的空工位。在满足凹模强度和装配位置要求的条件下，应尽量减少空工位。

（4）制件尺寸精度能否保证。由于条料送料精度、定位精度和模具精度都会影响制件关联尺寸的偏差，对于制件精度高的关联尺寸，应在同一工位上成形，否则应考虑保证制件精度的其他措施。例如，对制件平面度和垂直度有要求时，除在模具结构上要注意外，还应增加必要的工序（如整形、校平等）来保证。

（5）弯曲、拉深等成形工序成形时，由于材料的流动会引起材料流动区的孔和外形产生变形，因此，材料流动区的孔和外形的加工应安排在成形工序之后，或增加修整工离。

（6）此外，还应从载体强度是否可靠，制件已成形部位对送料有无影响，毛刺方向是否有利于弯曲变形，弯曲件的弯曲线与材料纤维方向是否合理等方面进行分析检查。排样设计经检查无误后，应正式绘制排样图，并标注必要的尺寸和工位序号，进行必要的说明。

9.3　多工位级进模结构设计

多工位级进模工位多、细小零件和镶块多、机构多，动作复杂，精度高，其零部件的设计，除应满足一般冲压模具零部件的设计要求外，还应根据多工位级进模的冲压成形特点和成形要求、分离工序与成形工序的差别、模具主要零部件制造和装配要求来考虑其结构形状和尺寸，综合考虑模具结构进行设计。

9.3.1　多工位级进模的结构组成

多工位级进模的结构随着制件的形状和要求不同而变化，但基本结构所包含的内容是相

同的。如图 9 - 15 所示，这是典型多工位级进模结构图，其中仅绘出了典型零部件，凸模和凹模等工作零件没有绘制。

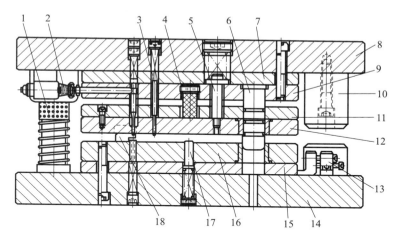

图 9 - 15　多工位级进模的结构

1—外导组件；2—送料探误组件；3—导正组件；4—减震橡胶；5—卸料组件；6—内导组件；

7—上模垫板；8—上模座；9—凸模固定板；10—限位柱；11—卸料背板；12—卸料板；

13—调整机构；14—下模座；15—下模垫板；16—凹模固定板；17—浮料销；18—导料板

如图 9 - 15 所示，上模部分为上模座 8 至卸料板 12 的部分，通过压板及 T 形螺钉压紧于压力机滑块上（多工位级进模一般不采用模柄与滑块连接），随压力机滑块上下往复实现其冲压运动。下模部分为下模座 14 至凹模固定板 16 的部分，也就是一般与压力机工作台相固定的部分。

该模具与普通模具相比较，有如下特点。

（1）支撑牢固。

因产品尺寸精度和定位要求都非常高，为保证模具的稳定性，通常采用自制 45 钢模架（或标准钢质模架）。板类零件常有 8 块，自上而下分别为上模座 8、上模垫板 7、凸模固定板 9、卸料背板 11、卸料板 12、凹模固定板 16、下模垫板 15 和下模座 14，这种结构称为 8 板结构（也有 7 板结构，其没有卸料背板 11）。

（2）导向精密。

上、下模导向采用滚珠形外导组件 1，同时，因产品批量大、模具寿命要求长，外导柱选用了可拆卸结构，导套采用专用的厌氧性树脂黏结固定，以降低孔的加工难度，提高装配可靠性。凸模固定板 9、卸料板 12 及凹模固定板 16 的相对定位由内导组件 6 保证。

（3）导料准确。

多工位级进模一般采用卷料供料，模内用导料板 18 导料，送料粗定距依靠模外自动送料装置和模内的侧刃结构进行。

（4）定位精确。

多工位级进模的精密定位常用"侧刃 + 导正销"的形式，其中侧刃是定距，精定位由导正组件 3 完成，一般每隔一个工位导正一次，其定位积累误差可控制在 0.02 mm 以内，当送料出现错误时，送料探误组件 2 的探误针没有正常插入下端的浮顶销孔内，探误针上浮推动关联销启动微动开关，控制压力机急停。模具合模一次冲裁完成后，条料由浮料销 17

托离凹模表面，实现顺利送进。

（5）卸料可调。

模具压料与卸料弹力由卸料组件5提供，调节上端的堵头螺塞可以调节弹簧的预压力，从而实现压料力的平衡调节。同时，为提高压料和卸料的可靠性、减少噪声而设置了减震橡胶4。卸料板12上必须开出容料槽，既能防止工作时因压力过大而导致条料严重压薄，又避免初始送料时模具后端无条料，而引起的不平衡。需要强压料的工位，可将卸料镶块高出卸料板12一定高度。模具合模高度由限位柱10控制，为操作方便，下限位柱高度与下模高度一致。

9.3.2　多工位级进模的结构类型

多工位级进模的结构多种多样，选择结构类型要综合分析产品的精度要求、批量要求、工艺要求，原材料的厚度要求，工厂的模具制造工艺水平，模具制造的成本要求，生产能力要求（冲压速度水平），模具的可靠性及寿命要求，某些客户特殊的指定性要求。常见的多工位级进模的结构类型有固定导料板形式、半弹压板形式、整体弹压板形式、分段式独立体弹压板形式等。

1. 固定导料板多工位级进模

图9－16所示为典型的固定导料板多工位级进模结构，该模具的导料板4为固定导料板，只有导料功能，没有其他的浮料和压料功能。

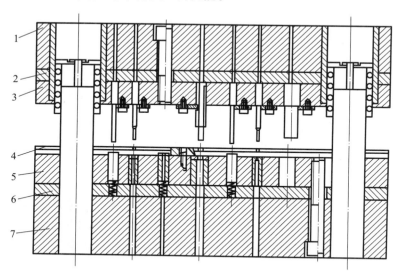

图9－16　典型的固定导料板多工位级进模结构
1—上模座；2—上模垫板；3—上模板；4—导料板；5—下模板；
6—下模垫板；7—下模座

该模具一般使用中级精度的标准模架，包括4个滚珠导向导柱导套、下模座和上模座，允许使用2个滚珠导向导柱导套且高精度的标准模架。模板之间没有其他的导向导柱，模板包括上模垫板、上模板、固定导料板、下模板、下模垫板及可能需要的上盖板。固定导料板只有条料的定位及脱料作用，没有对条料的弹压作用，固定送料板上的型孔与上凸模之间的通过间隙为单边 0.1 mm。下模板内的抬料弹顶装置要用装在上模板上的打杆打下。该模具适用于原材料厚度大于或等于 0.35 mm 或生产批量中等及大批量以下的零件。

2. 半弹压板多工位级进模

所谓半弹压板多工位级进模是指图 9 - 17 所示模具的弹性卸料板的长度小于模板长度，这种设计在满足产品质量要求的前提下，可简化模具结构、降低模具成本。

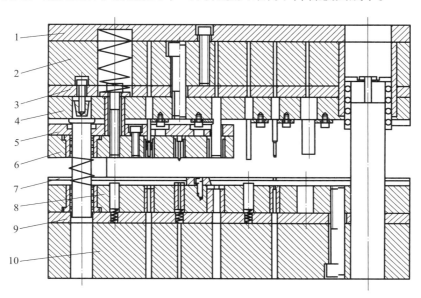

图 9 - 17　典型的半弹压板多工位级进模结构

1—上模座盖板；2—上模座；3—上模垫板；4—上模板；5—卸料板背板；
6—卸料板；7—导料板；8—下模板；9—下模垫板；10—下模座

该模具一般使用中、高级精度的标准模架，它包括 4 个滚珠导向导柱导套、下模座、上模座，前半部（冲裁刃口集中部分）带有 4 个导柱的半弹压板，后半部没有导向导柱，与固定导料板模具完全一致。模板包括上模垫板、上模板、半弹压板、固定送料板、半弹压板盖板、下模板、下模垫板及上盖板。前半部半弹压板可以保证冲裁过程中压住条料并对凸模导向（导向配合），后半部固定导料板只有条料的定位及脱料作用，没有对条料的弹压作用。固定、马料板上的型孔与上凸模之间的通过间隙为单边 0.01 mm。半弹压板覆盖范围内的下模板内的抬料弹顶装置依靠半弹压板压下，后半部下模板内的抬料弹顶装置要用装在上模板上的打杆打下。半弹压板范围内的定位针装在半弹压板上，定位针露出半弹压板下平面的有效长度为 1 mm 左右（至少必须保证有效长度大于 2 ~ 3 倍原材料厚度），后半部的定位针与固定、马料板一样固定在上模板上。

该模具适用于原材料厚度大于或等于 0.3 mm 或生产批量中等及以上的零件生产，尤其适合模具很长、工位数多、后半部成形工位数多，并且成形起伏大的产品生产。

3. 整体弹压板多工位级进模

整体弹压板多工位级进模分为 A，B 两种类型，它们的区别在于导料方式的不同，A 型采用小块送料板的导料方式（见图 9 - 18），B 型采用小方块或圆柱钉的导料方式（见图 9 - 19）。

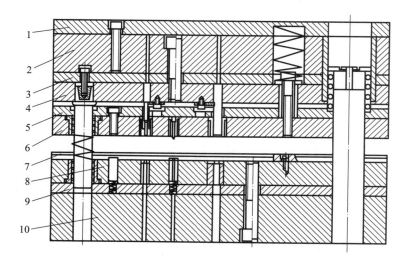

图 9 – 18 典型的 A 型整体弹压板多工位级进模结构

1—上模座盖板；2—上模座；3—上模垫板；4—上模板；5—卸料板背板；
6—卸料板；7—导料板；8—下模板；9—下模垫板；10—下模座

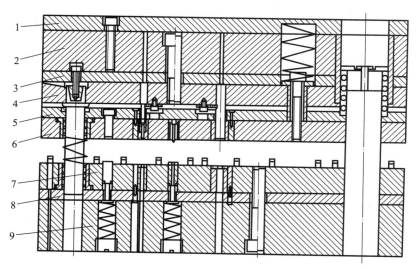

图 9 – 19 典型的 B 型整体弹压板多工位级进模结构

1—上模座盖板；2—上模座；3—上模垫板；4—上模板；5—卸料板背板；
6—卸料板；7—下模板；8—下模垫板；9—下模座

该模具一般使用高级精度的标准模架，包括 2 个滚珠导向导柱导套、下模座、上模座。主模板之间有 4 个或 6 个滚珠导向导柱，模板包括上模垫板、上模板、卸料板、导料板、卸料板盖板、下模板、下模垫及上模座盖板（B 型整体弹压板多工位级进模没有导料板）。卸料板与下模板内装置滚珠导向套；上模板吊装内导柱，内导柱与上模板孔间隙配合（双边间隙 0.20 ~ 0.30 mm），在模具装配后于此间隙内浇入环氧树脂类胶黏剂。整体弹压板可以保证冲压过程中全程压住条料并对所有凸模导向（导向配合），固定导料板或导料小方块或圆柱钉只有条料的侧向定位及脱料作用。弹顶装置依靠弹压板压下，定位针装在弹压板上，定位针露出弹压板下平面的有效长度为 1 mm 左右（必须保证有效长度大于 2~3 倍原材料厚度）。

A 型、B 型整体弹压板多工位级进模对原材料厚度的适应范围：A 型整体弹压板多工位级进模可以适应产品所有原材料厚度；B 型整体弹压板多工位级进模可以适应产品使用原材料厚度大于或等于 0.15 mm，并且原材料硬度超过 100 HV 的情况。A 型、B 型整体弹压板多工位级进模都适应各类产品大批量及以上产品的生产。

4. 分段式独立体弹压板多工位级进模

图 9 - 20 所示为典型的高速冲压分段式独立体弹压板多工位级进模结构。该模具一般使用高级精度的标准模架，以 Meehanite 标准系列模架为代表，图 9 - 20 所示为三个独立单元体组成的模具示范。

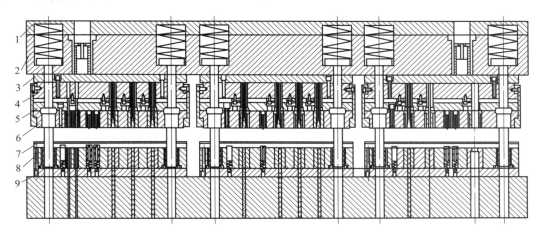

图 9 - 20　典型的高冲压分段式独立体弹压板多工位级进模结构
1—上模座盖板；2—上模座；3—上模垫板；4—上模板；5—卸料板背拉；
6—卸料板；7—下模板；8—下模垫板；9—下模座

该模具包括从左至右 3 个独立单元体完成冲压过程，各个独立单元体相当于一副小型整体弹压板多工位级进模。各个独立单元体内主模板之间有 4 个高精度滚珠导向导柱，下模板内装置滚珠导向套。弹压板与内导柱采用台阶过盈装配，并用弹压板盖板压盖，形成内导柱与弹压板固定连接的方式，并且 4 个内导柱作为每一独立单元体弹压板弹压的传力件。上模板孔与内导柱间隙配合，双边间隙为 0.03~0.05 mm。各个独立单元体中弹性元件的设置及弹压板的连接采用独特的结构，可以提供高速或超高速冲压时非常高的平稳性，以及完全无偏置载荷的弹压运动。

各个独立单元体与下模座的定位采用装在下模座上的定位销钉及定位槽口定位。定位销钉的定位是导入式初步定位；定位槽口的定位是最终的精确定位，它保证各个独立单元体之间的精确冲压节距要求。各个独立单元体与下模座的紧固连接采用斜块压板压下模板侧面、斜面的压装方式。

9.3.3　多工位级进模的主要零部件设计

1. 凸模

在一副多工位级进模中，凸模种类一般都比较多。其截面有圆形和异形，还有冲裁和成形用凸模（除纯冲裁级进模外）。这些凸模大小和长短各异，有不少是细长凸模。又由于工位多，凸模安装空间受到一定的限制，因此，多工位级进模凸模的固定方法也很多。图 9 – 21 ~ 图 9 – 24 所示为几种常用的凸模固定方法。

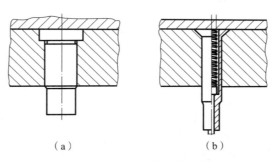

（a）　　　　　　　　　　（b）

图 9 – 21　圆凸模固定方法

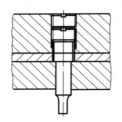

图 9 – 22　圆凸模快换式固定法

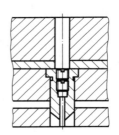

图 9 – 23　带护套凸模

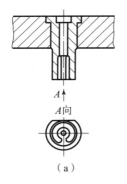 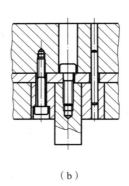 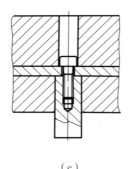 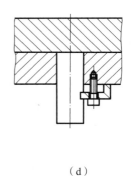

A↑

A向

（a）　　　　　　　（b）　　　　　　　（c）　　　　　　　（d）

图 9 – 24　常用异形凸模固定方法

（a）用圆柱面固定；（b）用大小固定板套装结构；（c）直通快换式固定；（d）压板固定

应该指出，在同一副级进模中应力求固定方法基本一致，小凸模力求以快换式固定，还应便于装配与调整。

一般的粗短凸模可以按标准选用或按常规设计。而在多工位级进模中有许多冲小孔凸模、冲窄长槽凸模、分解冲裁凸模等，这些凸模应根据具体的冲裁要求、被冲裁材料的厚度、冲压的速度、冲裁间隙和凸模的加工方法等因素来考虑凸模的结构结构设计。

对于冲小孔凸模，通常采用加大固定部分直径，缩小刃口部分长度的措施来保证小凸模的强度和刚度。当工作部分和固定部分的直径差太大时，可设计为多台阶结构。各台阶过渡部分必须用圆弧光滑连接，不允许有刀痕。特别小的凸模可以采用保护套结构。卸料板还应考虑能起到对凸模的导向保护作用，以消除侧压力对小凸模的作用而影响其强度。图 9-25 所示为常见的小凸模及其装配形式。

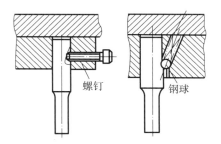

图 9-25　常见的小凸模及其装配形式

冲孔后的废料随着凸模回程贴在凸模端面上带出模具，并掉在凹模表面，若不及时清除，则会使模具损坏。设计时应考虑采取一些措施，防止废料随凸模上窜。故对 $\phi 2.0$ mm 以上的凸模应采用能排除废料的凸模结构。图 9-26 所示为带顶出销的凸模结构，利用弹性顶销使废料脱离凸模端面。也可在凸模中心加通气孔，减小冲孔废料与冲孔凸模端面上的真空区压力，使废料易于脱落。

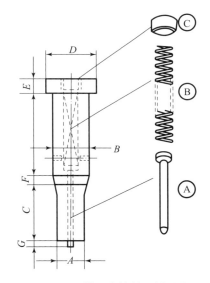

图 9-26　带顶出销的凸模结构

除了冲孔凸模外，多工位级进模中有许多分解冲裁制件轮廓的冲裁凸模。这些凸模的加工大都采用线切割结合成形磨削的加工方法。

需要指出的是，冲裁弯曲多工位级进模或冲裁拉深多工位级进模的工作顺序一般是先由导正销导正条料，待弹性卸料板压紧条料后，才开始进行弯曲或拉深，然后进行冲裁，最后是弯曲或拉深工作结束。冲裁是在成形工作开始后进行，并在成形工作结束前完成。所以冲裁凸模和成形凸模的高度是不一样的，要正确设计冲裁凸模和成形凸模的高度尺寸。

2. 凹模

多工位级进模凹模的设计与制造较凸模更为复杂和困难。凹模结构的常用类型，除了工序较少、纯冲裁级进模，或精度要求不高的多工位级进模的凹模为整体式外，多数多工位级进模的凹模都是镶拼式结构，这样便于加工、装配调整和维修，易保证凹模几何精度和步距精度。凹模镶拼原则与普通冲压模具的凹模基本相同。分段拼合凹模在多工位级进模中是最常用的一种结构，如图 9 - 27 所示。

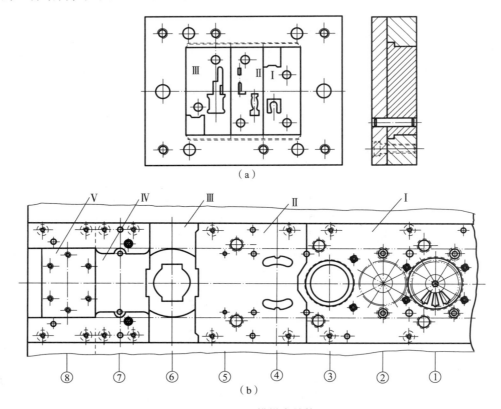

图 9 - 27 凹模拼合结构

（a）分段拼合结构一；（b）分段拼合结构二

图 9 - 27（a）所示结构是由三段凹模拼块拼合而成，用模套框紧，并分别用螺钉、销钉紧固在垫板上。图 9 - 27（b）所示凹模是由五段拼合而成，再分别由螺钉、销钉直接固定于模座上（加垫板）。另外，对于复杂的多工位级进模凹模，还可采用镶拼与分段拼合相结合的凹模。

在分段拼合时必须注意以下几点。

（1）分段时最好以直线分割，必要时也可用折线或圆弧分割。

（2）同一工位的型孔原则上分在同一段，一段也可以包含两个以上工位，但不能包含太多工位。

（3）对于较薄弱、易损坏的型孔宜单独分段。冲裁与成形工位宜分开，以便刃磨。

（4）凹模分段的分割面到型孔应有一定距离，型孔原则上应为闭合型孔（单边冲压的型孔和侧刃除外）。

（5）分段拼合凹模，组合后应加一整体固定板。

镶拼式凹模的固定形式主要有三种。

（1）平面固定式。平面固定是将凹模各拼块按正确的位置镶拼在固定板平面上，分别用定位销（或定位键）和螺钉，定位和固定在固定板或下模座上。

（2）嵌槽固定式。嵌槽固定是将拼块凹模直接嵌入固定板的通槽中，固定板上凹槽深度不小于拼块厚度的 2/3，各拼块不用定位销，而在嵌槽两端用键或楔定位及螺钉固定。

（3）框孔固定式。框孔固定有整体框孔和组合框孔两种。整体框孔固定凹模拼块时，拼块和框孔的配合应根据胀形力的大小来选用配合的过盈量。组合框孔固定凹模拼块时，模具的维护、装拆较方便。当拼块承受的胀形力较大时，应考虑组合框连接的刚度和强度。

3. 条料的导正定位

导正就是用装于上模的导正销插入条料上的导正孔以矫正条料的位置，保持凸模、凹模和工序件三者之间具有正确的相对位置。导正起精定位的作用，一般与其他粗定位方式结合使用。图 9-28 所示为导正销的工作原理。

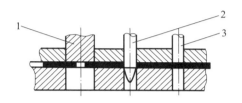

图 9-28　导正销工作原理
1—落料凸模；2—导正销；3—冲导正孔凸模

在设计模具时，作为精定位的导正孔，应安排在排样图中的第一工位冲出，导正销设置在紧随冲导正孔的第二工位，第三工位可设置检测条料送进步距的误差检测凸模，如图 9-29 所示。

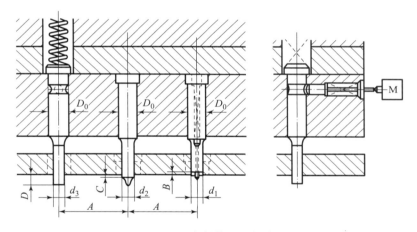

图 9-29　条料的导正与检测

（1）直接导正和间接导正。

按照条料上导正孔的性质，可把导正方法分为直接导正和间接导正。直接导正利用零件本身的孔作为导正孔，导正销可安装于凸模中，也可专门设置；间接导正是利用设计在载体或废料上的导正孔进行导正。

导正销在矫正条料对工序件进行精定位时，有时会引起导正孔变形或划伤。因此，对精度和质量要求高的零件应尽量避免在制件上直接导正。

（2）导正销与导正孔的关系。

导正销导入材料时，既要保证材料的定位精度，又要保证导正销能顺利地插入导正孔。配合间隙过大，定位精度低；配合间隙过小，导正销磨损加剧并形成不规则形状，从而又影响定位精度。导正销与导正孔的配合间隙将直接影响制件的精度。其间隙大小如图 9-30 所示。

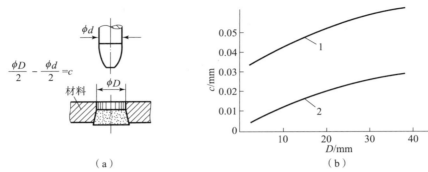

（a）　　　　　　　　　　　　　（b）

图9-30　导正销与导正孔的配合间隙

1——一般冲件用；2—精密冲件用

（3）导正销的结构设计。

①导正销直径的选取。

要保证被导正定位的条料在导正销与导正孔可能有最大的偏心时，仍可得到导正，但不应过小，导正销直径的选取一般不小于2 mm。

②导正销的凸出量。

导正销凸出于卸料板下平面的直壁高度（工作高度）一般取（0.5～0.8）t。材料较硬时可取小值；薄料取较大值。

③导正销的头部形状。

导正销的头部形状从工作要求来看分为引导和导正部分，根据几何形状可分为圆弧和圆锥头部。图9-31（a）所示为常见的圆弧头部导正销，图9-31（b）所示为圆锥形头部导正销。小孔用小锥度的导正销；大孔用大锥度的导正销。

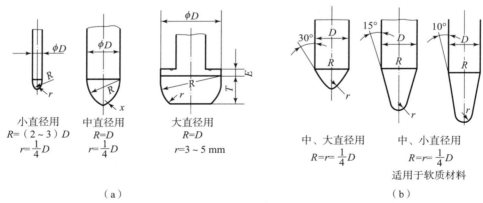

（a）　　　　　　　　　　　　　　　　　　　（b）

图9-31　导正销头部结构

（a）圆弧头部；（b）圆锥头部

④导正销的固定方式。

图9-32所示为导正销的固定方式。其中图9-32（a）为导正销固定在固定板或卸料板上，图9-32（b）为导正销固定在落料凸模上。

导正销在一副模具中多处使用时，其凸出长度、直径尺寸和头部形状必须保持一致，以使所有的导正销承受基本相等的载荷。

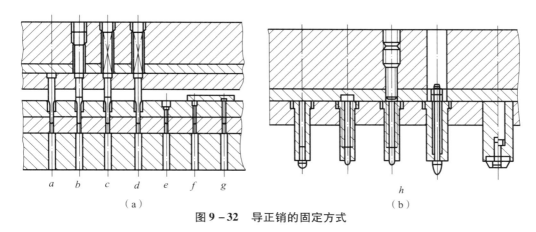

图 9 – 32　导正销的固定方式

4. 条料的导向和托料装置

多工位级进模要求在送进过程中无任何阻碍。由于条料经过冲裁、弯曲、拉深等变形后，在条料厚度方向上会有不同高度的弯曲和凸起，因此，为了顺利送进条料，必须将已成形的条料托起，使凸起和弯曲的部位离开凹模洞壁，并略高于凹模工作表面。这种使条料托起的特殊结构称为浮动托料装置。该装置往往和条料的导向零件共同使用。

完整的多工位级进模导料装置应包括导料板、浮托器（或浮动导料销）、承料板、侧压装置等。

（1）浮动托料装置。

图 9 – 33 所示为常用的浮动托料装置，结构有托料钉、托料管和托料块 3 种。托起的高度一般应使条料最低部位高出凹模表面 1.5 ~ 2 mm，同时应使托起的条料上平面低于刚性导料板下平面 2 ~ 3 mm 左右，这样才能使条料送进顺利。托料钉的优点是可以根据托料具体情况布置，托料效果好，凡是托料力不大的情况都可采用压缩弹簧作托料力源。托料钉通常用圆柱形，但也可用方形（在送料方向带有斜度）。托料钉经常是以偶数使用，其正确位置应设置在条料上没有较大的孔和成形部位下方。对于刚性差的条料应采用托料块，以免条料变形。托料管设在有导正孔的位置进行托料，它与导正销配合（H7/h6），管孔起导正孔作用，适用于薄料。这些形式的托料装置常与导料板组成托料导向装置。

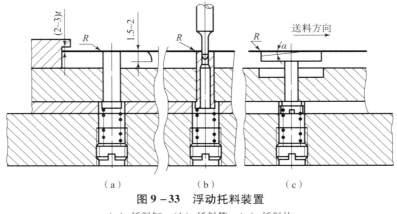

图 9 – 33　浮动托料装置
（a）托料钉；（b）托料管；（c）托料块

（2）浮动导向装置。

浮动导向装置是具有托料和导料双重作用的重要模具部件，在多工位级进模中应用广泛。它分为带槽浮动导料销和浮动导轨式导料装置两种。

①带槽浮动导料销导料装置。

图9-34所示为常用的带槽浮动导料销导料装置，带槽浮动导料销既起导料作用又起浮托条料作用。尤其模具全部或局部长度上不适合安装导料板的情况，该装置非常实用。如果结构尺寸不正确，则在卸料板压料时将产生图9-34（b）所示的问题，即条料料边产生变形，这是不允许的。

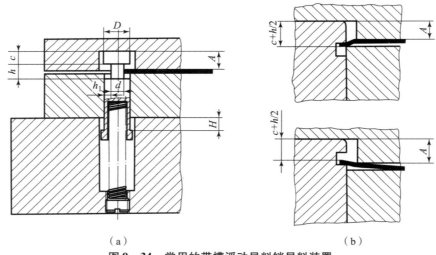

（a）   （b）

图9-34   常用的带槽浮动导料销导料装置

②浮动导轨式导料装置。

由于带槽浮动导料销与条料接触为点接触，间断性导料，不适于料边为断续的条料的导向，故在实际生产中多应用浮动导轨式导料装置，如图9-35所示。它由4根浮动导料销与2条导轨导板所组成，适用于薄料和较大范围材料的托起。设计浮动导轨式导料装置的导向时，应将导轨导板分为上、下两件组合，当冲压出现故障时，拆下盖板即可取出条料。

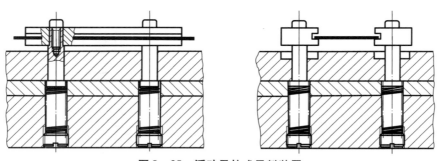

图9-35   浮动导轨式导料装置

5. 卸料装置

卸料装置是多工位级进模结构中的重要部件。它的作用除冲压开始前压紧条料，防止各凸模冲压时由于先后次序的不同或受力不均而引起条料窜动，并保证冲压结束后及时平稳地卸料外，更重要的是卸料板将对各工位上的凸模（特别是细小凸模）在受侧向作用力时，起到精确导向和有效的保护作用。卸料装置主要由卸料板、弹性元件、卸料螺钉和辅助导向零件所组成。

在复杂的多工位级进模中，由于型孔多、形状复杂，为保证型孔的尺寸精度、位置精度和配合间隙，卸料板常用镶拼结构。在整体的卸料板基体上，根据各工位的需要镶拼卸料板镶块，镶拼块用螺钉、销钉固定在基体上。

由于卸料板有保护小凸模的作用，要求卸料板有很高的运动精度，因此，在卸料板与上模座之间经常采用增设小导柱、小导套的结构，其结构如图 9 – 36 所示。图 9 – 36（a）、图 9 – 36（b）两种是在固定板与卸料板之间导向，图 9 – 36（c）、图 9 – 36（d）是将上模板、固定板、卸料板、下模板都连在一起的导向。导柱、导套设计请参阅前述各章和有关标准。若对运动精度有更高的要求，如当冲压的材料厚度≤0.3 mm、工位较多及精度要求高时，则应选用滚珠导向的导柱、导套，并且有标准件可供选用。实践证明，冲裁间隙在 0.05 mm以内的多工位级进模普遍采用滚珠导向的模架，并在卸料板上采用滚珠导向的小导柱。

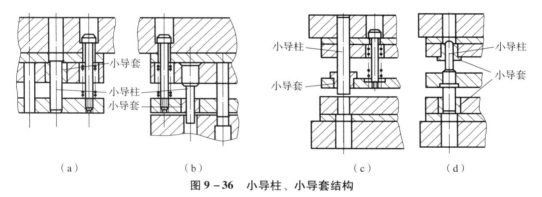

图 9 – 36　小导柱、小导套结构

卸料板要对凸模起到导向和保护作用，各工作型孔应与凹模型孔、凸模固定板的型孔保持同轴，采用慢走丝数控线，切割机床加工上述各制件效果很好。另外，卸料板与凸模的配合间隙为凸模与凹模间隙的 1/4 ~ 1/3。

在设计卸料板时，其型孔的表面粗糙度 Ra 应为 0.1 ~ 0.4 μm，若速度高，则表面粗糙度取小值。卸料板要有必要的强度和硬度。

弹压卸料板在模具上深入到两导料板之间，故要设计成反凸台形，凸台与导料板之间有适当的间隙。卸料螺钉必需均匀分布在工作型孔外围，弹性元件分布合理，卸料螺钉的工作长度在一副模具内必须一致，否则会因卸料板偏斜而损坏凸模。

为了在冲压料头和料尾时，使卸料板运动平稳、压料力平衡，可在卸料板的适当位置安装平衡钉，以保证卸料板运动的平衡。

第 10 章

冲压模具制造及装配

冷冲压模具是由工艺零件和结构零件组成的能实现指定功能一个有机装配体，不同的零件在模具中的功能和作用不同，其材料和热处理、精度（尺寸公差、形位公差、表面粗糙度等）、装配等技术要求必然不同。常用冲压模具零件的公差配合要求和表面粗糙度要求如表 10 - 1 所示。零件形状结构和技术要求不同，其制造方法必然不同。

表 10 - 1 冲压模具零件的公差配合要求

序号	配合零件名称	公差配合要求	序号	配合零件名称	公差配合要求
1	导柱或导套与模座	H7/r6	9	固定挡料销与凹模	H7/n6 或 H7/m6
2	导柱与导套	H6/r5、H7/r6 或 H7/r7	10	活动挡料销与卸料板	H9/h8 或 H9/h9
3	压入式模柄与上模座	H7/m6	11	初始挡料销与导料板	H8/f8
4	凸缘式模柄与上模座	H7/h6	12	侧压板与导料板	H8/f9
5	模柄与压力机滑块模柄孔	H11/d11	13	固定导正销与凸模	H7/r6
6	凸模或凹模与固定板	H7/m6	14	推件块与凹模或凸模	H8/f8
7	导板与凸模	H7/h6	15	销钉与固定板、模座	H7/n6
8	卸料板与凸模或凸凹模	0.1 ~ 0.5 mm（单边）	16	螺钉与螺杆孔	0.5 ~ 1 mm（单边）

在制订模具零件加工工艺方案时，必须根据具体加工对象，结合企业实际生产条件进行，以保证技术的先进性和经济的合理性。从制造观点看，按照模具零件结构和加工工艺过程的相似性，可将各种模具零件大致分为工作型面零件、板类零件、轴类零件、套类零件等，其加工特点分别如下。

（1）轴、套类零件。轴、套类零件主要是指导柱和导套等导向零件，它们一般是由内、外圆柱表面组成。其加工精度要求主要体现在内、外圆柱表面的表面粗糙度、尺寸精度和各配合圆柱表面的同轴度等。导向零件的形状比较简单，加工工艺不复杂，加工方法一般在车床进行粗加工和半精加工即可，有时需要在钻、扩和镗孔后，再进行热处理，最后在内、外圆磨床上进行精加工，对于配合要求高、精度高的导向零件，还要对配合表面进行研磨。

（2）板类零件。板类零件是指模座、凹模板、固定板、垫板、卸料板等平板类零件，由平面和孔组成，加工时一般遵循先面后孔的原则，即先用刨、铣、平磨等方式加工平面，然后用钻、铣、镗等方式加工孔。对于复杂异形孔，可以采用线切割加工，孔的精加工可采用坐标磨等。

（3）工作型面零件。工作型面零件的形状、尺寸差别较大，有较高的加工要求。凸模的加工主要是外形加工；凹模的加工主要是孔（系）、型腔加工，而外形加工比较简单。工作型面零件的加工一般遵循先粗后精，先基准后其他，先平面后轴孔，且工序要适当集中的原则。其加工方法主要有机械加工和辅以电加工的机械加工等方法。

10.1　冲裁模的制造及装配

10.1.1　冲裁模凸、凹模制造

1. 凸、凹模加工特点及技术要求

冲裁属于分离工序，冲裁模凸、凹模带有锋利刃口，凸、凹模之间的间隙较小，其加工具有如下特点。

（1）凸、凹模材质一般是工具钢或合金工具钢，热处理后的硬度为 58 ~ 62 HRC，凹模比凸模稍硬一些。

（2）凸、凹模精度主要根据冲裁件精度决定，一般尺寸精度在 IT6 ~ IT9 级，工作表面粗糙度在 $Ra = 0.4 ~ 1.6~\mu m$。

（3）凸、凹模工作端带有锋利刃口，刃口平直（斜刃除外），安装固定部分要符合配合要求。

（4）凸、凹模装配后应保证均匀的最小合理间隙。

（5）凸模的加工主要是外形加工，凹模的加工主要是孔（系）加工。凹模型孔加工和直通式凸模加工常用线切割方法。

2. 凸、凹模加工

凸模和凹模的加工方案根据其设计计算方案的不同，一般有分开加工和配合加工两种，其加工特点和适用范围如表 10 - 2 所示。

表 10 - 2　凸模和凹模两种加工方案比较

加工方案	分开加工	配合加工	
		方案一	方案二
加工特点	凸、凹模分别按图纸加工至尺寸要求，凸模和凹模之间的冲裁间隙是由凸、凹模的实际尺寸的差来保证的	先加工好凸模，然后按此凸模配作凹模，并保证凸模和凹模之间的规定间隙大小	先加工好凹模，然后按此凹模配作凸模，并保证凸模和凹模之间的规定间隙大小
适用方案	凸凹模刃口形状较简单，特别是圆形，直径一般大于 5 mm 时，基本都用此法； 要求凸模或凹模具有互换性； 成批生产； 加工手段比较先进，分开加工不难保障尺寸精度	刃口形状比较复杂时，非圆形冲孔模可采用方案一，非圆形落料模可采用方案二； 凸、凹模之间的配合间隙比较小	

凸模和凹模的加工方法主要根据凸模和凹模的形状和结构特点，并结合企业实际生产条件来决定。

1）凸模的加工方法

（1）圆形凸模的加工方法。各种圆形凸模的加工方法基本相同，即车削加工毛坯，淬火精磨，最后工件表面抛光及刃磨。

（2）非圆形凸模的加工方法。非圆形凸模的加工方法分两种情况。

①台肩式凸模。对于无间隙模或设备条件较差的工厂，一般采用压印修锉的方法，即车、铣或刨削加工毛坯，磨削安装面和基准面，划线铣轮廓，留 0.2 ~ 0.3 mm 单边余量，凹模（加工好）压印后，修锉轮廓，淬硬后抛光、磨刃口；对于一般要求的凸模，采用仿形刨削的方法进行加工，即粗加工轮廓，留 0.2 ~ 0.3 mm 单边余量，用凹模（已加工好）压印后，仿形精刨，最后淬火、抛光、磨刃口。

②直通式凸模。对于形状较复杂或较小、精度较高的凸模，一般采用线切割的方法进行加工，即粗加工毛坯，磨安装面和基准面，划线加工安装孔、穿丝孔，淬硬后磨安装面和基准面，切割成形、抛光、磨刃口；对于形状不太复杂、精度较高的凸模或镶块，一般采用成形磨削的方法进行加工，即粗加工毛坯，磨安装面和基准面，划线加工安装孔，加工轮廓，留 0.2 ~ 0.3 mm 单边余量，淬硬后磨安装面，再成形磨削轮廓。

凸模、型芯的形状是多种多样的，加工要求不完全相同，各工厂的生产条件又各有差异。这里仅以图 10 - 1 所示的凸模为例，说明其加工工艺过程。

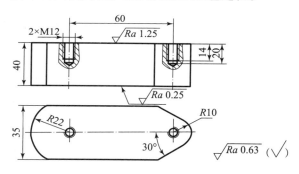

图 10 - 1　例 10 - 1 图

【例 10 - 1】　硬度为 58 ~ 62 HRC，与凹模双面配合间隙为 0.03 mm。该凸模加工的特点是凸、凹模配合间隙小，精度要求高，在缺乏成形加工设备的条件下，可采用压印锉修的方法进行加工。其工艺过程如下。

①下料。采用热轧圆钢，按所需直径和长度用锯床切断。

②锻造。将毛坯锻造成矩形。

③热处理。进行退火处理。

④粗加工。刨削 6 个平面，留单面余量 0.4 ~ 0.5 mm。

⑤磨削平面。磨削 6 个平面，保证垂直度，上、下平面留单面余量 0.2 ~ 0.3 mm。

⑥钳工划线。划出凸模轮廓线及螺孔中心位置线。

⑦工作型面粗加工。按划线刨削刃口形状，留单面余量 0.2 mm。

⑧钳工修整。修锉圆弧部分，使余量均匀一致。

⑨工作型面精加工。用已经加工好的凹模进行压印后，进行钳工修锉凸模，沿刃口轮廓

留热处理后的研磨余量。

⑩螺孔加工。钻孔、攻丝。

⑪热处理。淬火、低温回火，保证硬度为 58～62 HRC。

⑫磨削端面。磨削上、下平面，消除热处理变形，以便精修。

⑬研磨。研磨刃口侧面，保证配合间隙。

综合以上所列工艺过程，本例凸模工艺可概括为备料→毛坯外形加工→划线→刃口轮廓粗加工→刃口轮廓精加工→螺孔加工→热处理→研磨或抛光。

在上述工艺过程中，刃口轮廓精加工可以采用锉削加工、压印锉修加工、仿形刨削加工、铣削加工等方法。如果用磨削加工，则其精加工工序应安排在热处理工序之后，以消除热处理变形，这对制造高精度的模具零件尤其重要。

2）凹模的加工方法

冲裁凹模一般根据型孔的形式采用不同的加工方法。

（1）圆形孔。当孔径小于 5 mm 时，常用钻铰法加工，即车削加工毛坯上、下底面及外圆，钻、铰工作型孔，淬硬后磨上、下底面和工作型孔、抛光；当孔径较大时，采用磨削法加工，即车削加工毛坯上、下底面，钻、镗工作型孔，划线加工安装孔，淬硬后磨上、下底面和工作型孔、抛光。

（2）圆形孔系。对于位置精度要求高的凹模，采用坐标镗削加工，即粗、精加工毛坯上、下底面和凹模外形，磨上、下底面和定位基面，划线、坐标镗削型孔系列，加工固定孔，淬火后研磨抛光型孔；对于位置精度要求一般的凹模，采用立铣加工，即毛坯粗、精加工采用坐标镗削方法相同，不同之处为孔系加工用坐标法在立铣机床上加工，后续加工与坐标镗削方法相同。

（3）非圆形相同孔。设备条件较差的工厂加工形状简单的凹模采用锉削法加工，即毛坯粗加工后，按样板轮廓线切除中心余料，再按样板修锉，淬火后研磨、抛光型孔；形状不太复杂、精度不太高、过渡圆角较大的凹模采用仿形铣加工，即凹模型孔精加工在仿形铣床或立式铣床上靠模加工（要求铣刀半径小于型孔圆角半径），钳工锉斜度，淬火后研磨，抛光型孔；尺寸不太大、形状不复杂的凹模采用压印加工，即毛坯粗加工后，用加工好的凸模或样冲压印后修锉，再淬火，研磨，抛光型孔；各种形状、精度高的凹模采用线切割加工，即毛坯外形加工好后，划线加工安装孔，淬火，磨安装基面，割型孔；镶拼凹模采用成形磨削方法加工，即毛坯按镶拼结构加工好后，划线粗加工轮廓，淬火后磨安装面，成形磨削轮廓，研磨，抛光；形状复杂、精度高的整体凹模采用电火花加工，即毛坯外形加工好后，划线加工安装孔，淬火，磨安装基面，作电极或利用凸模打凹模型孔，最后研磨，抛光。

3. 凸、凹模加工的典型工艺路线

凸、凹模加工的典型工艺路线主要有以下几种形式。

（1）下料→锻造→退火→毛坯外形加工（包括外形粗加工、精加工、基面磨削）→划线→刃口轮廓粗加工→刃口轮廓精加工→螺孔、销孔加工→淬火与回火→研磨或抛光。此工艺路线钳工工作量大、技术要求高，适用于形状简单、热处理变形小的零件。

（2）下料→锻造→退火→毛坯外形加工（包括外形粗加工、精加工、基面磨削）→划线→刃口轮廓粗加工→螺孔、销孔加工→淬火与回火→采用成形磨削进行刃口轮廓精加工→

研磨或抛光。此工艺路线能消除热处理变形对模具精度的影响，使凸、凹模的加工精度容易保证，可用于热处理变形大的零件。

（3）下料→锻造→退火→毛坯外形加工→螺孔、销孔、穿丝孔加工→淬火与回火→磨削加工上、下面及基准面→线切割加工→钳工修整。此工艺路线主要用于以线切割加工为主要工艺的凸、凹模加工，尤其适用形状复杂、热处理变形大的直通式凸模、凹模零件。

为保证冲压工作事半功倍的效果，凸、凹模之间的间隙控制一方面与加工过程中机械控制精度相关，另一方面与整个装配工作流程的合理性和科学性，也有着十分密切的联系。

4. 其他零件加工

（1）模座加工。模座是组成模架的主要零件之一，属于板类零件，一般都是由平面和孔系组成。其加工精度要求主要体现在模座的上、下平面的平行度，上、下模座的导套导柱安装孔中心距是否一致，模座的导柱、导套安装孔的轴线与模座的上、下平面的垂直度，以及表面粗糙度和尺寸精度。

模座的加工主要是平面加工和孔系加工。在加工过程中为了保证技术要求和加工方便，一般遵循先面后孔的加工原则，即先加工平面，再以平面定位进行加工孔系。模座的毛坯经过刨削或铣削后，对平面磨削可以提高模座平面的平面度和上、下平面的平行度，同时，容易保证孔的垂直度要求。孔系的孔可以采用钻、镗加工，对于复杂异形孔可以采用线切割的方法。为了保证导柱、导套安装孔的间距一致，在镗孔时经常将上、下模座重叠在一起，一起装夹同时镗出导柱和导套的安装孔。

（2）导柱和导套。滑动式导柱和导套属于轴类和套类件，一般是由内、外圆表面组成。其加工精度要求主要体现在内、外圆柱表面的表面粗糙度及尺寸精度、各配合圆主表面的同轴度等。导向零件的配合表面必须进行精加工，而且要有较好的耐磨性。

导向零件的形状比较简单。加工方法一般采用普通机床进行粗加工和半精加工后，再进行热处理，最后用磨床进行精加工，消除热处理引起的变形，提高配合表面的尺寸精度，并降低配合表面的表面粗糙度。对于配合要求高、精度高的导向件，还要对配合表面进行研磨，才能达到要求的精度和表面粗糙度。导向零件的加工工艺路线一般是备料→粗加工→半精加工→热处理精加工→磨床精加工。

（3）固定板和卸料板的加工方法与凹模板十分类似，主要根据型孔形状来确定加工方法，对于圆形孔可采用车削加工，矩形孔和异形孔可采用线切割，对孔系可采用坐标镗削。

10.1.2　冲裁模装配

模具的装配就是根据模具的结构特点和技术条件，以一定的装配顺序和方法，将符合图纸技术要求的零件，经协调加工，组装成满足使用要求的模具。在装配过程中，既要保证配合零件的配合精度，又要保证零件之间的位置精度，对于具有相对运动的零（部）件，还必须保证它们之间的运动精度。因此，模具装配是最后实现冲压模具设计和冲压工艺意图的过程，是模具制造过程中的关键工序。模具装配的质量直接影响制件的冲压质量、模具的使用和模具寿命。

模具属单件生产。组成模具实体的零件，有些在制造过程中按照图纸标注的尺寸和公差独立地进行加工（如落料凹模、冲孔凸模、导柱和导套、模柄等），这类零件一般都是直接进行装配；有些在制造过程中只有部分尺寸可以按照图纸标注尺寸进行加工，需协调相关尺寸；有些在进入装配前需采用配制或合体加工；有些需在装配过程中通过配制取得协调，图纸上标注的这部分尺寸只作为参考（如模座的导套或导柱固装孔，凸模固定板上的凸模固装孔，需连接固定在一起的板件螺栓孔、销钉孔等）。

因此，模具装配适用于集中装配，在装配工艺上多采用修配法和调整装配法来保证其装配精度，从而实现能用精度不高的组成零件，达到较高的装配精度，降低零件加工要求。

1. 模具装配原则

冲压模具在装配方式上一般采用两种：一种是使用最为广泛的配坐装配法，这种方法的特点是在装配之前可以进行仔细地设计和考量，最大程度上保证制件的间隙质量；另一种是直接装配法，这种方法的最大好处是可以在最短时间内制作出所需要的制件，比较适合使用情况较为紧急且质量精度要求不是很高的制件。冲压模具的装配工作中必须要考虑到整个装配流程各个阶段的关键步骤，按照模具设计图纸的相关要求，仔细分析相关设计精度的控制，保证凸、凹模间隙的冲压质量和效果，满足最终的制件要求。

为了保证级进模，复合模及多冲头简单模凸、凹模相互位置的准确，除要尽量提高凹模及凸模固定板型孔的位置精度外，装配时还要注意以下几点。

（1）级进模常选凹模作为基准件。先将拼块凹模装入下模座，再以凹模定位，将凸模装入固定板，然后再装入上模座。当然这时要对凸模固定板进行一定的钳修。

（2）多冲头导板模常选导板作为基准件。装配时应将凸模穿过导板后装入凸模固定板，再装入上模座，然后再装凹模及下模座。

（3）复合模常选凸凹模作为基准件。一般先装凸凹模部分，再装凹模、顶块及凸模等零件，通过调整凸模和凹模来保证其相对位置的准确性。

装配的具体注意事项如下。

（1）装配好的模具，其外形尺寸应符合图纸规定的要求。

（2）上模座的上平面与下模座的底面必须平衡，一般要求在 300 mm 长度上误差不大于 0.02 mm，上模沿导柱上下滑动应平稳、灵活、无阻滞。

（3）凸模和凹模的配合间隙应符合图纸要求，周围间隙应均匀一致；凸凹模的工作行程应符合技术要求。

（4）对于圆孔凹模，在钻线切割工艺孔时，应一并将漏料孔钻出（若有因工艺问题不能预先钻出，则按工艺要求执行）；装配好的模具，落料孔或出屑槽应畅通无阻，保证制件或废料能自由排出。

（5）模柄的圆柱部分应与上模座的上平面垂直。

（6）导柱和导套之间的相对滑动应平稳而均匀，无歪斜和阻滞现象。

（7）钻孔、铰孔、攻丝的技术要求如下。

①对需进行镗削加工的精密孔，在其预孔时应按表 10－3 留取镗削余量。

表 10 - 3　镗削余量　　　　　　　　　　　　　mm

钻削加工留镗削余量（单边）			
孔直径	< 20	20 ~ 35	35 ~ 50	> 50
锉销余量	1 ~ 1.5	1.5 ~ 2	2 ~ 3	< 4

②作固定销孔时，应按如下要求执行。

a. 程序：先钻预孔（留 1 ~ 2 mm 余量），然后扩孔（留 0.2 ~ 0.3 mm 余量），最后铰削至所需的孔径要求（包括精度和表面粗糙度）。

b. 原则：对于定位要求较高的模具（如两器端板冲孔切角模），其固定销孔钻、扩后应采用手工铰出，以保证精度要求；对于其他模具，可采用机铰方式铰出，但应选择合适的加工参数；对于淬硬件的固定孔，应在淬硬前在相应位置上装上预配镶件（材料为 45 钢），然后再在镶件上制出销孔（要保证中心对正）。

（8）各零件外形棱边（工作棱边除外）、销孔、螺钉沉孔必须倒角。

（9）冲裁模具，其凸、凹模在装配前必须先用油石进行修磨。

（10）各种附件应按图纸要求装配齐备。

（11）模具在压力机上的安装尺寸需符合选用设备的要求，使起吊零件安全可靠。

（12）模具应在生产条件下试模，试模所得制件应符合工序简图要求，并能稳定地冲出合格的制件。

2. 冲裁模装配步骤

制订科学的装配顺序。装配顺序对于整个模具的制作过程来说是串联的部分，科学合理的装配顺序才能保证整个制件最终具备良好的使用效果和质量。考虑到凸、凹模在最终阶段要实现中心对正，因此，合理地制订装配顺序就显得极为重要。在装配过程中需要遵循一定的装配原则，首先对于没有相关导向装置控制的冲压模具，在凸、凹模的制作过程中，不需要过分注重装配要求，可以灵活地进行冲压工作。对于凹模在下模座上的制件来说，柱模的安装首先应该考虑到下模的精度要求。具体步骤如下。

（1）装配前必须仔细分析研究图纸，根据模具的结构特点和技术要求，确定合理的装配程序和装配方法。

（2）装配前须认真按图检查模具零件的加工质量，合格的零件投入装配，不合格的零件返工或重制。

（3）装配过程中，不能用手锤直接敲打模具零件，而应用紫铜棒进行敲打。

（4）装配步骤如下。

① 模柄装配：先将模柄按 H7/m6 配合要求压装在上模座上，并用精密直角尺检查模柄相对上模座上平面的垂直公差是否小于 0.02/100 mm；然后钻定位销孔并装配定位销，加工模柄时控制好级位尺寸，保证模柄端面与上模座持平或低 0.1 ~ 0.2 mm。

② 压入式导向件装配。螺钉紧固式导柱、导套装配：导柱、导套与下模座、上模座均采用基孔制 H7/m6 过盈配合装配；装配时用手锤垫着铜棒分别将导柱、导套打入下、上模座；装配完成后检查其垂直度，若不符合要求，则应重新装配。

③ 上模装配（凸模装配）：凸模与固定板采用 H7/m6 配合。若为无台阶凸模，则要求涂上厌氧胶以增强其结合力；若直接用螺钉连接，则应注意其位置准确度，并保证连接牢固。上模装配好后，应检查其相互间的垂直度，然后将固定板的上平面与凸模尾部一齐磨平。为了保证凸模刃口锋利和平齐（指冲裁模），应将凸模的工作端面磨平。

④ 卸料板装配：卸料板起压料和卸料的作用。装配时应保证它与凸模之间有适当的间隙，其装配方法是将卸料板套入已装在固定板上的凸模内，在固定板之间垫上平行垫块，并用平行

夹将它夹紧，然后按卸料板上的沉孔在固定板上投窝，拆开后钻、攻固定板上的螺孔。

⑤ 凹模装配：将凹模放在下模座上，根据外形或标记线找正凹模在下模座上的位置，将凹模上的螺栓通过孔位置投在下模座上，并标出漏料孔位置，钻孔、攻丝，加工出漏料孔，然后将凹模用螺钉固定在下模座上，再按凹模上的销孔的位置，钻铰下模座上的销孔，打入定位销。

⑥ 装配凸模固定板：将压在固定板上的凸模小心放入凹模型孔内（型面上），并在固定板与凹模间垫上适当高度的等高铁。粗调凸、凹模间的相对位置后，将上模座放在凸模固定板上，并将上模座和固定板夹紧。由导柱上取下后，在上模座上投螺钉孔，拆开后钻孔。

⑦ 调整模具间隙：用透光法或垫片法检查凸、凹模间隙分布是否均匀，如有偏差，则应用手锤轻敲固定板的侧边，调整凸模相对位置，使间隙趋于均匀，然后拧紧螺钉。

⑧ 装配附件：装配橡胶或弹簧及其他附件。

⑨ 对一些加工时难于倒角的异形边或装模后方能倒角的拼件，由钳工装配后进行倒角。

【例 10 - 2】　图 10 - 2 所示落料冲孔复合模，在使用时，下模座 1 被压紧在压力机的工作台上，是模具的固定部分。上模座 6 通过模柄 12 和压力机的滑块连为一体，是模具的活动部分。模具工作时安装在活动部分和固定部分上的模具工作零件，必须保持正确的相对位置，才能使模具获得正常的工作状态。装配模具时为了方便地将上、下两部分的工作零件调整到正确位置，使凸模 10、凹模 2 具有均匀的冲裁间隙，应正确安排上、下模的装配顺序；否则，在装配中可能出现困难，甚至出现无法装配的情况。

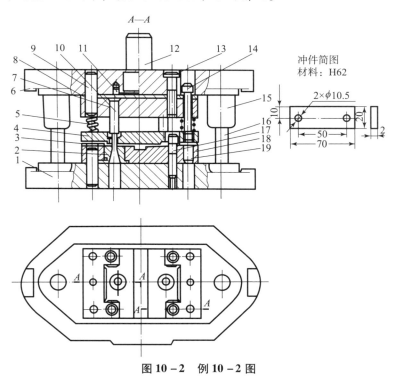

图 10 - 2　例 10 - 2 图

1—下模座；2—凹模；3—定位板；4—弹压卸料板；5—弹簧；6—上模座；

7，18—固定板；8—垫板；9，11，19—销钉；10—凸模；12—模柄；

13，17—螺钉；14—卸料螺钉；15—导套；16—导柱

该模具在完成模架和凸、凹模10，2装配后可进行总装，该模具宜先装下模，其装配顺序如下。

（1）把组装好凹模2的固定板18安放在下模座上，按中心线找正固定板18的位置，用平行夹头夹紧，通过螺钉孔在下模座1上钻出锥窝。拆去凹模固定板18，在下模座1上按锥窝钻螺纹底孔并攻丝。再重新将凹模固定板18置于下模座1上找正，用螺钉紧固。钻铰销孔，打入销钉定位。

（2）在组装好凹模2的固定板18上安装定位板3。

（3）配钻卸料螺钉孔。将弹压卸料板4套在已装入固定板7的凸模10上，在固定板7与弹压卸料板4之间垫入适当高度的等高垫铁，并用平行夹头将其夹紧。按弹压卸料板4上的螺孔在固定板7上钻出锥窝，拆开后按锥窝钻固定板7上的螺钉过孔。

（4）将已装入固定板7的凸模10插入凹模2的型孔中。在凹模2与固定板7之间垫入适当高度的等高垫铁，将垫板8放在固定板7上，装上模座6，用平行夹头将上模座6和固定板7夹紧。通过凸模固定板7在上模座6上钻锥窝，拆开后按锥窝钻孔，然后用螺钉将上模座6、垫板8、凸模固定板7稍加紧固。

（5）调整凸、凹模10，2的配合间隙。将装好的上模部分套在导柱16上，用手锤轻轻敲击固定板7的侧面，使凸模10插入凹模2的型孔，再将模具翻转，从下模板的漏料孔观察凸、凹模10，2的配合间隙。用手锤敲击凸模固定板7的侧面进行调整使配合间隙均匀。这种调整方法称为透光法。为便于观察可用手灯从侧面进行照射。

经上述调整后，以纸作为冲压材料，用锤子敲击模柄12，进行试冲，如果冲出的纸样轮廓齐整，没有毛刺或毛刺均匀，则说明凸、凹模10，2间隙是均匀的；如果只有局部毛刺，则说明间隙是不均匀的，应重新进行调整直到间隙均匀为止。

（6）调好间隙后，将凸模固定板7的紧固螺钉拧紧。钻铰定位销孔，装入定位销钉9。

（7）将卸料板4套在凸模10上，装上弹簧5和卸料螺钉14，检查弹压卸料板4运动是否灵活。在弹簧作用下卸料板4处于最低位置时，凸模10的下端面应缩在弹压卸料板4的孔内约0.5～1 mm。装配好的模具经试使、检验合格后，即可使用。

10.1.3　冲压机装模

模具装配完成后的试模或者生产都必须在冲床上进行，因此，正确地将模具安装在冲床上是模具制造工必须具备的一项技能，同时模具安装的正确与否也是保障冲压模具安全生产的一项前提条件。为正确在冲压机上安装模具，需做好如下两项工作：模具的技术准备和冲压机技术状态检查。

1. 冲压模具安装前的技术准备工作

（1）熟悉冲压模具的结构及动作原理。

在安装调试冲压模具前，调试人员必须首先要熟悉冲压零件的形状、尺寸精度和技术要求；掌握所冲零件的工艺流程和各工序要点；熟悉所要调试的冲压模具结构特点及动作原理；了解冲压模具的安装方法及应注意的事项。如果有疑问，则需向相关技术人员咨询，得到确切答案。

（2）检查模具结构。

检查模具是否装配完整，有无缺漏零件；螺钉和销钉连接是否牢固，零部件是否有松动；检查模具外观是否有伤痕、开裂、凸起，工作零件是否锋利；检查模具导向是否灵活。

（3）检查冲压模具的安装条件。

冲压模具的闭合高度必须要与压力机的装模高度相符。冲压模具在安装前，冲压模具的闭合高度必须要经过测定，其值要满足

$$H_1 - 5 \text{ mm} \geq H_模 \geq H_2 + 10 \text{ mm}$$

式中　H_1——压力机的最大装模高度（mm）；

　　　H_2——压力机的最小装模高度（mm）；

　　　$H_模$——冲压模具的闭合高度（mm）。

（4）确认压力机的公称压力是否满足模具要求。

模具设计时已经过计算，标明冲压机吨位，安装前需确认所选用的压力机吨位是否符合模具设计说明书上的要求。一般冲压机的冲压力必须要为模具工艺力的 1.2 ~ 1.3 倍。

（5）冲压模具的各安装槽（孔）位置必须与压力机各安装槽孔相适应。

（6）压力机工作台面的漏料孔尺寸应大于或能通过制品及废料尺寸，并且压力机的工作台尺寸、滑块底面尺寸应能满足冲压模具的正确安装，即工作台面和滑块下平面的大小应适合安装冲压模具并要留有一定的余地。一般情况下，冲床的工作台面应大于冲压模具模板尺寸 50 ~ 70 mm。

（7）检查冲压模具打料杆的长度与直径是否与压力机上的打料机构相适应。

（8）清除模具表面异物和金属残渣。

2. 检查压力机的技术状态

（1）空运转压力机 3 ~ 5 min，检查压力机是否运转正常，是否有异常声音和焦煳的气味。

（2）在空运转的过程中检查压力机的刹车、离合器及操作机构是否工作正常。

（3）如有顶出机构，则需检查压力机上的顶出机构是否灵活、可靠。

（4）检查压力机的行程次数（滑块每分钟冲压次数）是否符合生产率和材料变形速度的要求。

（5）清除工作台表面异物和金属残渣。

3. 冲压模具安装方法（以 JH21 – 60 型冲压机为例，讲解冲压模具安装过程）

（1）准备好安装冲压模具用的扳手紧固螺栓、螺母、压板、垫块、垫板等附件，如图 10 – 3 所示。

图 10 – 3　装模工具

（2）测量模具高度，如图 10 - 4 所示。

（3）将压力机滑块调节到压力机的上止点（滑块运行的最高位置），如图 10 - 5 所示。

图 10 - 4　模具高度测量

图 10 - 5　调节滑块至上止点

（4）调节压力机的调节螺杆，将其调节到最短长度，本机型可以将连杆高度调节到 300 mm ，如图 10 - 6 所示。

（5）将冲压模具放在压力机工作台上，注意安全，防止模具跌落，如图 10 - 7 所示。

图 10 - 6　调节螺杆

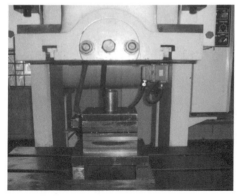

图 10 - 7　装模上工作台

（6）调节滑块下降，使滑块慢慢靠近上模，并将模柄对准滑块孔（见图 10 - 8），然后再使滑块缓慢下移，直至滑块下平面贴紧上模的上平面（见图 10 - 9）。

图 10 - 8　模柄对准滑块孔

图 10 - 9　滑块下平面贴紧上模上平面

（7）固定上模，拧紧模柄固定块上的紧固螺钉（2 个），将上模固紧在滑块上，如图 10 - 10 所示。

图 10 - 10　固定上模

（8）固定下模，当用压块将下模紧固在冲床工作台面上时，压块的位置应摆放正确，如图 10 - 11 所示。

图 10 - 11　固定下模

（9）放上条料进行试冲。根据试冲情况，可调节上滑块的高度，直至能冲下合格的零件。

10. 1. 4　试模

1. 步骤

（1）试模前的模具必须进行退磁。

（2）尽可能按工装总图所指明的规格选定试模用冲床，如不满足，则应根据设备标准检查装夹位置是否合适。

（3）将模具装上冲床，安装时应保证模具的上模座上平面和下模座下平面分别与冲床滑块及工作台贴合平整，并装夹牢固。

（4）调整试模。将滑块行程调到适合程度，放上符合材质及尺寸规格的板料，然后试冲，并根据试冲出的制件的相关尺寸情况及毛刺情况精调模具（模具试冲时的缺陷、产生原因和调整方法参见 10.1.5 节），直至将合格的制件冲出为止。

2. 其他

（1）试模合格后，将模具拆下，配钻、铰各销孔，安装定位圆柱销。

（2）对试模时修磨过的定位钉辊圆，并进行热处理再装上。

（3）对模具进行防锈处理，要求对凡与空气直接接触的部位涂防锈油。

（4）外露侧面涂上防锈漆，打钢印（打模具编号及名称），装铭牌。

（5）装上合模垫块，复模交检出厂。

（6）在装配过程中的各个环节都应进行自检，并按要求填写《装配自检卡》，自检合格后，上交检验员确认，待检验员确认《装配自检卡》后，方能进行模具的专检验收。

3. 自检内容及自检要求

装配及试模过程中各个环节都应自检，自检范围和要求包括如下几个方面。

（1）划线：各工件划线后应按图纸自检一次后，方能进入下一工序。对于重要零件（如凸模、凹模、凸凹模固定板等），自检后还应交由质检员专检。

（2）钻、铰孔：钻、铰孔完成后，应按要求对尺寸精度、表面粗糙度进行自检。对于重要零件，还应由质检员确认后，方能配装销钉。

（3）关键件：对于凸模、凹模、凸凹模、凸凹模固定板、导柱、导套等有关重要零件在装配前应对其外观、重要尺寸要素、表面粗糙度等进行复检。若复检合格，则投入装配；若复检不合格，则反馈工艺员作具体处理。

（4）拼模尺寸：拼模时应按装配图及各工序简图对各相关尺寸进行自检，自检合格后报专检验收。

（5）配合间隙：应有要求对凸、凹模间隙，导柱、导套配合间隙进行自检。

（6）漏料孔：对冲裁模应检验各相关件（如凹模、凹模垫板下模板）的漏料孔位是否能保证漏料顺畅。

（7）紧固性：检查各螺钉是否收紧。

（8）完善性：检查各零件是否装配完善、齐全，各外形棱边是否倒角。

（9）动作合理性：检查上、下模和导向件的配合动作是否协调、合理。

（10）制件：检查制件尺寸是否符合工序简图的相关要求，检查毛刺是否超差。

（11）定位：检查定位块、定位销是否安装合理，并方便定位。

（12）退料：检查弹簧、橡胶弹顶力是否适合，退料是否顺利。

以上各项自检情况应填写在《装配自检卡》上，交质检员确认，待质检员确认合格后，方能进行模具总验收。

10.1.5　冲裁模试冲时的缺陷、产生原因和调整方法

冲裁模试冲时的缺陷、产生原因和调整方法如表 10-4 所示。

表 10 – 4 冲裁模试冲时的缺陷、产生原因和调整方法

冲裁模 试冲缺陷	产生原因	调整方法
送料不畅通或料被卡死	两导料板之间的尺寸过小或有斜度； 凸模与卸料板之间的间隙过大，使搭边翻扭； 用侧刃定距的冲裁模，导料板的工作面与侧刃平行，侧刃与刃挡板块不密合形成主毛刺，使条料卡死	根据情况锉修或装导料板，减少凸模与卸料板之间的间隙； 重装导料板； 修整侧刃挡块除间隙
刃口相咬	上模座、下模座、固定板、凹模、垫板等零件安装不平行； 凸模、导柱等零件安装不垂直； 导柱与导套配合间隙过大； 卸料板的孔位不准确或歪斜，使冲孔凸模移位	修整有关零件，重装上模或下模； 重装凸模或导柱； 换导柱或导套； 修整或更换卸料板
卸料不正常	由于装配不正确，卸料机构不能动作，如卸料板与凸模配合过紧，或因卸料板倾斜卡紧； 弹簧或橡皮弹力不足； 凹模和下模座的漏料孔没对正，导致料不能顺利排出； 凹模有倒角造成工件堵塞	修整卸料板、顶板等零件； 更换弹簧或橡胶； 修整漏料孔； 修整凹模
冲件质量不好： 有毛刺； 不平； 落料外形和打孔位置不正确，出现偏位现象	刃口不锋利或淬火硬度低； 配合间隙过大或过小； 间隙不均匀使工件一边有显著带刺斜角毛刺	合理调整凸模和凹模的间隙及修磨工作部分的刃口
	凹模有斜度； 托料管和工件接触面积过小； 导正钉与预冲孔配合过紧，将制件压出凹陷	修整凹模； 更换托料管； 修整导正钉
	挡料钉位置不正； 落料凹模上导正钉尺寸过小； 导料板和送料中心线不平行，使孔位偏斜； 侧刃定距不准确	修整挡料钉； 更换导正钉； 修整导料板； 修磨更换侧刃

10.2 弯曲模、拉深模的制造及装配

弯曲和拉深属于成形工序，其模具制造过程与冲裁模类似，差别主要体现在凸、凹模上，而其他零件（如板类零件）与冲裁模相似。下面以弯曲模和拉深模为例介绍成形模的制造。

10.2.1 弯曲模、拉深模的凸、凹模加工

塑性成形工序最常见的是弯曲和拉深，其模具不同于冲裁模，凸、凹模不带有锋利刃口，而带有圆角半径和型面，表面质量要求更加高，凸、凹模之间的间隙也要大些（单边间隙略大于坯料厚度）。

1. 弯曲模技术要求及加工特点

（1）凸、凹模材质应具有高硬度、高耐磨性、热处理变形小的特点。形状简单的凸、凹模一般用 T10A、CwMn 钢等，形状复杂的凸模一般用 Cr12、Cr12MoV、W18Cr4V 钢等，热处理后的硬度为 58 ~ 62 HRC。

（2）凸、凹模精度主要根据弯曲件精度决定，一般尺寸精度在 IT6 ~ IT9 级，工作表面质量一般要求很高，凹模圆角处及孔壁表面粗糙度为 Ra 0.2 ~ 0.8 μm，凸模表面粗糙度为 Ra 0.8 ~ 1.6 μm。

（3）由于回弹等因素在设计时难以准确考虑，导致凸、凹模尺寸的计算值与实际要求值往往存在误差。因此，凸、凹模工作部分形状和尺寸设计应合理，要留有试模后的修模余地，一般先设计和加工弯曲模后，再设计和加工冲裁模。

（4）凸、凹模淬火有时在试模后进行，以便试模后的修模。

（5）凸、凹模圆角半径和间隙的大小、分布要符合设计要求。

（6）拉深凸、凹模的方法主要根据工作部分断面形状决定。圆形一般采用车削加工，非圆形一般在划线后采用铣削加工，然后淬硬，最后研磨、抛光。

2. 拉深模技术要求及加工特点

（1）拉深件材料。拉深件的材料应具有良好的拉深性能。

材料的硬化指数 n 值越大，径向比例应力 σ_1/σ_b（径向拉应力 σ_1 与抗拉强度 σ_b 的比值）的峰值越低，则传力区越不易拉裂，拉深性能越好。

材料的屈强比 σ_s/σ_b 越小，则一次拉深允许的极限变形程度越大，拉深性能越好。例如，低碳钢的屈强比 $\sigma_s/\sigma_b \approx 0.57$，其一次拉深允许的最小拉深系数为 $m = 0.48 ~ 0.50$；65Mn 钢的屈强比 $\sigma_s/\sigma_b \approx 0.63$，其一次拉深允许的最小拉深系数为 $m = 0.68 ~ 0.70$。用于拉深的钢板，其屈强比不宜大于 0.66。

材料的厚向异性指数 $r > 1$ 时，说明材料在宽度方向上的变形比厚度方向上的变形容易，在拉深过程中不易变薄和拉裂。r 值越大，表明材料的拉深性能越好。

（2）拉深件的结构。凸缘与筒壁的转角半径一般取 $r_{d\phi} = (4 ~ 8)t$，至少应保证 $r_{d\phi} \geqslant 2t$。当 $r_{d\phi} < 2t$ 或 $r_{d\phi} < 0.5$ mm 时，应先以较大的圆角半径拉深，然后增加整形工序缩小圆角半径。

筒壁与底部的圆角半径一般取 $r_{pg} = (3 ~ 5)t$，至少应保证 $r_{pg} \geqslant 1$。当 $r_{pg} < t$ 时，应在拉深后增加整形工序来缩小圆角半径。每整形一次，r_{pg} 可以缩小 1/2。

（3）拉深件的精度。拉深件横断面尺寸的精度一般要求在 IT13 级以下。如高于 IT13 级，则应在拉深后增加整形工序或用机械加工方法提高尺寸精度。横断面尺寸只能标注外形或内形尺寸，不能同时标注内、外形尺寸。

拉深件的壁厚一般都有上厚下薄的现象。如不允许有壁厚不均的现象，则应注明，以便采取后续措施。

拉深件的口部应允许稍有回弹，侧壁应允许有工艺斜度，但必须保证一端在公差范围之内。

多次拉深的拉深件，其内、外壁上或凸缘表面上应允许留有压痕。

10.2.2 弯曲模、拉深模试冲时的缺陷、产生原因和调整方法

弯曲模试冲时的缺陷、产生原因和调整方法如表 10 - 5 所示。

表 10 - 5　弯曲模试冲时的缺陷、产生原因和调整方法

弯曲模试冲时的缺陷	产生原因	调整办法
弯曲角度不够	凸、凹模的回弹力过小； 凸模进入凹模的深度太浅； 凸、凹模之间的间隙过大； 试模材料不对； 弹顶器的弹顶力太小	加大回弹角； 调节冲压模具闭合高度； 调节间隙值； 更换试模材料； 加大弹顶器的弹顶力
弯曲位置偏移	定位板的位置不对； 凹模两侧进口圆角大小不等，材料滑动不一致； 没有压料装置或压料装置的压力不足、压料板位置过低； 凸模没有对正凹模	调整定位板位置； 修磨凹模圆角； 加大压料力； 调整凸、凹模位置
制件尺寸小或不足	凸、凹模间隙小，材料被挤长； 压料装置压力过大，将材料拉长； 设计时计算错误或不准确	调整凸、凹模间隙； 减少压料力； 改变坯料尺寸
制件外部有光亮的凹陷	凹模的圆角半径过小，冲件表面被划痕； 凸、凹模之间的间隙不均匀； 凸、凹模表面粗糙度太大	加大圆角半径； 调整凸、凹模间隙； 抛光凸、凹模表面

拉深模试冲时的缺陷、产生原因和调整方法如表 10 - 6 所示。

表 10 - 6　拉深模试冲时的缺陷、产生原因和调整方法

拉深模试冲时的缺陷	产生原因	调整方法
起皱	压边装置的压力不足或压力不均匀； 凸、凹模之间的间隙过大或不均匀； 凹模圆角半径过大或不均匀	调整压边力； 调整凸、凹模间隙； 修磨圆角半径
破裂	毛坯材料质量不好、塑性低、金相组织不均匀、表面粗糙； 压边圈的压力过大，弹顶器的压缩比不合适； 凸模和凹模的圆角半径过小； 凸模和凹模的间隙过小或不均匀； 拉深次数太小，材料变形程度过大； 润滑不良	更换毛坯材料； 减少压边力； 加大圆角半径； 调整凸、凹模间隙； 增加拉深次数； 加润滑油

续表

拉深模试冲时的缺陷	产生原因	调整方法
尺寸过小或过大	毛坯尺寸设计计算错误； 凸、凹模之间的间隙过大，使冲件侧壁鼓肚； 凸、凹模间隙过小，使材料变薄； 压边圈的压力过大或过小	改变毛坯尺寸； 调整凸凹模间隙； 调整压边圈
表面质量不好	模具工作表面、毛坯或润滑剂不清洁； 凹模淬火硬度低，表面粗糙度太大； 圆弧与直线衔接不好，有棱角或凸起	清理工作表面等； 对凹模进行抛光； 修磨凸、凹模
高度不一	凸、凹模之间的间隙不均匀； 定位板位置不对	调整凸、凹模间隙； 重新调整定位板
底部凸起	凸模无排气孔	在凸模上做出排气孔

10.3　多工位级进模零件制造及装配

多工位级进模主要用于细小复杂冲压零件的批量生产，其工位数多、精度高、寿命要求长，模具细小零件和镶块多，板类零件孔位精度高、尺寸协调多，所以，多工位级进模与常规冲压模具相比，虽然加工和装配方法相似，但要求提高了，需要协调的地方多了，所以，加工和装配更加复杂和困难。

10.3.1　多工位级进模的加工特点

在模具设计合理的前提下，要制造出合格的多工位级进模，必须具备先进的模具加工设备和测量手段，以及合理的模具制造工艺规范。与其他冲压模具相比，多工位级进模加工具有以下特点。

（1）工作零件、镶块件和三板（凸模固定板、凹模固定板和卸料镶块固定板，简称三板）是多工位级进模的加工难点和重点控制零件，其加工难点体现在工作零件型面尺寸和精度、三板的型孔尺寸和位置精度。

（2）细小凸模和凹模镶块由于其形状复杂、尺寸小、精度高，采用传统的机械加工难以完成加工，必须辅以高精度数控线切割、成形磨削、曲线磨削等先进加工方法方能完成（常常采用数控线切割＋成形磨削）。

由于细小凸模和凹模镶块是易损件，需要更换，要有一定的互换性，所以细小凸模、凹模镶块的生产不能采用配作加工，而是有互换性的分开加工，要求图纸中不论是凸模还是凹模，必须标明保证间隙的具体尺寸和公差，以便备件生产。加工人员应注意控制加工到其中心值附近，必须改变为因怕出废品而令孔按小尺寸加工、轴按大尺寸加工的现象，以利于互换装配和保证精度。

镶块常见加工工艺路线一般是锻→热处理→粗铣（刨）→基面加工→型面粗加工→半精加工→最终热处理→线切割→成形磨削→抛光等精加工。

（3）多工位级进模中的凸模固定板、凹模固定板和卸料镶块固定板孔位精度高、尺寸协调多，是制造难度最大、耗费工时最多、周期最长的三大关键零件，是模具精度的集中体现件。装在其上的凸模或镶块间的位置精度、垂直度等都依靠这三块板来保证。所以这三块板必须正确选材，确定加工方法和热处理方法，确保加工质量。三板的加工除要使用传统的机械加工方法外，还必须使用高精度数控线切割、坐标镗、坐标磨等先进加工方法，必要时采用组合加工。

为了避免基准误差的产生和积累，三板的设计基准、工艺基准、测量基准三者应重合，一般采用板的两个成直角的侧面作为型孔位置尺寸的基准，重要型孔位置尺寸一般采用并联标注。

三板常见加工工艺路线一般是锻→热处理→铣（刨）→平磨→中间热处理→平磨→坐标镗→最终热处理→平磨→电加工→坐标磨→精修。

（4）多工位级进模精度要求高、寿命要求长、尺寸稳定性要求高，所以模具零件的选材除了要求高耐磨、高强度和高硬度外，还要求热处理变形小、尺寸稳定性好。

10.3.2　多工位级进模的装配特点

多工位级进模装配的关键是凸模固定板、凹模固定板和卸料镶块固定板上的型孔尺寸和位置精度的协调，要同时保证多个凸模、凹模或镶块的间隙和位置符合要求。

多工位级进模装配一般采取局部分装、总装组合的方法，即首先化整为零，先装配凹模固定板、凸模固定板和卸料镶块固定板等重要部件；然后再进行模具总装，先装下模部分，后装上模部分；最后调整好模具间隙和步距精度。一般应做到以下要求。

（1）凹模上各型孔的位置尺寸及步距，要求加工正确、装配准确，否则冲压件很难达到规定要求。

（2）凹模固定板（型孔板）、凸模固定板和卸料镶块固定板，三者型孔位置尺寸必须一致，即装配后各组型孔三者的中心线一致。

（3）各组凸、凹模冲裁间隙均匀一致。

由于多工位级进模结构多样、各生产厂家设备条件不同，因此，多工位级进模加工和装配方法的选择和工艺规程的制订，应视具体模具结构和生产条件而定。

10.3.3　组件装配

级进模应该以凹模为装配基准件。级进模的凹模分成两大类：整体凹模和拼块凹模。
整体凹模各型孔的孔径尺寸和型孔位置尺寸在零件加工阶段已经保证。

拼块凹模的每一个凹模拼块虽然在零件加工阶段已经很精确了，但是装配成凹模组件后，各型孔的孔径尺寸和型孔位置尺寸不一定符合规定要求。必须在凹模组件上对孔径和孔距尺寸，重新检查、修配和调整，并且与各凸模试配和修整，保证每型孔的凸模和凹模有正确尺寸和冲裁间隙。经过检查、修配和调整合格的凹模组件才能作为装配基准件。

1. 凹模组件装配

图 10 - 12 所示凹模组件由 9 个凹模拼块和 1 个凹模模套拼合而成，形成 6 个冲裁工位

和 2 个侧刃孔。各个凹模拼块都以各型孔中心分段，即拼块宽度尺寸等于步距尺寸。

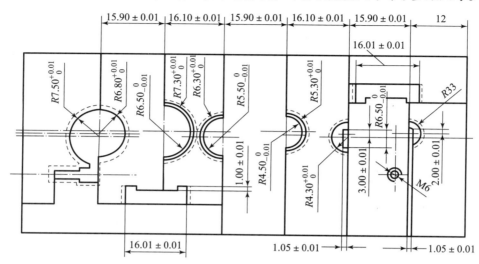

图 10-12　凹模组件

（1）初步检查修配凹模拼块。组装前检查修配各个凹模拼块的宽度尺寸（即步距尺寸）、型孔孔径和位置尺寸，并要求凹模固定板、凸模固定板和卸料镶块固定板相应尺寸一致。

（2）按图 10-12 所示要求拼接各凹模拼块，并检查相应凸模和凹模型孔的冲裁间隙，对不当之处进行修配。

（3）组装凹模组件。将各凹模拼块压入模套（凹模固定板），并检查实际装配过盈量，不当之处修整模套。将凹模组件上、下平面磨平。

（4）检查修配凹模组件。对凹模组件各型孔的孔径和孔距尺寸再次检查，发现不当之处进行修配，直至达到图样规定要求。

（5）复查修配凸、凹模冲裁间隙。

2. 凸模组件装配

级进模中各个凸模与凸模固定板的连接方法，依据模具结构不同可分为单个凸模压入法、单个凸模低熔点合金浇注法或单个凸模黏结剂黏结法，也有多凸模整体压入法。

（1）单个凸模压入法。

以图 10-13 为例说明装配过程。先压入半圆凸模 6 和 8（连同垫块 7 一起压入），再依次压入半环凸模 3，4 和 5，然后压入侧刃凸模 10 和落料凸模 2，最后压入冲孔圆凸模 9。

凸模压入固定板顺序如下。

一般先压入容易定位，同时压入后又能作为其他凸模压入安装基准的凸模，再压入难定位凸模；如果各凸模对装配精度的要求不同，则先压入装配精度要求高和较难控制装配精度的凸模，再压入容易保证装配精度的凸模；如不属上述两种情况，则对凸模压入的顺序无严格的要求。

当压入半环凸模 3 时，以已压入的半圆凸模 6，8 为基准，并垫上等高垫块，插入凹模

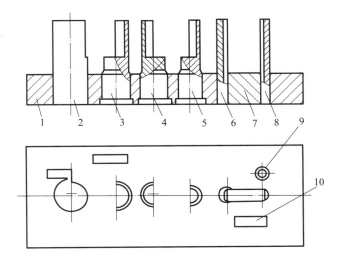

图 10 - 13　单个凸模压入法

1—固定板；2—落料凸模；3，4，5—半环凸模；6，8—半圆凸模；

7—垫块；9—冲孔圆凸模；10—侧刃凸模

型孔，调整好间隙，同时将半环凸模 3 以凹模定位压入，如图 10 - 14 所示。用同样办法依次压入其他凸模，压入时要边检查凸模垂直度边压入。

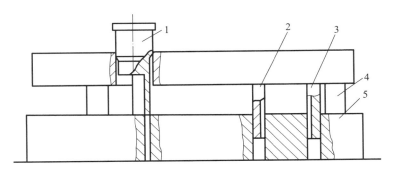

图 10 - 14　压入半环凸模

1—半环凸模；2，3—半圆凸模；4—等高垫块；5—凹模

　　复查凸模与固定板的垂直度，检查凸模与卸料板型孔配合状态，以及固定板和卸料板的平行度，最后磨削凸模组件上、下端面。

　　（2）单个凸模低熔点合金浇注法，如图 10 - 15 所示。

　　（3）单个凸模黏结剂黏结法要点。

　　单个凸模黏结剂黏结法的优点是固定板型孔的孔径和孔距精度要求低，减轻了凸模装配后的调整工作量。黏结前，将各个凸模

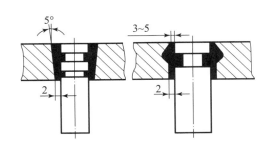

图 10 - 15　低熔点合金固定

套入相应凹模型孔，并调整好冲裁间隙，然后套入固定板，检查黏结间隙是否合适，然后进行浇注固定。其他要求同前述。

（4）多凸模整体压入法。

多凸模整体压入法的凸模拼接位置和尺寸原则上和凹模拼块一致。在凹模组件已装配完毕并检查修配合格后，以凹模组件的型孔为定位基准，多凸模整体压入后，检查位置尺寸，有不当之处进行修配直至全部合格。这种压入法可以设计一个尺寸调整压紧斜块。

10.4　模具间隙控制

冷冲压模具装配的关键是保证凸、凹模之间具有正确、合理且均匀的间隙。这既与模具有关零件的加工精度有关，也与装配工艺的合理性有关。为了保证凸、凹模之间的位置正确和间隙的均匀，装配时总是依据图纸要求先选择其中某一主要件（如凸模、凹模或凸凹模）作为装配基准件，以该件位置为基准，用找正间隙的方法来确定其他零件的相对位置，以确保其相互位置的正确性和间隙的均匀性。

10.4.1　控制间隙均匀的方法

1. 测量法

测量法是将凸模和凹模分别用螺钉固定在上、下模板的适当位置，将凸模插入凹模内（通过导向装置），用厚薄规（塞尺）检查凸、凹模之间的间隙是否均匀，根据测量结果进行校正，直至间隙均匀后再拧紧螺钉、配作销孔及打入销钉。

2. 透光法

透光法是凭肉眼观察，根据透过光线的强弱来判断间隙的大小和均匀性，如图 10 - 16 所示。有经验的操作人员凭透光法来调整间隙可达到较高的均匀程度。

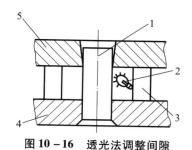

图 10 - 16　透光法调整间隙
1—凸模；2—光源；3—垫铁；4—固定板；5—凹模

3. 试切法

当凸、凹模之间的间隙小于 0.1 mm 时，可将其装配后试切纸（或薄板），根据切下制件四周毛刺的分布情况（毛刺是否均匀一致）来判断间隙的均匀程度，并进行适当调整。

4. 垫片法

如图 10 - 17（a）所示，在凹模刃口四周的适当地方安放垫片（纸片或金属片），垫片厚度等于单边间隙值，然后将上模座的导套慢慢套进导柱。如图 10 – 17（b）所示，观察凸模Ⅰ及凸模Ⅱ是否顺利进入凹模与垫片接触，用等高垫铁垫好，用敲击固定板的方法调整间隙直到其均匀为止，并将上模座事先松动的螺钉拧紧。放纸试冲，由切纸观察间隙是否均匀。不均匀时再调整，直至均匀后再将上模座与固定板同钻，铰定位销孔，并打入销钉。

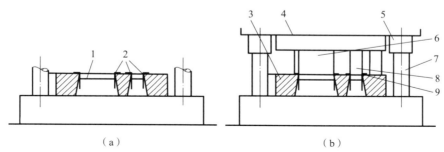

图 10 – 17 凹模刃口处用垫片控制间隙

（a）放垫片；（b）合模观察调整

1，3—凹模；2—垫片；4—上模座；5—导套；6—凸模Ⅰ；7—导柱；8—凸模Ⅱ；9—垫块

5. 镀铜（锌）法

在凸模的工作段镀上厚度为单边间隙值的铜（或锌）层来代替垫片。由于镀层均匀，因此，可提高装配间隙的均匀性。镀层本身会在冲压模具使用中自行剥落，而无需安排去除工序。镀铜（锌）法用于形状复杂、找正困难或间隙小的冲压模具。

6. 涂层法

与镀铜（锌）法相似，仅在凸模工作段涂以厚度为单边间隙值的涂料（如磁漆或氨基醇酸绝缘漆等）来代替镀层。

7. 酸蚀法

将凸模的尺寸做成与凹模型孔尺寸相同，待装配好后，再将凸模工作部分用酸腐蚀，以达到间隙要求。

8. 利用工艺定位器调整间隙

如图 10 – 18 所示，用工艺定位器来保证上、下模同轴。工艺定位器尺寸 d_1，d_2，d_3 分别按凸模，凹模及凸凹模的实测尺寸，以配合间隙为零来配制（应保证 d_1，d_2，d_3 同轴）。

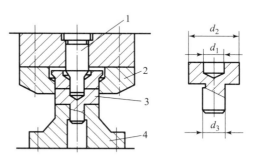

图 10 – 18 用工艺定位器保证上、下模同轴

1—凸模；2—凹模；3—工艺定位器；4—凸凹模

9. 利用工艺尺寸调整间隙

对于圆形凸模和凹模，可在制造凸模时在其工作部分加长 1～2 mm，并使加长部分的尺寸按凹模型孔的实测尺寸零间隙配合来加工，以便装配时凸、凹模中心对正（同轴），并保证间隙的均匀。待装配完成后，将凸模加长部分磨去。

10.4.2　使用后凸、凹模间隙变化的调整修配方法

1. 凸、凹模间隙变大的修配方法

冲压模具在使用一段时间后，由于正常磨损会使凸、凹模间隙逐渐变大，从而使工件产生毛刺。这种情况下，可先用厚度等于单面间隙值的块规插入凸、凹模刃口之间。

（1）当凸、凹模间隙不太大时，修磨工作部分的刃口继续使用，可改善冲件质量。

（2）当凸、凹模间隙过大时，可采用氧－乙炔气焊喷嘴加热和局部锻打的方法重新修正凹模尺寸，使其恢复到原来的间隙值。工件冷却后，再用压印修锉的方法重新修整间隙值，并用火焰表面淬火的方法来提高表面刃口的硬度。

2. 凸、凹模间隙不均匀的修配方法

引起原因：冲压模具长期使用后，间隙不均匀会使冲件局部边缘产生毛刺或刃口被啃坏。在冲压模具正常自然磨损的情况下，由于导向装置磨损后精度降低使凸、凹模发生相对偏移，或由于定位销松动失去定位作用而致使凸、凹模不同心，从而引起凸、凹模间隙不均匀。

实际生产中，首先应将冲压模具从压力机上卸下，检查上模板是否在导柱上摆动。如有摆动，则表明导柱导套间隙太大，可判断凸、凹模间隙不均匀是由于导向装置精度降低所造成的。

修理方法：先将导柱与导套分别用内外圆磨床磨光其配合表面，再将导柱表面镀铬，然后导柱与导套研磨配作，一般根据磨好的导套孔按原来的导柱导套配合间隙研配导柱，直到能恢复到原来的配合间隙及精度等级为止。若凸、凹模之间的位移不是由于导向装置精度的降低而引起的，则检查上、下模各定位销是否松动，若有松动，则应将凸、凹模刃口对正，并使其各向一致，用螺钉紧固后，重新配作销。

10.5　压力机的选择

选择压力机时，必须明确了解其使用目的。因此，除应充分了解加工方法、作业方法、压力机的功能、技术动向等，同时也应正确把握市场的情势与动向等。但因加工方法、压力机的功能等非常复杂而不易了解，很多情形都在不是真正了解使用目的的情况下选择压力机。如为合理化而选择压力机，则不允许有任何错误，因此，选择压力机应特别慎重。压力机错误的选择将导致压力机工作效率降低，而且可能导致浪费设备投资等结果。

压力机能力有三大要素如下。

（1）压力能力：滑块离下止点前某一特定距离时，滑块上所容许的最大工作压力，此压力又称公称压力或简称能力，单位为 tf（吨力）。在转化为法定单位制的 kN 时，应将数字乘以 10。

（2）扭矩能力：压力能力产生的位置，即下止点上方，又称能力发生点，单位为 mm。

（3）工作能力：一个行程加工时可产生的最大有效能力，单位为 kg·m。

如何选用适当的压力机方法如下。

1. 正确决定加工方法与作业方式

1）正确决定加工方法与工程数

冲压加工有各种方法，有时在冲压加工并用切削加工。选择压力机时，应先检查所考虑的加工方法是否对于对象产品而言是适切的加工方法，而且是适当的加工工程数。如确定了加工方法，则压力机种类也应大致决定。

2）生产量的程度

如一批量超过 3 000 ~ 5 000 个，则利用自动送料较有利。当多工程且生产量较多时，需考虑采用连续式加工及移送式加工，而且也需检查高速自动压力机、移送式压力机等自动机械。选用泛用压力机或自动压力机虽然是以生产量来决定，但也要考虑经常维持适当的库存量，而且不只考虑现在，也应考虑将来的生产量、市场情势、技术动向等。

3）材料的形状、品质及尺寸关系

材料的形状、品质等应由加工方法、稼动率、材料利用率的关系来决定。材料的形状应是卷材、定尺材或半加工品，其大小、作业方法有很大的不同。

4）如何供应材料、取出产品、处理废料

供应材料、取出产品、处理废料总称材料处理（material handling），在生产工厂的全能作业中，材料处理所占的比例很大。因此，材料处理并非只是局部性的消化生产，还必须从工厂整体的合理化来考量。不同的材料处理对冲压机械的要求不同。

5）利用冲压模具缓冲器

拉深加工时应考虑在单动压力机附加冲压模具缓冲器（die cushion）。因冲压模具缓冲器能提供高性能，即使不使用复动压力机也可进行相对困难的拉深加工。提高冲压模具缓冲器性能的附属装置需有固锁装置。

2. 选择适合加工的压力机能力

1）算出加工压力及加工的压力行程曲线

应计算出加工时需要的最高压力、加工行程中的压力变化。多工程加工应求出各工程压力行程曲线，重叠并求出合成的压力行程曲线。决定加工时需要的最高压力及压力行程曲线，即可决定应选择的压力能力。

决定工作能力应先决定加工的频度（1 min 加工几次）。装配自动送料装置的压力机发动机最好是加大一级功率的发动机。压力机的工作能力最好不要选择刚好饱和使用的工作能力，而应选常用工作能力是公称能力的 75.80% 的压力机。

2）偏心荷重、集中荷重的程度

在一台压力机装配两个以上的冲压模具，或使用连续冲压模具时会出现有偏心荷重，但其他冲压加工也多数有偏心荷重。因冲压能力的设计通常以中心荷重为基准进行设计，因此，有偏心荷重时必须注意压力能力会下降。因此，对偏心荷重的作业应选择有充分余量的压力机压力能力。冷轧锻造加工多数为极端的集中荷重，对集中荷重的作业应尽量选择小冲压模具空间的压力机。

3）计算冲压模具缓冲器有效能力的减少

装置冲压模具缓冲器时，压力机的拉深能力等于扣除冲压模具缓冲器的能力。通常，冲压模具缓冲器的能力是以压力机的公称压力的1/6为标准。这个数值乍一看好像很小，但在压力机的中点附近，若与可用于拉深加工的有效拉深能力相比较，则绝对不是低的数值，而是适当的数值。

虽然因加工需要而取压力机压力能力的1/3的高缓冲能力，但若使用标准压力机，则行程的中点附近的有效拉深能力会显著减少（极端时会失去推压缓冲器的能力），所以应多加注意。

因此，对于如此高的缓冲能力，压力机的扭矩能力也应选择较高的。如果将缓冲能力提得太高，则将因扭矩能力的不相配而成为不经济的构造，所以在这种情况下，不如考虑采用复动压力机。

3. 明确加工产品的尺寸精度

加工产品的尺寸精度是由产品的用途及与下一级工程的关系等决定的。在实际的冲压加工中，尺寸精度会随着材料的板厚、坯料块（挤压加工时）的体积、材质（与变形阻抗有关）及润滑的程度等的偏差，以及随生产的进行而产生的模具磨耗等，有所降低。

若特别要求高加工精度，则应选择高刚性的压力机或有大压力能力（对其加工有充分宽裕的压力能力）的压力机。但C型压力机即使使用大压力能力的型号也没有多大的效果，应注意要选择刚性高的压力机。

4. 充分了解压力机的功能

1）充分调查压力机的型录规格

型录规格表示压力机的主要能力与大小，是选择压力机的基础。压力机能力的表示通常只表示压力能力，应合并扭矩能力及工作能力加以检查。打坯专用的压力机应缩短行程，并提高该部分每分钟行程次数。例如，冲压模具高度、作业面的宽度、作业面的模具装配T沟、冲压模具缓冲器销孔等必须与使用的模具关联再进行决定。

应注意厂房对压力机规格的要求，有些要求会为压力机的功能带来负面影响。因此，如规格上没问题，则应选择标准规格的压力机，而且应选择功能已经稳定并有实绩的压力机。

2）压力机附属装置的选择

适当使用附属装置可提高生产力，所以对各种附属装置也应进行充分检查。

为增加生产，最好的方法是配备自动送料装置进行连续加工。例如，当材料的供给及产品的取出等工作，因太复杂而不能连续加工时，可使用计时器（timer）限时连续作业，提高生产效率。

使用输送机或卸料机（unloader）装置对提高生产性也有效益。例如，频繁地更换模具时，模具的快速交换（quick die change，QDC）装置及冲压模具夹具等可提高生产效率。此外，还可考虑缓速运转装置，材料的更换、堆叠装置等。附滚筒供料的冲压应装置无级变速装置。未来的压力机还需要装置缓冲器及送料机（feeder）或回转凸轮（rotary cam）等。但如果装备太多复杂的附属装置，则会提高故障率，而且也会增加保养上的麻烦，因此，必须适当地选择压力机附属装置。

3）检查有关功能的弹性

为维持良好的稼动率，压力机的功能必须符合机型更换激烈的市场倾向，即应该检查既可适应大量生产又可适应少量生产的功能，以及可追随将来机型更换的功能。例如，自动送料装置的驱动动力为了便于同步执行，通常是由压力机的曲柄轴来供给，如此，该压力机将成为附加自动送料装置的压力机，从而增强对某些作业的适用性。

若使用单独驱动送料机，则由于其有独立的动力，可以轻松地移动，还可以自由与任何压力机组合，因此，可以适应作业的变化。

4）选择容易保养、信赖度高的压力机

冲压加工产品生产量多且通常需要多工程作业，如因压力机故障而停机，则对整体的生产影响很大。所以，应选择各部件容易保养、检查，信赖度高（特别是离合器、刹车器及电气操作系统的稳定性、耐久性良好）的压力机。

5）安全

冲压作业灾害危险性高，因此，应充分考虑安全对策，选择压力机时也应选择有安全设备功能的压力机，这样即使有错误操作产生也不会发生事故，可安全运转。因此，压力机的运转操作要有各种联锁装置（inter lock），剪板式及油压式过负荷安全装置，两手操作式、光线式、机械式等作业用安全装置。

6）噪声、振动

冲压工厂的噪声、振动因公害问题受到法规限制，作业环境是今后的重要课题，因此，今后对冲压设备应合并噪声、振动对策检查。

7）有关自动化

近年来，随着生产形态的变化，生产批量有减少的倾向，要使冲压作业变得省力或缩短时间必须引入自动化设备，也就是说，模具及材料的选择、配置、压力机的调整、生产运转、生产量管理等系统一体化的自动化冲压加工生产线的时代已经来临。依照现在的科技情势来看，无人作业的冲压生产线由远程指令来控制生产所要的制品，并维持所要的精度，并非是离奇的梦想。

10.6　模具失效及使用寿命

模具失效是指模具报废，不可以再进行生产。从模具开始使用到报废这个过程中所产出的合格产品数量称为模具的使用寿命。模具失效是不可以进行修复的，其失效表现一般有以下几种：胀裂、变形及崩刃等。

10.6.1　模具的失效形式

1. 过载失效

过载失效主要是由于材料本身承载能力不足以满足工作载荷（包括随机波动载荷）引起的模具失效，如材料韧度不足、开裂失效、强度不足以变形、镦粗失效，特别是脆断开裂失效是生产中最为常见的过载失效方式。

（1）材料韧性不足失效。

材料韧性不足失效主要包括模具的折断、开裂等，甚至能够造成模具不可修复、永久失效。此种模具失效的主要原因是因为材料的韧性不能满足模具工作时所需要满足的条件。

（2）强度不足失效。

在冷镦、冷挤冲头中由于模具材料不能满足工作需要承担的压力，易出现镦头、下凹、弯曲变形等情况的失效。此种模具失效主要是由于工作载荷过大、模具硬度偏低而导致的。此类失效表明模具所使用材料强度不足，而塑性、韧度有余。

2. 磨损失效

磨损失效是最常见的冲压模具失效形式。所谓磨损失效，就是在冲压过程中因磨损造成的模具失效。一般来说，磨损失效的表现有刃口钝化、棱角变圆及表面沟痕等。造成磨损失效的原因一般有以下几种。第一，在正常情况下，模具与物料进行接触，模具与物料之间因冲压力产生摩擦，久而久之，造成了模具摩擦损失严重，最终导致模具失效。第二，模具对物料进行冲压的过程中，物料因压力会有杂质或者碎屑脱落下来，掉落在模具和物料之间，模具对物料进行冲压时，碎屑在模具与物料之间摩擦，从而加剧了磨损，导致模具过早失效。第三，模具因为保养不到位，在冲压时，模具表面沾上配料金属，这些金属在冲压时作用于物料，造成所冲压物料尺寸、形状等发生变化，模具失去了冲压准确性，导致模具失效。

3. 多冲疲劳失效

冷冲压模具承受的载荷都是带有一定冲击速度、一定能量作用、同时周期性往复作用的。在这些作用下，脆性材料内部会产生疲劳裂纹，并且裂纹的产生与扩展并没有明显的征兆，但当材料内部的裂纹扩展到 0.1 mm 时，冷冲压模具就会产生瞬间断裂的现象，对模具的危害十分显著。

4. 冲压模具的变形、崩刃失效

冲压模具一般都是由凸模和凹模组成的，所谓变形失效对于凸模来说，就是在冲压过程中弯曲，甚至折断；而对于凹模来说，是受力不均匀导致的压制产品形状发生变化。这种失效形式和上面提到的开裂失效相同，也是由于模具制造过程中由于结构不够合理、选用材料不正确，或者之后的热处理工艺流程不到位所致。在产品进行冲压时，因为模具各部位受力不均，受力较大的地方经过长时间的使用就会造成变形，继续使用就会造成模具崩刃失效。当然，造成模具崩刃失效的原因有很多，如操作不当、空间狭小及缝隙不均等。

10.6.2　影响模具使用寿命的因素

影响冲压模具使用寿命的主要因素可分两个方面来看，一是冲压模具的设计与制造过程，二是冲压模具的使用过程。冲压模具设计时，模具过载设计、工具形式和精度不良、加强环预应力不足等都会影响模具使用寿命；在模具制造过程中，模具材料的选材是否合适，下料是否合理，热处理工艺中是否存在过热、脱碳等缺陷，淬火冷却速度，回火硬度及温度都会对材料的内部成分造成影响；模具加工时表面粗糙高度、划痕、小圆角等因素也会对模具的使用寿命产生影响。

在设计排样时，应尽量保证搭边的最小宽度约等于坯料的厚度。适当的搭边值可有效防止在冲裁过程中坯料被过多地拉入冲裁间隙中，造成模具刃口的磨损，同时也可以减少制件产生毛刺的数量。

使用过程中，被加工零件的坯料质量参差不齐、硬度变化大、表面质量不一，形状尺寸不规范等因素均会导致模具使用寿命受到严重影响；同时，压力机的精度、刚性、工作部分加工速度、加工压力、模具与压力机装配处的中心度和垂直度，以及润滑油的选择等都制约着模具使用寿命的长短。

模具结构对模具使用寿命的影响。

合理的结构设计能够有效提高模具服役时间，在冲压模具设计过程中可以使用仿真模拟软件对设计结构进行改良，以达到模具最佳的使用寿命。

设计过程中影响冲压模具使用寿命的因素一共有以下几种：①冲压模具凸、凹模的间隙；②冲压模具自身几何形状；③冲压模具自身结构形式。

结构设计不合理会使得冲压过程中模具局部产生应力集中，会引起模具热处理变形、开裂等。模具几何形状的设计不当会影响到成形过程中坯料的流动及成形力的产生。例如，一些尖锐的转角结构和过大的截面变化都会造成应力集中，在淬火过程中，由于尖锐转角而产生的残余拉应力，对模具使用寿命影响极大。

凸、凹模圆角半径也是影响模具使用寿命的重要因素之一。冲压模具凸模圆角过小，会导致板料拉深成形时的成形力增加，引起凸模圆角半径迅速磨损；冲压模具凹模圆角过小，会使圆角处产生较大的应力集中，易产生裂纹，毁坏模具。

模具间隙也影响模具使用寿命。对于成形类冲压模具（如拉延、整形等），如果凸、凹模之间的工作间隙太小，则冲压过程中会使模具与工件接触部分摩擦阻力上升，模具受到较大的成形力，导致模具和工件表面容易产生磨损，形成擦痕擦伤，加快模具损耗，严重影响模具精度和制件质量；对于分离型冲压模具（如落料、修边、冲孔等），凸、凹模间隙过小，也会加剧模具工作部分磨损，严重影响模具使用寿命。

10.6.3　提高模具使用寿命的改进措施

合理的结构设计，适合的模具加工材料选择和高品质、高精度的模具加工与装配是提高冷冲压模具使用寿命的关键。设计出经济合理、加工简单、质量上乘、寿命长的冷冲压模具，将会给我国制造业的飞速发展注入新的力量。

1. 合理的机构设计

避免模具局部压力过大、缝隙过小造成的摩擦过大的有效方法就是合理的结构设计。一个模具合理的结构设计就是保证在正常的生产条件下，模具不产生冲击破裂及应力集中现象。所以在设计时要保证模具各部分受力均匀，并且注重避免尖角、内凹角等结构，这样在热处理时就可以避免热处理变形。在做好这些设计之后，保持合理的模具间隙也是尤为重要的。在进行设计时可从以下几个方面进行考虑。

（1）导向支撑和对模具的保护。这种措施一般用于凸模设计，尤其是针对用于冲小孔等小尺寸所用的凸模时，一定要采用自身导向和保护结构。

（2）圆弧结构设计。圆弧结构一般是为了减小摩擦所设计的。在夹角及窄槽结构中，要设计半径为 3~5 mm 的圆弧进行过渡。

（3）针对结构复杂的凹模，必要时要采用镶拼结构，这种结构可以有效避免复杂结构造成的应力集中问题。

（4）冲压成形模的凸、凹模圆角半径选择要合理。这种地方的圆角半径对成形过程中配料的流动和成形力会产生很大的影响，稍有不当就会对模具的使用寿命产生很大影响。

2. 模具的热处理工艺

热处理阶段主要是将模具的材料进行处理。模具的磨损、黏结都是发生在表面失效的情况下，热处理的作用就是使模具具有基本的韧性，以及表面有足够的耐磨性。所以在模具生产时，做好热处理工作尤为重要，要提高冷冲压模的使用寿命，对不同材质、不同性能的材料进行合理的热处理，是不可缺少的重要环节。在制造冷冲压模具时，合理、正确、熟练地使用热处理工艺技术对冷冲压模具的使用寿命有着很重大的意义，较为常用的热处理技术主要有如下几种。

1）低淬透性材料及其热处理

冷冲压模具选用的材料大多为低淬透性冷作模具钢、低变形冷作模具钢、高合金工具钢等，其中碳素工具钢是使用最多的低淬透性冷作模具钢，其特点是含碳量高，临界冷却速度快。快速淬火易产生热应力变形，模具会产生收缩变形，含碳量越高，收缩越大，模具内部会随之产生很大的内应力，必须通过回火或其他方法消除内应力。因此，淬火和回火工艺是低淬透性材料热处理的关键。

2）低变形冷作模具钢及其热处理

低变形冷作模具钢是在碳素工具钢的基础上加入少量合金元素发展起来的，其中 crwMn 是其典型钢种。crWMn 钢具有高淬透性，淬火时不需要强烈冷却，淬火变形比碳素工具钢明显减少。但是，这类钢的变形同样受到淬火加热温度、冷却方法、回火工艺和模具截面尺寸的影响。由于其为钨形式碳化物，因此，这种钢在淬火及低温回火后具有比铬钢和 9siCr 钢更多的过剩碳化物和更高的硬度。当采用 800 ℃ 加热淬火时，既可以获得较高的硬度（63 HRc），还可以获得较高的抗弯强度和韧性。如果继续提高淬火温度，则会造成其硬度上升，此时对工作过程中模具的失效形式进行分析，探讨如何避免产生非正常失效，可降低冲压生产成本。

3. 正确地使用和维护

在模具失效案例中，有很多都是由于人工操作不当造成的。针对这方面，要注意严格控制凸模进入凹模的深度，减小摩擦。另外，就是托起检查和提前修模，避免因摩擦过度，造成不必要的损失。

第 11 章

冲压工艺规程编制

冲压工艺规程是指冲压工艺人员，在零件投产前所编制的一种能指导整个生产过程的工艺性技术文件。它将所设计的冲压件，在组织投产前，对其工艺性进行进一步审查，确定其形状、尺寸是否合理，并提出修改措施。然后根据零件的结构形状及尺寸精度要求，确定工艺方案、模具结构形式、检验方法、使用设备，以及制订工艺定额、计算成本等一系列投产前的准备工作。

一个合理的工艺规程，既能使生产上做到有条不紊，稳定而高效，同时还能达到确保产品质量和降低成本的目的。假如工艺规程编制不合理，则会造成生产周期长，工具、模具的破损，产品大量报废，成本提高等一系列不良后果。严重时，设备、模具选择的不合理，甚至还会发生人身伤亡事故。因此，冲压工艺规程的设计是冲压生产中一项不可缺少的重要工作。

合理的冲压工艺规程应能满足下述要求。

（1）零件所需的原材料少、工序数目少且简单，同时减少或不再用其他后续加工方法。

（2）零件所需的模具结构简单，占用设备少。

（3）模具使用寿命长。

（4）制出的零件符合技术要求，并且尺寸精度高、表面质量好。

（5）尽可能采用生产机械化与自动化。

（6）生产准备周期短、成本低。

（7）适合技术等级不高的劳动力操作。

（8）做到安全生产。

11.1　冲压件工艺性分析

11.1.1　审查产品图

根据产品图认真分析、研究该冲压件的形状特点、尺寸大小、精度要求，所用材料的力学性能、工艺性能和使用性能，以及产生各种质量问题的可能性，由此了解它们对冲压加工难易程度的影响情况。应特别注意零件的极限尺寸（如最小冲孔直径、最小窄槽宽度、最小孔间距和孔边距、最小弯曲半径）、尺寸公差、设计基准及其他特殊要求。因为这些要素对冲压所需的工序性质、数量、排列顺序的确定，以及冲压定位方式、模具结构形式与制造精度的选择均有显著影响。

分析产品图的同时应明确冲压该零件的难点所在，因此，要特别注意零件图上的极限尺寸、设计基准，以及变薄量、翘曲、回弹、毛刺的大小和方向要求等。因为这些因素对所需工序的性质、数量、排列顺序的确定，以及冲压定位方式、模具结构形式与制造精度的选择都有较大影响。

审查产品图还要注意材质的选择。必须考虑到冲压加工中材料的加工硬化，选用经过变形后强度指标能满足使用要求的材料，这样可以降低冲压力、减小模具的磨损、延长其使用寿命。如果有可能，则还要考虑以廉价材料代替贵重材料，以黑色金属材料代替有色金属材料。

11.1.2　对冲压件的再设计

冲压件的再设计，主要是基于更好地发挥冲压加工比机械加工（包括铸、锻、焊）更优越之处的特点，并从节约原材料和节省模具费用出发，对冲压件进行可加工性的深入分析、重新设计或更改部分原有设计。在满足冲压加工工艺的合理性、经济性的前提下，对冲压件进行产品功能、工艺分析比较后，进行冲压件的再设计，会获得更加合理的冲压加工方案，从而生产出质优价廉的产品。

1）由机加工件设计成冲压件

【例11-1】　V带轮（见图11-1）。

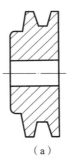 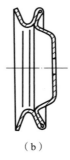

（a）　　　　　　　　　（b）

图11-1　例11-1图

传统的 V 带轮设计如图 11-1（a）所示，是由铸造经切削而成；现国外、国内均先后将其改设计成如图 11-1（b）所示，用拉深后经液压胀形等冲压加工方法加工。材料为 08 钢，$t = 2 \text{ mm}$。

【例11-2】　图 11-2 所示为显像管电子枪各零件，其中图 11-2（a）为原设计，图 11-2（b）为更新设计，后者的制造成本可降低 60% ~ 75%、具体的设计改进如下。

（1）图 11-2（a）中座圈①原设计由 4 个零件拼焊成形；新设计采用不锈钢卷料自动送料，在 6 工位级进模上冲压成形，管脚增至 6 个，生产效率为 75 件/min。

（2）图 11-2（a）中阳极②原设计是用不锈钢管切割成形；新设计采用窄带材料卷边锁缝的方法制作成形。

（3）图 11-2（a）栅极③和④原设计是先用管材切割出圆筒形件，再与冲压预成形的透镜盖焊接成形；新设计为用板料拉深一次成形。

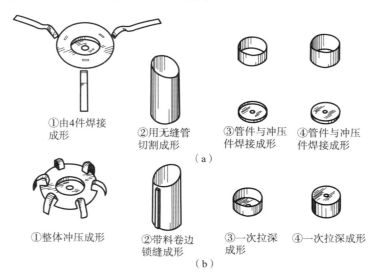

①由4件焊接成形　②用无缝管切割成形　③管件与冲压件焊接成形　④管件与冲压件焊接成形

（a）

①整体冲压成形　②带料卷边锁缝成形　③一次拉深成形　④一次拉深成形

（b）

图 11-2　例 11-2 图

2）更改零件形状以利于冲压加工

【**例 11-3**】 汽车车架上剩去冲压模具落料的冲裁件，如图 11-3 所示。

原设计有图 11-3 中虚线所示的 R5 圆角，需用落料模落料：经会审后改成直角，不影响该零件功能。于是就用 65 mm 宽的条料在剪床上切成 24 mm 一件，仅需再冲两个孔即可，冲压工艺性变好，还节约了原材料。

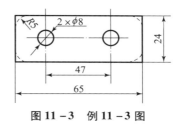

图 11-3　例 11-3 图

【**例 11-4**】 图 11-4 所示为农用挂车上一支撑板零件，原设计有 5 处尖角（图 11-4 中虚线），冲裁工艺性差；经协商分别改为圆角（图 11-4 中实线），完全不影响其使用性能。更改设计后，冲裁工艺性好、模具加工容易、模具寿命增长，同时大大节省了原材料。

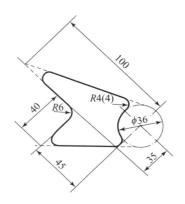

图 11-4　例 11-4 图

3）改善冲压工艺性的再设计

【例11-5】　消声器后盖（见图11-5）。

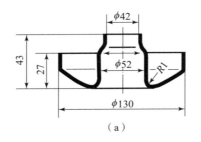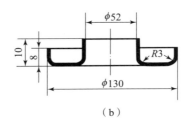

（a）　　　　　　　　　　　　　（b）

图11-5　例11-5图

原设计如图11-5（a）所示，需经8道冲压工序加工而成；后在保持该零件内、外径尺寸及基本功能不变的条件下，改掉空心尖底及有关形状，设计成如11-6（b）所示的形式，则只需2道冲压工序，冲压工艺性大为改善，而且还有明显经济意义，仅节约原材料就达50%。

【例11-6】　有众多供空气流动小孔的花板零件（见图11-6）。

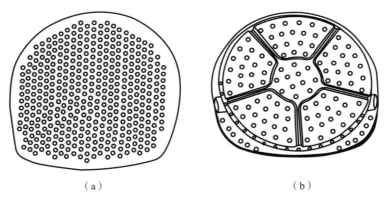

（a）　　　　　　　　　　　　　（b）

图11-6　例11-6图

原设计采用常规的图形排列，孔必须开得很小，如图11-6（a）所示。该零件经（内形）冲多孔和（外形）落料两道工序完成。原设计的工件强度、刚度不佳，密集而细小的凸模强度也不好。新设计改密集直排小孔为圆排大孔，在相同空气流量情况下小孔数目几乎减少了一半，并在大孔布置时留出了胀形（压肋）的位置，如图11-6（b）所示。于是，工件的强度与刚度大幅度提高，凸模的强度也增高了。新设计是用一副简单级进模完成加工的，使模具寿命延长4倍，模具成本降低约50%。

11.2　冲压工艺方案的拟定

11.2.1　工序性质的确定

在冲压件工艺性分析的基础上，以极限变形参数及变形趋向性分析为依据，提出各种可能的包括工序性质、工序数目、工序顺序、工序的组合方式，以及辅助工序安排等内容的冲压工艺方案，对产品质量、生产率、设备占用情况、模具制造的难易程度和使用寿命高低、操作是否方便与安全等方面进行综合分析、比较，然后确定适用于所给定的生产条件的最佳方案。

工序性质由弱区的变形性质来确定。所谓弱区是指毛坯上需要变形力最小的区域。弱区与强区是相对的，通过分析与计算才能确定。冲压加工时，必须使应该变形的部分是弱区，使不应该变形的部分是强区。通常来说，可以从以下三个方面考虑。

1）从零件图上直观地确定工序性质

平板件冲压加工时，常采用剪裁、落料、冲孔等冲裁工序。当零件的平面度要求较高时，需在最后采用校平工序进行精压；当零件的断面质量和尺寸精度要求较高时，需在冲裁工序后增加修整工序，或直接采用精密冲裁工艺进行加工。

弯曲件冲压加工时，常采用剪裁、落料、弯曲工序。当弯曲件上有孔时，还需增加冲孔工序；当弯曲件弯曲半径小于允许值时，常需在弯曲后增加一道整形工序。

拉深件冲压加工时，常采用剪裁、落料、拉深和切边工序。对于带孔的拉深件，还需采用冲孔工序。当拉深件径向尺寸精度要求较高或圆角半径较小时，需在拉深工序后增加一道精整或整形工序。

2）对零件图进行计算、分析比较后确定工序性质

图 11－7 所示零件，材料为 Q235A 钢，从表面上看可以用落料、冲孔及翻边三道工序或落料冲孔复合及翻边两道工序完成。但经过工艺计算，由于翻边系数 $K = d/D = 56$ mm$/92$ mm $= 0.61$，小于该零件材料的极限翻边系数 K_{min}，因此，该零件采用冲孔、翻边工序达不到所要求的零件成品高度，只得改用落料、拉深、冲孔、翻边工序（见图 11－8），或者采用落

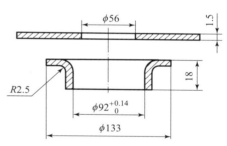

图 11－7　翻边达不到要求高度的零件

料、拉深、整形、切底等工序。而图 11－9 所示零件因为翻边高度小，所以可以采用落料冲孔复合与翻边两道工序来完成。

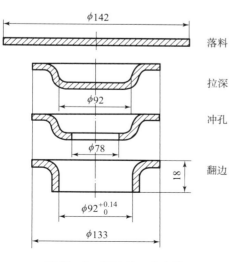

图 11－8　翻边件工序安排

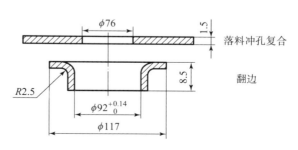

图 11－9　高度小的翻边件

3）为了改善冲压变形条件，方便工序定位，需增加附加工序

所增加的附加工序使工序性质及工艺过程的安排也相应发生了变化。为了使每道工序顺利完成，必须使该道工序中应该变形的部分处于弱区。有时为了改善弱区的变形条件，需要增加一些附加工序。

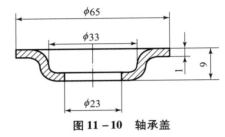

图 11-10 所示轴承盖零件，如果采用落料、拉深、冲 $\phi23$ mm 孔的工艺方案，则经过计算其拉深系数为 0.43，超过了材料的极限拉深系数，因此，不能一次拉深成形。但改用落料并冲 $\phi11$ mm 孔、拉深、冲 $\phi23$ mm 孔的工艺方案，外料内流、内料外流以减小落料直径，使凸缘保持为弱区，则可以一次拉深成形。其中 $\phi11$ mm 孔不是零件结构所需要的，但在生产中可以用来改变零件变形的趋向性。在冲压生产中把这种孔称为变形减轻孔，它起到使变形区转移的作用。

图 11-10　轴承盖

11.2.2　工序数量的确定

在保证零件质量的前提下，工序数量应尽可能少一些。工序数量主要由零件的几何形状及尺寸要求、工序合并情况、材料的极限变形参数（拉深系数、翻边系数、缩口系数、胀形系数等）确定。一般应考虑以下因素。

（1）冲裁形状简单的制件，一般只用单工序来完成；冲裁形状复杂的制件，由于受模具结构和强度的限制，其内、外轮廓应分成几个部分，需用多副模具或使用级进模分段冲裁，因此，其工序数量由孔与孔之间的距离、孔的位置和孔的数量来确定。

（2）弯曲件的工序数量取决于弯角的多少、弯角相对位置及弯曲方向。当弯曲件的弯曲半径小于允许值时，在弯曲后应增加一道整形工序。

（3）拉深件的工序数量与零件的材料、拉深阶梯数、拉深高度与直径的比值、材料厚度与毛坯直径的比值等因素有关，一般要经过工艺计算才能最后确定。

（4）尺寸精度要求较高的冲裁件一般可以采用精冲。如果精冲困难，则可以采用普通冲裁，然后增加整形工序。对于一些要求平整的板件，也可以在落料工序以后增加一道校平工序。

（5）为了提高冲压工艺的稳定性有时需要增加工序数目，以保证冲压件的质量，如弯曲件的附加定位工艺孔冲制、成形工艺中的增加变形减轻冲裁以转移变形区等。

11.2.3　工序顺序的安排

冲压工序先后顺序的安排，主要根据工序性质、材料的变形规律、制件形状特征、尺寸精度等确定。安排工序时，要注意技术上的可能性，保证前后工序之间不互相影响，并保证质量稳定和经济上的合理。一般应综合考虑以下因素。

（1）对于带有缺口或孔的平板形零件，使用简单冲压模具时，一般先落料，后冲缺口或孔；使用级进模时，先冲缺口或孔，然后落料。

（2）成形件、弯曲件上的孔，在尺寸精度要求允许的情况下，应尽量在毛坯上先冲孔，冲出的孔还可以作为后续工序的定位基准使用。但如果孔的形位公差要求高，则应在成形、

弯曲后再冲孔。

（3）当制件上同时存在两个直径不同的孔且位置较近时，应先冲大孔后冲小孔，以避免由于冲大孔时变形大而引起小孔变形。

（4）对于带孔的弯曲件，如果孔在制件弯曲区内，应先弯曲后冲孔，否则弯曲会使孔变形。如果孔与基准面之间有严格的距离要求，则也应先弯曲后冲孔，以避免弯曲时孔发生变形。

（5）对于多角弯曲件，如果分几次弯曲，则应先弯外角，再弯内角。

（6）拉深件上所有尺寸精度要求高的孔，应在拉深成形后冲出，以避免拉深时变形。拉深复杂零件时，一般先拉深内部形状，后拉深外部形状。

（7）对于校正、整形、校平等工序，一般在冲裁、弯曲、拉深工序之后进行。对于制件在不同的位置冲压，当这些位置的变形互不影响时，应根据模具结构、定位和操作的难易程度来决定具体的冲压先后顺序。

11.3　确定冲压模具的结构形式

11.3.1　工序组合方式的选择

当工序性质、工序数量和工序顺序确定以后，应进一步确定工序的组合方式，这也是工艺设计的重要内容。冲压工序的组合是指将两个或两个以上的工序合并在一道工序内完成。所以在工序组合后，不但减少了工序及其占用的模具和设备数量，提高了效率，而且还减少了单工序多次冲压时因多次定位而造成的尺寸累计误差，因此，提高了冲压件的精度。尤其是在大批量生产时，工序组合后可显著提高生产率、降低生产成本，更能发挥其优越性。在确定工序组合时，首先应考虑组合的必要性和可行性，然后再决定组合方式。

1）工序组合的必要性

工序组合的必要性主要取决于零件的生产批量或年产量。一般在大批量生产时，应尽可能把工序组合起来，采用复合模或级进模冲压，以提高生产率、降低生产成本。在小批量生产的情况下，以采用结构简单、便于制造的单工序模分散冲压为宜。但有时为了操作简便、保障安全或为了减少工件的占地面积和传递工件所需的劳动量，虽生产批量小但也把工序适当集中，采用级进模或复合模冲压。

2）工序组合的可行性

工序组合的可行性受模具结构、模具强度、制造和维修及设备能力等因素的限制。因此，在分析工序组合的可行性时，应主要考虑如下几方面问题。

（1）工序组合后，应保证能冲压出形状、尺寸及精度均符合要求的零件。图 11 – 11 所示的拉深件（假设该件可一次拉深成形），当底部孔径 d 较大，即孔边距筒壁很近时，若在单动压力机上将落料、拉深、冲孔组合成为复合冲压工序，则不能保证冲底孔的尺寸。这是因为在拉深变形结束前必须将孔冲出，在随后的拉深变形过程中，成为弱区的孔边缘材料必然向筒壁转移，从而使孔径扩大，不能保证孔径尺寸。所以，该复合冲压工序是不可行的，应当将落

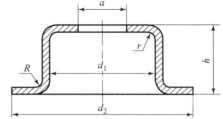

图 11 – 11　底部孔径较大的拉深件复合工序选择

料、拉深组合成复合冲压工序，然后再冲孔。当然，若冲孔直径较小，即孔边距筒壁的距离足够大，且 d_2 与 d_1 相差较小，则可把落料、拉深、冲孔三道工序组合在一起，进行复合冲压，这需要视具体情况而定。

（2）工序组合后，模具在结构上应能实现所需的动作，同时应保证模具具有足够的强度。图 11-12 所示的弯曲件，如果将弯曲和冲侧孔工序合并成复合工序，则模具结构无法实现，因此，是不可行的，应该将弯曲和冲侧孔工序分开。图 11-13 所示的拉深件，如果在拉深后将冲底孔、冲凸缘孔与修边工序复合，则冲底孔的凹模刃口与冲凸缘孔的凹模刃口不在同一平面高度上，这将给刃口的修磨带来困难。每次刃磨时要求两个凹模工作平面有相同的刃磨量，否则拉深件底部或凸缘部分在冲孔时将产生压塌现象，影响零件的形状及尺寸精度。

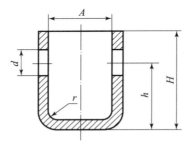

图 11-12 带侧孔弯曲件

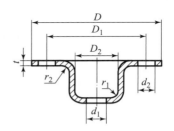

图 11-13 拉深件

（3）工序组合后，应不会给模具制造及维修带来太大困难。例如，需要冲侧孔或斜孔的拉深件，不宜采用与其他工序组合的复合冲压工序，否则模具结构过于复杂，且制造、调试与维修也非常困难。

（4）工序组合后，应与工厂现有的冲压设备条件相适应。

对于复合模或级进模，合并集中到一副模具上的工序数量不要太多，复合模一般为 2~3 个，级进模复合的工序可以适当多一些，但也宜少勿多。因为工序越多，尺寸累计误差越大，会降低零件的质量，同时也会给模具的制造与维修带来困难。

11.3.2 常用复合冲压工序组合方式

在实际生产中，工序的合并可以分为复合冲压工序和连续冲压工序两种方式，表 11-1 所示为常用复合冲压工序组合方式，表 11-2 所示为常用连续冲压工序组合方式。

表 11-1 常用复合冲压工序组合方式

工序组合方式	模具结构简图	工序组合方式	模具结构简图
冲孔落料		落料 拉深 切边	

续表

工序组合方式	模具结构简图	工序组合方式	模具结构简图
切断弯曲		冲孔切边	
切断弯曲冲孔		落料拉深冲孔	
落料拉深		落料拉深冲孔翻边	
冲孔翻边		落料冲孔成形	

表 11 – 2   常用连续冲压工序组合方式

工序组合方式	模具结构简图	工序组合方式	模具结构简图
冲孔落料		冲孔切断弯曲	
冲孔切断		冲孔翻边落料	
冲孔弯曲切断		冲孔切断	
连续拉深落料		冲孔压印落料	
冲孔翻边落料		连续拉深冲孔落料	

11.4　确定工序尺寸

11.4.1　确定工序尺寸的注意事项

正确地确定冲压工序间半成品形状和尺寸可以提高冲压件的质量和精度，确定时应注意以下几点。

（1）有些半成品的尺寸可以根据该道冲压工序的极限变形参数的计算求得。图 11 – 14 所示为出气阀罩盖的冲压过程，该冲压件需分 6 道工序进行，零件第一次拉深后的直径 $\phi22$ mm 就是根据极限拉深系数计算得出的。

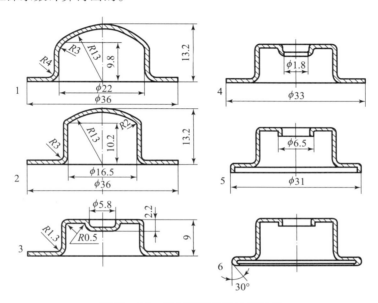

图 11 – 14　出气阀罩盖的冲压过程

1—落料拉深；2—再拉深；3—成形；4—冲孔切边；5—内孔、外缘翻边；6—折边

（2）确定半成品的尺寸时，必须保证在每道工序中被已成形部分隔开的内部与外部都各自在本身范围内进行金属材料的分配和转移，不能企图从其他部分补充金属，也不应有过剩多余的金属。图 11 – 14 所示第二道工序，零件在第二次拉深之后便已经形成直径为 $\phi16.5$ mm 的圆筒形部分。这部分的形状和尺寸都和冲压件相同，在以后的各道工序里，它不应再产生任何变形，所以它是已成形部分。

（3）有些半成品的形状和尺寸要满足储料的需要。当零件某个部位上要求局部冲压出凹坑或凸起时，如果所需要的材料不容易或不能从相邻部分得到补充，则必须在半成品的相应部位上采取储料措施。图 11 – 14 所示第三道工序后的半成品底部的形状和尺寸，由于凹坑的直径过小（$\phi5.8$ mm），因此，如果把第二次拉深工序后的半成品底部做成平顶形状，则凹坑的一次冲压成形是不可能的。把第二次拉深工序后的半成品底部做成球面形状，可以在以后成形凹坑的部位上储存较多的金属材料，使第三道工序一次冲压成形凹坑成为可能。

（4）有些半成品的过渡形状，应具强的抗失稳能力，图 11 – 15 所示为曲面零件落料拉深时第一道拉深后的半成品形状，其底部不是一般的平底形状，而是外凸的曲面。在第二道工序反拉深时，当半成品的曲面和凸模曲面逐渐贴合时，半成品底部所形成的曲面形状具有较高的抗失稳能力，从而有利于第二道拉深工序。

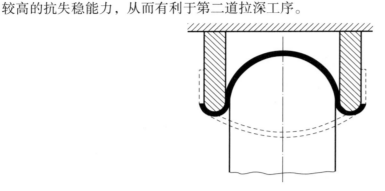

图 11 - 15　曲面零件落料拉深时第一道拉深后的半成品形状

11.4.2　非规则冲压件的压力中心计算

压力中心的确定是平板件冲裁工艺分析和冲裁模设计过程中的重要步骤之一。冲裁时的冲压力合力的作用点称为模具压力中心。设计模具时，要求冲裁模的压力中心与压力机滑块中心一致，假如不一致，那么压力机就会发生偏载，从而使模具和冲床滑块与导轨发生磨损而难以正常进行工作。一直以来，压力中心的计算研究一般只针对平板冲裁件的模具设计，并没有提及不规则或不对称弯曲件或拉深件的压力中心计算。由于冲压件形状与尺寸千变万化，要完成一个冲压零件的生产，除了冲裁工序外，还涉及弯曲、拉深及翻边等冲压工序或相关工序的组合。目前完成冲压件生产任务还有许多工序要依赖于弯曲、拉深及翻边等。然而，模具设计人员在进行不规则或复杂形状的弯曲件、拉深件及翻边件等模具设计时，较少会考虑压力中心计算问题，或不太重视此类冲压零件或工序的压力中心计算，大多根据冲压零件的几何形状估计压力中心来设计模具，这样将导致模具压力中心与压力机压力中心不能完全对齐而产生偏载，同样会对模具和压力机造成损坏。

11.5　冲压设备的选择

冲压设备的选择主要包括设备的类型和规格参数两个方面的选择。冲压设备的选择直接关系到设备的安全，以及生产效率、产品质量、模具使用寿命和生产成本等一系列重要问题。

冲压设备的类型很多，其分类方法也很多。如按驱动滑块力的种类可分为机械、液压、气动等；按滑块个数可分为单动、双动、三动等；按驱动滑块机构的种类又可分为曲柄式、肘杆式、摩擦式；按机身结构形式可分为开式、闭式等。冲压生产中常按驱动滑块力的种类把压力机分为机械压力机、液压机。下面介绍两种常用的冲压设备。

11.5.1　曲柄压力机

1. 曲柄压力机的结构及工作原理

曲柄压力机是冲压生产中应用最广泛的一种机械压力机。图 11 - 16 所示为 JB23 - 63 曲柄压机的外形和工作原理图。电动机 1 通过带传动带动大带轮 3 转动，小齿轮 4 与大齿轮 5 啮合使曲柄 7 转动，经过连杆 9 带动滑块 10 做上下往复直线运动。上模 11 固定于滑块 10 上，下模 12 固定于垫板 13 上，曲柄压力机便能对置于上、下模 11，12 间的材料加压。为了满足使用需求，曲柄 7 的两端分别装有离合器 6 和制动器 8，以实现滑块的控制运动。飞轮装在动轴端，这样能使电动机 1 的负荷均匀，并有效利用能量，起到储能作用，大齿轮 5 起飞轮的作用。按下开关，电动机旋转，小带轮 2 带动大带轮 3 转动，通过小齿轮 4 再带动大齿轮 5 转动。合上离合器 6，曲柄 7 开始转动，然后通过连杆 9，带动滑块 10 做上下往复直线运动。曲柄压力机每完成一个冲次，即上下运动一个循环，离合器 6 会自动分离，滑块 10 会自动停在上止点。只有开启连续冲压开关，曲柄压力机才会连续循环冲压。

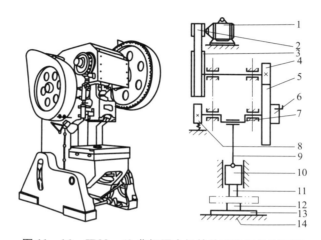

图 11 - 16　JB23 - 63 曲柄压力机的外形和工作原理图

1—电动机；2—小带轮；3—大带轮；4—小齿轮；5—大齿轮；6—离合器；7—曲柄；
8—制动器；9—连杆；10—滑块；11—上模；12—下模；13—垫板；14—工作台

2. 曲柄压力机的组成

如图 11 - 16 所示，曲柄压力机由工作机构、传动系统、操作系统、支撑部件和辅助系统等组成。

（1）工作机构。工作机构主要由曲柄、连杆和滑块组成，其作用是将电动机主轴的旋转运动变为滑块的上下往复直线运动。滑块底平面中心设有模具安装孔，大型曲柄压力机滑块底面还设有 T 形槽，用来安装和压紧模具。滑块中还设有退料（退件）装置，用以在滑块回程时将工件或废料从模具中退出。

（2）传动系统。传动系统由电动机、皮带、飞轮、齿轮等组成，其作用是将电动机的运动和能量按照一定要求传给曲柄滑块机构。

（3）操作系统。操作系统包括空气分配系统、离合器、制动器、电气控制箱等。

（4）支撑部件。支撑部件包括机身、工作台、拉紧螺栓等。

此外，压力机还包括气路和润滑等辅助系统，以及安全保护、气垫、托料等附属装置。

3. 曲柄压力机的型号

曲柄压力机的型号如图 11 - 17 所示，具体分析如下。

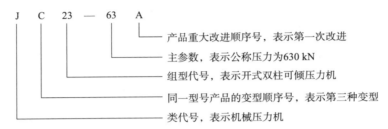

图 11 - 17　曲柄压力机的型号

（1）第 1 个字母为类代号，J 表示机械压力机。

（2）第 2 个字母代表同一型号产品的变型顺序号，凡主参数与基本型号相同，但其他某些次要参数与基本型号不同的称为变型，C 表示第三种变型产品。

（3）第 3、第 4 个数字为组型代号（见表 11 - 3），2 表示开式双柱压力机，3 表示可倾机身。

表 11 - 3　压力机组型代号

组		型号	名称	组		型号	名称
特征	号			特征	号		
开式单柱	1	1 2 3	开式单柱固定台压力机 开式单柱升降台压力机 开式单柱柱形台压力机			8 9	开式柱形台压力机 开式底传动压力机
开式双柱	2	1 2 3 4 5	开式双柱固定台压力机 开式双柱升降台压力机 开式双柱可倾压力机 开式双柱转台压力机 开式双柱双点压力机	闭式	3	1 2 3 6 7 9	闭式单点压力机 闭式单点切边压力机 闭式侧滑块压力机 闭式双点压力机 闭式双点切边压力机 闭式四点压力机

注：从 11 ~ 99 型号中，凡未列出的序号均留作待发展的型号使用。

（4）横线后的数字代表主参数，一般用压力机的公称压力作为主参数，代号中的公称压力用工程单位 tf（吨力）表示，故转换为法定单位制的 kN（千牛）时，应将此数字乘以10。例如，63 代表 63 tf，乘以 10 即为 630 kN。

4. 曲柄压力机的主要技术参数

曲柄压力机的主要技术参数是反映一台压力机的工作能力、所能加工零件的尺寸范围及有关生产率的指标，分述如下。

1）公称压力

压力机的公称压力是指压力机滑块离下止点前某一特定距离，即压力机的曲柄旋转至离下止点前某一特定角度（称为公称压力角，约为30°）时，滑块上所容许的最大工作压力。

根据曲柄连杆机构的工作原理可知，压力机滑块的压力在全行程中不是常数，而是随曲柄转角的变化而变化的。因此，选用压力机时，不仅要考虑公称压力的大小，而且还要保证完成冲压件加工时的冲压工艺力曲线必须在压力机滑块的许用负荷曲线之下。一般情况下，压力机的公称压力应大于或等于冲压总工艺力的 1.3 倍，在开式压力机上进行精密冲裁时，压力机的公称压力应大于冲压总工艺力的 2 倍。

2）滑块行程

压力机的滑块行程是指滑块从上止点到下止点所经过的距离。压力机行程的大小应能保证毛坯或半成品的放入及成形零件的取出。一般冲裁、精压工序所需行程较小；弯曲、拉深工序则需要较大的行程。拉深件所用的压力机，其行程至少应大于或等于成品零件高度的 2.5 倍。

3）闭合高度

压力机的闭合高度是指滑块在下止点时，滑块底平面到工作台面之间的高度。通过调节压力机连杆的长度，就可以调整闭合高度的大小。当压力机连杆调节至最上位置时，闭合高度达到最大值，称为最大闭合高度；当压力机连杆调节至最下位置时，闭合高度达到最小值，称为最小闭合高度。模具的闭合高度必须适用于压力机闭合高度范围的要求，它们之间的关系为

$$H_{压max} - 5 \text{ mm} \geq H_{模} \geq H_{压min} + 10 \text{ mm}$$

4）其他参数

（1）压力机工作台的尺寸。压力机工作台垫板的平面尺寸应大于模具下模的平面尺寸，并留有固定模具的充分余地，一般每边留 50 ~ 70 mm。

（2）压力机工作台孔的尺寸。模具底部设置的漏料孔或弹顶装置尺寸，必须小于压力机的工作台孔尺寸。

（3）压力机模柄孔的尺寸。模具的模柄直径必须和压力机滑块内模柄安装用孔的直径相一致，且模柄的高度应小于模柄安装孔的深度。

详细参数如附表 6 - 1 所示。

5. 曲柄压力机的选用原则

确定曲柄压力机规格时，选用原则如下。

（1）压力机的公称压力不应小于冲压工序所需的压力。当进行弯曲或拉深时，其压力曲线应位于压力机滑块允许负荷曲线的安全区内。

（2）压力机滑块行程应满足工件在高度上能获得的所需尺寸，并在冲压后能顺利地从模具上取出工件。

（3）压力机的闭合高度、工作台尺寸和滑块尺寸等应能满足模具的正确安装。

（4）压力机的滑块行程次数应符合生产率和材料变形速度的要求。

此外，对厚板冲裁、斜刃冲裁等所需变形功较大的冲压工序，压力机的功率应能满足变形功的要求。

11.5.2　液压机

液压机工作平稳、压力大、操作空间大、设备结构简单，在冲压生产过程中广泛应用于

拉深、成形等工艺过程，也可应用于塑料制品的加工。YQ32 系列液压机如图 11 – 18 所示。

图 11 – 18   YQ32 系列液压机

1. 液压机的结构及工作过程

液压机是根据静压传递原理制成的，它利用液体压力来传递能量，依靠静压作用使工件变形，或使材料压制成形。液压机的结构如图 11 – 19 所示。

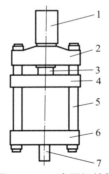

图 11 – 19   液压机结构

1—冲液罐；2—上梁；3—主缸及活塞；4—活动
横梁；5—立柱；6—下梁；7—顶出缸

2. 液压机分类

液压机的工作介质为液体，主要有两种，采用乳化液的液压机一般称为水压机，采用油的液压机称为油压机。水压机——乳化液价格便宜、不燃烧、不易污染工作场地，故耗油量大的及热加工用的液压机多为水压机。油压机——在防腐蚀、防锈和润滑性能方面，油优于乳化液；但油的成本高，也易污染工作场地。

3. 液压机的特点与应用

1) 优点

液压机容易获得最大压力和大的工作空间；容易获得大的工作行程，并能在行程的任意位置发挥全压，适合要求工作行程大的场合；压力与速度可以在大范围内方便地进行无级调节，而且可按工艺要求在某一行程进行长时间的保压。另外，液压机还便于调速和防止过载；设计、制造、操作和维修方便，便于实现遥控与自动化。

2) 缺点

液压机对液压元件精度要求较高、结构较复杂、机器的调整和维修比较困难；高压液体易泄漏，不但污染工作环境，浪费压力油，对于热加工场所还有火灾的危险；小型液压机效率较低，且运动速度慢，降低了生产率，对于快速小型的液压机，不如曲柄压力机简单灵活。

4. 液压机型号表示方法

例如，Y32A—315 表示最大总压力为 3 150 kN，经过一次变型的四柱立式万能液压机，其中，32 表示四柱式万能液压机的组型代号。

液压机型号表示的主要原则如图 11 - 20 所示。

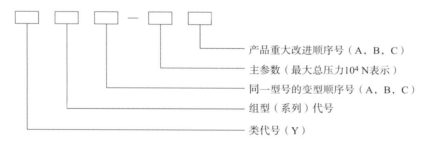

产品重大改进顺序号（A，B，C）
主参数（最大总压力10^4 N表示）
同一型号的变型顺序号（A，B，C）
组型（系列）代号
类代号（Y）

图 11 - 20　液压机型号表示的主要原则

11.5.3　冲压设备的选择原则

主要根据完成冲压工序的性质、生产批量的大小、冲压件的几何尺寸和精度要求等来选择冲压设备的类型。

（1）对于中、小型冲裁件、弯曲件或浅拉深件的冲压，常采用开式曲柄压力机。它具有三面敞开的空间，具有操作方便、容易安装机械化的附属装置和成本低廉的优点。

（2）对于大、中型和精度要求高的冲压件，多采用闭式曲柄压力机。这类压力机两侧封闭，刚度好、精度较高，但是操作不如开式压力机方便。

（3）对于大型或较复杂的拉深件，常采用上传动的闭式双动拉深压力机。对于中、小型的拉深件（尤其是搪瓷制品、铝制品的拉深件），常采用底传动式的闭式双动拉深压力机。

（4）对于大批量生产或形状复杂、批量很大的中、小型冲压件，应优先选用自动高速压力机或者多工位自动压力机。

（5）对于批量小、材料厚的冲压件，常采用液压机。液压机的合模行程可以调节，尤其是对于施力行程较大的冲压加工，液压机与机械压力机相比具有明显的优点，而且不会因为板料厚度超差而过载。但液压机生产速度慢、效率较低，因此，用于弯曲、拉深、成形、校平等工序。

（6）对于精冲零件，最好选用专用的精冲压力机；否则要利用精度和刚度较高的普通曲柄压力机或液压机，添置压边系统和反压系统后进行精冲。

11.6　冲压工艺文件的编写

冲压工艺文件一般以冲压工艺过程卡的形式表示，它综合表达了冲压工艺设计的具体内容，包括工序序号、工序名称或工序说明、加工工序草图（半成品形状和尺寸）、模具的结构形式和种类、选定的冲压设备、工序检验要求，工时定额、板料的规格性能及毛坯的形状尺寸等。

在冲压件的批量生产中，冲压工艺过程卡是指导冲压生产正常进行的重要技术文件，起着生产的组织管理、调度、工序间的协调及工时定额核算等作用。冲压工艺过程卡尚未有统一的格式，一般按照既简明扼要又有利于生产管理的原则进行制订。

设计计算说明书是编写冲压工艺过程卡及指导生产的主要依据，对一些重要冲压件的工艺制订和模具设计，应在设计的最后阶段编写设计计算说明书，以供以后审阅备查。其主要内容包括冲压件的工艺分析，毛坯展开尺寸计算，排样方式及其经济性分析，工艺方案的技术和经济综合分析比较，工序性质和冲压次数的确定，半成品过渡形状和尺寸的计算，模具结构形式的分析，模具主要零件的材料选择、技术要求及强度计算，凸、凹模工作部分尺寸与公差的确定，冲压力的计算与压力中心位置的确定，冲压设备的选用及弹性元件的选取和校核等。

附录 1 冲压模具一般零件材料及热处理要求

冲压模具一般零件材料及热处理要求如附表 1－1 所示。

附表 1－1 冲压模具一般零件材料及热处理要求

类　别	零件名称	材料牌号	热处理	硬度/HRC
模架	铸铁上、下模座 铸钢上、下模座 型钢上、下模座 滑动导柱导套 滚动导柱导套	HT210，HT220 A3，A5 20 T8 GCr15	 渗碳淬火 淬火 淬火	 56～60 58～62 62～65
板类	普通卸料板 高速冲压卸料板 普通固定板 高速冲压固定板 围框 导料板、侧压板 承料板 垫板	A3，A5 45，GCr15 A3，A5 45，T8 45 45，T8 A3，A5，45 45，T8	 GCr15 淬火 淬火 T8 淬火 淬火	 58～62 40～45，50～54 52～56 40～45，50～55
主导辅助件	拉深模压边圈 顶件器 各种模芯 导正销 浮顶器 侧刃挡块 废料顶钉 条料弹顶器 镦实板（块）	T10A，GCr15 45，T10A 同凸凹模 T10A，GCr15，Cr12 45，T10A，GCr15 T8A 45 45 45，T10A	淬火 淬火 淬火 淬火 淬火 淬火 淬火 淬火	58～62 40～45，56～62 58～62 40～45，56～60 54～58 40～45 40～45 40～45，58～62
一般辅助件	模柄 限位柱（块） 顶杆、打杆 护板、挡板	A3，A5，45 45 45 A3，20	 淬火 淬火 	 40～45 40～45
紧固件	紧固螺钉、螺栓、螺丝 销钉 卸料钉 垫柱 丝堵 螺母、垫圈 键 弹簧 弹簧片 碟形弹簧	35 35 35 45 A3，45 A3，45 45 65Mn 65Mn 60SiA，65Mn	淬火 淬火 淬火 淬火 淬火 淬火 淬火、回火	28～38 28～38 28～38 43～48 43～48 43～48 48～52

附录 2 常用金属材料牌号

常用金属材料牌号如附表 2－1 所示。

附表 2－1 常用金属材料牌号

类别	牌号	类别	牌号	类别	牌号	类别	牌号
普通碳素钢	A1	碳素工具钢	T7	电工硅钢	D11	铸钢	ZG35
	A2		T7A		D12		ZG45
	A3		T8		D21	铸铁	HT20－40
	A4		T8A		D31		HT25－47
	A5		T10		D32	铝及铝合金	L2
	B1		T12	不锈钢	1Cr13		L3
	B2		T12A		2Cr13		L5
	B3	合金结构钢	20Cr		3Cr13		LY16
	B4		40Cr		4Cr13		LF21
	B5		40Mn2		1Cr18Ni9Ti	镁锰合金	MB1
			45Mn2	易切削钢	Y12		MB8
			38CrMoAl		Y20	紫铜	T1
优质碳素钢	08	合金工具钢	CrWMn	高速钢	W18Cr4V		T2
	10		9SiCr		W6Mo5Cr4V2		T3
	15		CrMn	弹簧钢	65Mn	黄铜	H62
	20		Cr				H68
	35		Cr12	轴承钢	GCr15	锡磷青铜	QSn4.4－2.5
	45		Cr12MoV		GCr9		QSn6.5－0.4
	50		9Mn2V	硬质合金	YG3	铝青铜	QA17
	09Mn		Cr6WV		YG6	铍青铜	QBe2
	10Mn2		3Cr2W8V		YG8	钛及钛合金	TA2
			8Cr3		YT5		TA3
					YT15		TA6
							TC1

附录 3　冲压常用金属材料规格

轧制薄钢板规格如附表 3－1 所示。

附表 3－1　轧制薄钢板规格

mm

公称厚度	按下列钢板宽度的最小和最大长度																			
	600	650	700	(710)	750	800	850	900	950	1 000	1 100	1 250	1 400	(1 420)	1 500	1 600	1 700	1 800	1 900	2 000
0.20 0.25 0.30 0.35 0.40 0.45	1 200 2 500	1 300 2 500	1 400 2 500	1 400 2 500	1 500 2 500	1 500 2 500	1 500 2 500	1 500 3 000	1 500 3 000	1 500 3 000	1 500 3 000	—	—	—	—	—	—	—	—	—
0.56 0.60 0.65	1 200 2 500	1 300 2 500	1 400 2 500	1 400 2 500	1 500 2 500	1 500 2 500	1 500 2 500	1 500 3 000	1 500 3 000	1 500 3 000	1 500 3 000	1 500 3 000	—	—	—	—	—	—	—	—
0.70 0.75	1 200 2 500	1 300 2 500	1 400 2 500	1 400 2 500	1 500 2 500	1 500 2 500	1 500 3 000	1 500 3 000	1 500 3 000	1 500 3 000	1 500 3 000	1 500 3 000	2 000 4 000	2 000 4 000	—	—	—	—	—	—
0.80 0.90 1.00	1 200 3 000	1 300 3 000	1 400 3 000	1 400 3 000	1 500 3 000	1 500 3 000	1 500 3 000	1 500 3 500	1 500 3 500	1 500 3 500	1 500 3 500	1 500 4 000	2 000 4 000	2 000 4 000	2 000 4 000	—	—	—	—	—
1.10 1.20 1.30	1 200 3 000	1 200 3 000	1 400 3 000	1 400 3 000	1 500 3 000	1 500 3 000	1 500 3 000	1 500 3 500	1 500 3 500	1 500 3 500	1 500 3 500	1 500 4 000	2 000 4 000	2 000 4 000	2 000 4 000	2 000 4 000	2 000 4 000	2 000 4 000	—	—

续表

按下列钢板宽度的最小和最大长度

公称厚度	600	650	700	(710)	750	800	850	900	950	1 000	1 100	1 250	1 400	(1 420)	1 500	1 600	1 700	1 800	1 900	2 000
1.40 1.50 1.60 1.70 1.80 2.00	1 200 / 3 000	1 300 / 3 000	1 400 / 3 000	1 400 / 3 000	1 500 / 3 000	1 500 / 3 000	1 500 / 3 000	1 500 / 3 000	1 500 / 3 000	1 500 / 4 000	1 500 / 4 000	1 500 / 6 000	2 000 / 6 000	2 000 / 6 000	2 000 / 6 000	2 000 / 6 000	2 000 / 6 000	2 500 / 6 000	—	2 000
2.20 2.50	1 200 / 3 000	1 300 / 3 000	1 400 / 3 000	1 400 / 3 000	1 500 / 3 000	1 500 / 3 000	1 500 / 3 000	1 500 / 3 000	1 500 / 3 000	1 500 / 4 000	1 500 / 4 000	2 000 / 6 000	2 000 / 6 000	2 000 / 6 000	2 000 / 6 000	2 000 / 6 000	2 500 / 6 000	2 500 / 6 000	2 500 / 6 000	2 500 / 6 000
2.80 3.00 3.20	1 200 / 3 000	1 300 / 3 000	1 400 / 3 000	1 400 / 3 000	1 500 / 3 000	1 500 / 3 000	1 500 / 3 000	1 500 / 3 000	1 500 / 3 000	1 500 / 4 000	1 500 / 4 000	2 000 / 6 000	2 000 / 6 000	2 000 / 6 000	2 000 / 6 000	2 000 / 2 750	2 500 / 2 750	2 500 / 2 700	2 500 / 2 700	2 500 / 2 700
3.50 3.80 3.90	—	—	—	—	—	—	—	—	—	—	—	2 000 / 4 500	2 000 / 4 500	2 000 / 4 500	2 000 / 2 700	2 000 / 2 700	2 000 / 2 750	2 500 / 2 700	2 500 / 2 700	2 500 / 2 700
4.00 4.20 4.50	—	—	—	—	—	—	—	—	—	—	—	2 000 / 4 500	2 000 / 4 500	2 000 / 4 500	2 000 / 4 500	1 500 / 2 500	1 500 / 2 500	1 500 / 2 500	1 500 / 2 500	1 500 / 2 500
4.80 5.00	—	—	—	—	—	—	—	—	—	—	—	2 000 / 4 500	2 000 / 4 500	2 000 / 4 500	2 000 / 4 500	1 500 / 2 300	1 500 / 2 300	1 500 / 2 300	1 500 / 2 300	1 500 / 2 300

附录4 冲压模具主要材料的许用应力

冲压模具主要材料的许用应力如附表4-1所示。

附表4-1 冲压模具主要材料的许用应力

材料名称及牌号	许用应力/MPa			
	拉伸	压缩	弯曲	剪切
A2，A3，25	108~147	118~157	127~157	98~137
A5，40，50	127~157	137~167	167~177	118~147
铸钢 ZG35，ZG45	—	108~147	118~147	88~118
铸铁 HT20-40 \ HT25-47	—	88~137	34~44	25~34
T7A 硬度54~58 HRC	—	539~785	353~490	—
T8A，T10A Cr12MoV，GCr15 硬度52~60 HRC	245	981~1 569①	294~490	—
A7 硬度52~60 HRC	—	294~392	196~275	—
20（表面渗碳） 硬度86~92 HS	—	245~294	—	—
65Mn 硬度43~48 HRC	—	—	490~785	—
① 对小直径有导向的凸模此值可取2 000~3 000 MPa。				

附录5 基准件标准公差数值表

基准件标准公差数值表如附表5 - 1所示。

附表5 - 1 基准件标准公差数值表 mm

基本尺寸/ μm	公差等级															
	IT1	IT2	IT3	IT4	IT5	IT6	IT7	IT8	IT9	IT10	IT11	IT12	IT13	IT14	IT15	IT16
≤3	0.8	1.2	2.0	3.0	4.0	6.0	10.0	14.0	25.0	40.0	60.0	100.0	140.0	250.0	400.0	600.0
3~6	1.0	1.5	2.5	4.0	5.0	8.0	12.0	18.0	30.0	48.0	75.0	120.0	180.0	300.0	480.0	750.0
6~10	1.0	1.5	2.5	4.0	6.0	9.0	15.0	22.0	36.0	58.0	90.0	150.0	220.0	360.0	580.0	900.0
10~18	1.2	2.0	3.0	5.0	8.0	11.0	18.0	27.0	43.0	70.0	110.0	180.0	270.0	430.0	700.0	1 100.0
18~30	1.5	2.5	4.0	6.0	9.0	13.0	21.0	33.0	52.0	84.0	130.0	210.0	330.0	520.0	840.0	1 300.0
30~50	1.5	2.5	4.0	7.0	11.0	16.0	25.0	39.0	62.0	100.0	160.0	250.0	390.0	620.0	1 000.0	1 600.0
50~80	2.0	3.0	5.0	8.0	13.0	19.0	30.0	46.0	74.0	120.0	190.0	300.0	460.0	740.0	1 200.0	1 900.0
80~120	2.5	4.0	6.0	10.0	15.0	22.0	35.0	54.0	87.0	140.0	220.0	350.0	540.0	870.0	1 400.0	2 200.0
120~180	3.5	5.0	8.0	12.0	18.0	25.0	40.0	63.0	100.0	160.0	250.0	400.0	630.0	1 000.0	1 600.0	2 500.0
180~250	4.5	7.0	10.0	14.0	20.0	29.0	46.0	72.0	115.0	185.0	290.0	460.0	720.0	1 150.0	1 850.0	2 900.0
250~315	6.0	8.0	12.0	16.0	23.0	32.0	52.0	81.0	130.0	210.0	320.0	520.0	810.0	1 300.0	2 100.0	3 200.0
315~400	7.0	9.0	13.0	18.0	25.0	36.0	57.0	89.0	140.0	230.0	360.0	570.0	890.0	1 400.0	2 300.0	3 600.0
400~500	8.0	10.0	15.0	20.0	27.0	40.0	63.0	97.0	155.0	250.0	400.0	630.0	970.0	1 550.0	2 500.0	4 000.0

附录 6 开式压力机规格

开式压力机规格如附表 6-1 所示。

附表 6-1 开式压力机规格

公称压力/kN	40	63	100	160	250	400	630	800	1 000	1 250	1 600	2 000	2 500	3 150	4 000
发生公称压力时滑块距下止点距离/mm	3.0	3.5	4.0	5.0	6.0	7.0	8.0	9.0	10.0	10.0	12.0	12.0	13.0	13.0	15.0
滑块行程/mm	40	50	60	70	80	100	120	130	140	140	160	160	200	200	250
行程次数/(次·min⁻¹)	200	160	135	115	100	80	70	60	60	50	40	40	30	30	25
最大封闭高度 固定台和可倾式/mm	160	170	180	220	250	300	360	380	400	430	450	450	500	500	550
最大封闭高度 活动台位置 最低/mm				300	360	400	460	480	500						
最大封闭高度 活动台位置 最高/mm				160	180	200	220	240	260						
封闭高度调节量/mm	35	40	50	60	70	80	90	100	110	120	130	130	150	150	170
滑块中心到床身距离/mm	100	110	130	160	190	220	260	290	320	350	380	380	425	425	480
工作台尺寸 左右/mm	280	315	360	450	560	630	710	800	900	970	1 120	1 120	1 250	1 250	1 400
工作台尺寸 前后/mm	180	200	240	300	360	420	480	540	600	650	710	710	800	800	900
工作台孔尺寸 左右/mm	130	150	180	220	260	300	340	380	420	460	530	530	650	650	700
工作台孔尺寸 前后/mm	60	70	90	110	130	150	180	210	230	250	300	300	350	350	400
工作台孔尺寸 直径/mm	100	110	130	160	180	200	230	260	300	340	400	400	460	460	530
立柱间距离/mm	130	150	180	220	260	300	340	380	420	460	530	530	650	650	700
活动台压力机滑块中心到床身紧固工作平面距离/mm				150	180	210	250	270	300						
模柄孔尺寸(直径×深度)/(mm×mm)	φ30×50				φ50×70			φ60×75			φ70×80		T形槽		
工作台板厚度/mm	35	40	50	60	70	80	90	100	110	120	130	130	150	150	170
垫板厚度/mm	30	30	35	40	50	65	80	100	100	100					
倾斜角(可倾式工作台压力机)	30°	30°	30°	30°	30°	30°	30°	30°	30°	25°	25°	25°	25°		

参 考 文 献

[1] 成虹. 冲压工艺与模具设计 [M]. 3 版. 北京：高等教育出版社，2014.

[2] 肖祥芷，王孝培. 模具工程大典（第 4 卷）冲压模具设计 [M]. 北京：电子工业出版社，2007.

[3] 薛啟翔. 冲压模具设计制造难点与窍门 [M]. 北京：机械工业出版社，2003.

[4] 刘华刚. 冲压模具设计与制造 [M]. 北京：化学工业出版社，2005.

[5] 牟林，胡建华. 冲压工艺与模具设计 [M]. 北京：北京大学出版社，2006.

[6] 关明. 冲压模具工程师专业技能入门与精通 [M]. 北京：机械工业出版社，2008.

[7] 宛强. 冲压模具设计及实例精解 [M]. 北京：化学工业出版社，2008.

[8] 杨关全，匡余华. 冷冲压工艺与模具设计 [M]. 2 版. 大连：大连理工大学出版社，2009.

[9] 杨关全，匡余华. 冷冲压模具设计资料与指导 [M]. 2 版. 大连：大连理工大学出版社，2009.

[10] 周玲. 冲压模具设计实例详解 [M]. 北京：化学工业出版社，2007.

[11] 王鹏驹，成虹. 冲压模具设计师手册 [M]. 北京：机械工业出版社，2009.

[12] 佘银柱，赵跃文. 冲压工艺与模具设计 [M]. 北京：北京大学出版社，2005.

[13] 欧阳波仪. 多工位级进模设计标准教程 [M]. 北京：化学工业出版社，2009.

[14] 史铁梁. 模具设计指导 [M]. 北京：机械工业出版社，2003.

[15] 高军，李熹平，修大鹏. 冲压模具标准件选用与设计指南 [M]. 北京：化学工业出版社，2007.

[16] 许发越. 冲压标准应用手册 [M]. 北京：机械工业出版社，1997.

[17] 王孝培. 冲压手册 [M]. 北京：机械工业出版社，2004.

[18] 李硕本. 冲压工艺学 [M]. 北京：机械工业出版社，1982.

[19] 杨占尧. 冲压模具图册 [M]. 北京：高等教育出版社，2004.

[20] 薛啟翔. 冲压模具设计结构手册 [M]. 2 版. 北京：化学工业出版社，2010.

[21] 刘建超. 冲压模具设计与制造 [M]. 北京：高等教育出版社，2004.

[22] 陈剑鹤. 冷冲压工艺与模具设计 [M]. 北京：机械工业出版社，2003.

[23] 魏健民. 浅谈数字化技术在冲压模具设计与制造中的应用 [J]. 黑龙江科技信息，

2018，19：152 – 153.

［24］刘民祥，余松敏，侯玉龙，等．用开槽弯曲成形方法加工金属异型材［J］．锻压设备与制造技术，2017，52（4）：83 – 86.

［25］王庆华．弯曲模结构选用的体会［J］．模具工业，1988，6：14 – 16.

［26］刘胜杰，郭宇翔，孙滨，等．冷冲压模具调试要点浅析［J］．模具制造，2014，6：5.

［27］季庆瑞．提升冲压模具使用寿命方法研究［J］．中国设备工程，2017，1：58 – 59.

［28］刘斌，丛培林，李晶影，等．多工位模具调试流程［J］．汽车工业研究，2018，9：55 – 58.

［29］李少飞，纪广安．冲裁模调试过程中问题分析［J］．模具制造，2018，8：9 – 11.